이산수학

Discrete Mathematics

심홍태 · 황영섭 지음

북스힐

머리말

이산수학은 컴퓨터 관련 분야를 공부하는 학생들이 들어야 하는 중요한 과목 중의 하나이다. 학문적인 관점에서 보면 이산수학은 이산적인 대상을 연구하는 수학의 한 분야이다. 여기서 "이산적"이라는 것은 "연속적"인 것과 반대인 개념이다. 연속적 개념으로서의 수는 수직선을 빈틈이 없이 채우는 실수이고, 이산적 대상으로서의 수는 그렇지 않은 유리수이다. 따라서 이산수학에서는 수 자체를 대상으로 할 때는 주로 자연수 또는 정수를 다루게 된다.

컴퓨터 관련 분야를 공부하기 위해서는 수학적인 개념과 사고가 중요하다. 본 교재에서는 한 학기에 다룰 수 있는 내용으로 수학적 개념을 익히고 사고를 훈련할 수 있도록 하였다. 이에 본 교재에서 다루는 주제는 다음과 같다.

명제와 논리, 집합, 함수, 추론과 증명, 정수의 표현과 나머지 정리,
셈의 기본원리, 행렬, 관계, 그래프, 트리.

학기의 절반은 "명제와 논리"에서 "정수의 표현과 나머지 정리"까지, 나머지 절반은 "셈의 기본원리"부터 "트리"까지 시간을 분배하면 무난할 것이다.

함수 장에서는 함수에 관한 단순한 정의와 정수에서 정의된 몇 가지 특수한 함수만을 다룬다. 특히 함수의 성장에 관한 내용은 프로그램의 복잡도를 나타내는 데 이용된다.

셈의 기본원리에서 다루는 "비둘기집의 원리"는 일반적으로 설명하기 어려운 경우의 수를 따지고 증명하는 훈련의 장이 될 것이다.

행렬 장에서는 연립일차방정식을 행렬을 이용하여 간결하게 나타내는 방법과 컴퓨터가

해를 구하는 원리를 이해하게 될 것이다.

수학의 역할 중에는 구체적인 것을 추상화하고, 또 개별적인 것을 일반화하는 것이 있다. “그래프와 트리” 장에서 그런 역할을 감상할 수 있다.

관건은 “수학을 잘 학습하는 방법이 있을까?”이다. 이를 위해서는 수학의 전개 방식과 수학은 과학 언어임을 인식하는 것이 중요하다.

수학의 전개 방식은 “정의, 예제, 정리, 증명, 정리의 활용”의 순서로 진행된다. 새로운 것은 언제나 정의로 시작한다. 정의를 정확히 기억하고 예제를 통해서 정의의 뜻을 이해해야 한다. 정리는 참인 수학적 사실이므로 기억하는 것이 중요하다.

증명은 정리가 참인 것을 보여주는 것인데 이 부분은 암기보다는 그 논리와 전략을 이해하면 된다. 정리의 활용은 문제 풀이를 통하여 주어진 정리의 의미를 더 이해하게 되는 것이다.

수학에 왕도는 없다. 이러한 노력이 수반되어야 수학을 잘하게 되는 것이다.

아무쪼록 본 교재를 통하여 학생들이 수학적 개념에 친숙해지고 논리적인 사고를 배양할 수 있게 되기를 바란다. 그리하여 컴퓨터 관련 전공지식을 습득하는데 큰 디딤돌이 되기를 기대한다.

본 교재의 출판에 대하여 도서출판 북스힐의 조승식 사장님과 편집부 직원들께 감사를 드린다.

2021년 8월

저자

차례

CHAPTER 04 추론과 증명

CHAPTER 05 정수

CHAPTER 06 셈의 원리

CHAPTER 07 행렬

CHAPTER 08 관계

CHAPTER 09 그래프

CHAPTER 10 트리(tree)

CHAPTER

01

명제와 논리

1.1 명제

말이나 글에서 사고나 추리 따위를 이치에 맞게 이끌어 가는 과정이나 원리를 논리라 한다. 논리의 법칙은 유효한 주장과 거짓 주장을 구분하는 데 사용된다. 본 장에서 올바른 수학적 주장을 이해하고 만들어내는 방법을 알아보도록 한다.

정의 1.1.1

참 또는 거짓을 구분할 수 있는 문장이나 수식을 **명제**라고 한다.

명제는 일반적으로 영어 소문자 p, q, r, $\cdots$로 표현하고 주관적인 감정의 표현은 참 또는 거짓과 아무런 관련 없다

예제 1.1.1 다음 문장이나 수식이 명제인가 아닌지를 판별하라.

(1) 사막에서의 삶은 낭만이 있다. (2) $3+8=11$.

(3) $x+2y=3$. (4) 엄마의 자매는 고모이다.

풀이 (1) 주관적 사실이므로 명제가 아니다.

(2) 수식은 참이다. 따라서 명제이다.

(3) x와 y에 관하여 아무 조건이 없으므로 참 또는 거짓을 판단할 수 없다. 명제가 아니다.

(4) 엄마의 자매는 이모이다. 주어진 문장은 거짓이므로 명제이다. ■

정의 1.1.2

명제가 가지는 참 또는 거짓을 그 명제의 **진릿값**이라 한다. 참인 진릿값은 T, 거짓인 진릿값은 F로 나타낸다.

예제 1.1.2 다음 명제의 진릿값을 구하라.

(1) $11<3$

(2) 사각형은 네 변의 길이가 같은 도형이다.

(3) 실수 a가 $a^2 = 1$을 만족하면 $a = 1$이다.

풀이 (1) $11 > 3$이므로 주어진 명제는 거짓이다.

(2) 네 변의 길이가 같지 않은 사각형도 있으므로 주어진 명제는 거짓이다.

(3) $(-1)^2 = 1$이므로 $a \neq 1$이다. 따라서 주어진 명제는 거짓이다. ■

주어진 각각의 명제를 연결하여 복잡한 명제로 나타내는 방법에 대하여 알아보자.

정의 1.1.3

하나의 문장이나 수식으로 된 명제를 **단순명제**라 하고, 논리접속사에 의하여 여러 개의 단순명제가 결합된 명제를 **복합명제**라 한다.

정의 1.1.4

복합명제를 구성하는 단순명제들의 진릿값에 대응하는 복합명제의 진릿값을 나타내는 표를 **진리표**라 한다.

논리접속사에는 $\neg$(또는 $\sim$), $\wedge$, $\vee$, $\oplus$, $\rightarrow$, $\leftrightarrow$등이 있는데, 각 논리접속사에 대응하는 복합명제의 진리표를 알아보자. 이들 논리접속사를 **논리 연산자**라 부르기도 한다.

정의 1.1.5 부정($\neg$)

$\sim p$ 또는 $\neg p$를 명제 p의 **부정**이라 하고 "p가 아니다"로 읽는다. $\neg p$ 진릿값은 p의 진릿값과 반대이다.

부정의 진리표

p	$\neg p$
T	F
F	T

예제 1.1.3 p가 "대한민국의 수도는 서울이다."일 때 $\neg p$ 는 "대한민국의 수도는 서울이 아니다."이고 p의 진릿값이 참이므로 $\neg p$의 진릿값은 거짓이다. ■

정의 1.1.6 논리곱($\wedge$)

$p \wedge q$를 명제 p와 q의 **논리곱**이라 하고 "p이고 q"로 읽는다. 논리곱에 대한 진릿값은 두 명제 모두 참일 때만 참이고 나머지는 거짓으로 정의한다.

논리곱의 진리표

p	q	$p \wedge q$
T	T	T
T	F	F
F	T	F
F	F	F

예제 1.1.4 다음 명제 중에서 참인 것을 고르라.

(1) 대한민국은 아시아에 있고 $2+8=10$이다.

(2) 일본은 유럽에 있고 $2+8=10$이다.

풀이 p, q, r을 다음과 같다고 하자.

p: 대한민국은 아시아에 있다.

q: $2+8=10$.

r: 일본은 유럽에 있다.

그러면 p는 참, q는 참, r은 거짓이다.

(1) 주어진 명제는 $p \wedge q$이고 두 명제 모두 참이므로 주어진 명제는 참이다.

(2) 주어진 명제는 $r \wedge q$이고 r이 거짓이므로 주어진 명제는 거짓이다. ■

정의 1.1.7 논리합($\vee$)

$p \vee q$를 명제 p와 q의 **논리합**이라 하고 "p또는 q"로 읽는다. 논리합의 진릿값은 두 명제 모두 거짓일 때 거짓이고 그 외에는 참으로 정의한다.

논리합의 진리표

p	q	$p \vee q$
T	T	T
T	F	T
F	T	T
F	F	F

예제 1.1.5 다음 명제 중에서 참인 것을 고르라.

(1) 대한민국은 아시아에 있거나 $2+8=12$이다.

(2) 일본은 유럽에 있거나 $2+8=12$이다.

풀이 p, q, r을 다음과 같다고 하자.

p: 대한민국은 아시아에 있다.

q: $2+8=12$.

r: 일본은 유럽에 있다.

그러면 p는 참, q는 거짓, r은 거짓이다.

(1) 주어진 명제는 $p \vee q$이고 p가 참이므로 주어진 명제는 참이다.

(2) 주어진 명제는 $r \vee q$이고 두 명제 모두 거짓이므로 주어진 명제는 거짓이다. ■

정의 1.1.8 배타적 논리합($\oplus$)

$p \oplus q$를 p와q의 배타적 논리합이라 한다. 진릿값은 두 명제가 서로 반대의 진릿값을 가질 때 참이고 그 외에는 거짓으로 정의한다.

배타적 논리합의 진리표

p	q	$p \oplus q$
T	T	F
T	F	T
F	T	T
F	F	F

예제 1.1.6 명제 p, q가 다음과 같을 때, $p \oplus q$의 진릿값을 말하라.

p : 태양은 지구의 주위를 돈다.

q : 4는 8의 약수이다.

풀이 p는 거짓이고, q는 참이므로 $p \oplus q$는 참이다. ■

정의 1.1.9 함축(→)

$p \to q$를 명제 p와 q의 함축이라 하고 "p이면 q"로 읽는다. 진릿값은 p가 참이고 q가 거짓일 때 거짓이고 그 외에는 참으로 정의한다. 이때 p를 가정, q를 결론이라 한다.

조건의 진리표

p	q	$p \to q$
T	T	T
T	F	F
F	T	T
F	F	T

참고 $p \to q$에서 p는 q의 충분조건, q는 p의 필요조건이라 한다. 또한 $p \to q$가 참인 경우 $p \Rightarrow q$로 표시한다.

예제 1.1.7 "오늘이 일요일이면 $2+8=12$이다."의 진릿값에 대하여 말하라.

풀이 p, q를 다음과 같은 명제라고 하자.

p: 오늘은 일요일이다.

q: $2+8=12$.

그러면 주어진 명제는 $p \to q$이다. q가 거짓이므로 오늘이 일요일이면 p는 참이되어 주어진 명제는 거짓이다. 오늘이 일요일만 아니면 주어진 p는 거짓이 되고 따라서 주어진 명제는 참이다. ■

정의 1.1.10 쌍조건($\leftrightarrow$)

$p \leftrightarrow q$를 명제 p와 q의 쌍조건이라 하고 "$p \rightarrow q \wedge q \rightarrow p$"로 읽는다. 진릿값은 두 명제의 진릿값이 같을 때 참이고 두 명제의 진릿값이 다르면 거짓으로 정의한다.

쌍조건의 진리표

p	q	$p \leftrightarrow q$
T	T	T
T	F	F
F	T	F
F	F	T

참고 $p \Leftrightarrow q$일 때, p와 q는 서로를 위한 **필요충분조건**이라 한다.

예제 1.1.8 명제 p, q가 다음과 같을 때, $p \leftrightarrow q$의 진릿값을 말하라.

p: 대한민국의 수도는 서울이다.

q: 4는 7의 약수이다.

풀이 p는 참이고 q는 거짓이다. 두 명제의 진릿값이 다르므로 $p \leftrightarrow q$는 거짓이다. ■

지금까지 정의된 논리접속사를 여러 가지 이용하여 복합명제를 만들 수 있다. 복합명제에서 적용된 연산의 우선순위를 정하기 위하여 괄호가 사용된다. 특히 내부 괄호에 있는 논리 연산자가 먼저 적용이 된다.

예를 들어, $(p \vee q) \wedge (\neg r)$의 경우는 $p \vee q$와 $\neg r$을 먼저 적용한 다음에 $\wedge$를 적용한다. 괄호 사용을 가능한 줄이기 위해서 $\neg$을 가장 먼저 적용한다. 예를 들어, $\neg p \wedge q$의 경우에는 $(\neg p) \wedge q$를 의미한다.

예제 1.1.9 명제 p, q에 대하여 복합명제 $\neg(p \wedge \neg q)$의 진리표를 작성하라.

풀이 우선순위를 적용하여 진리표를 작성하면 다음과 같다.

p	q	$\neg q$	$p \wedge \neg q$	$\neg(p \wedge \neg q)$
T	T	F	F	T
T	F	T	T	F
F	T	F	F	T
F	F	T	F	T

■

정의 1.1.11

주어진 명제 $p \rightarrow q$에 대하여 다음을 각각 **역**, **이**, **대우**라 한다.

$$q \rightarrow p \ , \ \neg p \rightarrow \neg q, \ \neg q \rightarrow \neg p$$

주어진 명제 $p \rightarrow q$의 역, 이, 대우 진리표를 작성하면 다음과 같다.

역, 이, 대우의 진리표

				명제	역	이	대우
p	q	$\neg p$	$\neg q$	$p \rightarrow q$	$q \rightarrow p$	$\neg p \rightarrow \neg q$	$\neg q \rightarrow \neg p$
T	T	F	F	T	T	T	T
T	F	F	T	F	T	T	F
F	T	T	F	T	F	F	T
F	F	T	T	T	T	T	T

예제 1.1.10 $(p \vee q) \wedge \neg r$의 진리표를 작성하라.

풀이

p	q	r	$p \vee q$	$\neg r$	$(p \vee q) \wedge \neg r$
T	T	T	T	F	F
T	T	F	T	T	T
T	F	T	T	F	F
T	F	F	T	T	T
F	T	T	T	F	F
F	T	F	T	T	T
F	F	T	F	F	F
F	F	F	F	T	F

■

예제 1.1.11 $(p \to q) \vee (\neg p \to r)$의 진리표를 작성하라.

풀이 진리표는 다음과 같다.

p	q	r	$\neg p$	$p \to q$	$\neg p \to r$	$(p \to q) \vee (\neg p \to r)$
T	T	T	F	T	T	T
T	T	F	F	T	T	T
T	F	T	F	F	T	T
T	F	F	F	F	T	T
F	T	T	T	T	T	T
F	T	F	T	T	F	T
F	F	T	T	T	T	T
F	F	F	T	T	F	T

■

연습문제 1.1

01 다음에서 명제인 것을 고르고 진릿값을 말하라.

(1) -24는 6의 배수다.

(2) $x+2=8$

(3) 모든 실수 x, y에 대하여 $x+y=y+x$이다.

(4) $x^2=4$이면 $x=2$이다.

02 p, q가 다음과 같은 명제라고 하자.

p: 나는 이번 주에 복권을 샀다.

q: 나는 일요일에 1억 복권에 당첨되었다.

다음 각 명제를 문장으로 기술하라.

(1) $p \rightarrow q$

(2) $p \wedge \neg q$

(3) $\neg q \rightarrow \neg p$

(4) $\neg p \vee (p \wedge q)$

03 p, q가 다음과 같은 명제라하자.

p: 기온이 0도 이하이다.

q: 눈이 온다.

다음 명제를 논리접속사를 이용하여 나타내라.

(1) 눈이 오거나 기온이 0도 이하이다.

(2) 눈이 오지만 기온은 0도 이하가 아니다.

(3) 기온이 0도 이하이거나 눈이 오지만, 기온이 0도 이하이면 눈이 오지 않는다.

(4) 기온이 0도 이하인 것은 눈이 오기 위한 필요조건이다.

04 p, q, r이 다음가 같은 명제라고 하자.

p: 너는 감기들었다.

q: 너는 기말시험을 치지 못했다.

r: 너는 그 과목을 통과했다.

다음 명제를 문장으로 기술하라.

(1) $q \to \neg r$ (2) $\neg q \leftrightarrow r$

(3) $(p \to \neg r) \lor (q \to \neg r)$ (4) $(p \land q) \lor (\neg q \land r)$

05 다음 명제에 대한 진리표를 작성하라.

(1) $(p \lor \neg q) \to q$ (2) $(p \to q) \to (q \to p)$

06 다음 명제에 대한 진리표를 작성하라.

(1) $(p \to q) \leftrightarrow (\neg q \to \neg p)$ (2) $p \oplus q \to (\neg p \to q)$

07 다음 명제에 대한 진리표를 작성하라.

(1) $p \to (\neg q \lor r)$ (2) $(p \leftrightarrow q) \lor (\neg q \leftrightarrow r)$

1.2 논리적 동치

한 명제를 진릿값이 같은 다른 명제로 대신하는 것은 많은 경우에 유용하다. 본 장에서는 주어진 명제를 진릿값이 같은 다른 명제로 나타내는 방법에 대하여 알아본다.

정의 1.2.1

복합명제를 구성하는 단순 명제들의 진릿값에 상관없이 복합명제의 진릿값이 항상 참일 때 **항진명제**라 하고, 합성명제의 값이 항상 거짓일 때 **모순명제**라 한다. 항진명제도 아니고 모순명제도 아닌 명제를 **사건명제**라고 한다.

예제 1.2.1 $p \vee \neg p$은 항진명제, $p \wedge \neg p$는 모순명제임을 보여라.

풀이 주어진 명제들의 진리표를 작성하면 다음과 같다.

p	$\neg p$	$p \vee \neg p$	$p \wedge \neg p$
T	F	T	F
F	T	T	F

p의 진릿값에 상관없이 $p \vee \neg p$의 진릿값은 항상 참이고, $p \wedge \neg p$의 진릿값은 거짓이다. ■

모든 가능한 경우에 대하여 같은 진릿값을 가지는 복합명제들을 논리적 동치라 하는데 다음과 같이 정의된다.

정의 1.2.2

두 복합명제 p와 q에 대하여 $p \leftrightarrow q$가 항진명제이면 p와 q는 **논리적 동치**라 한다. 두 명제가 논리적 동치일 때 $p \equiv q$ 또는 $p \Leftrightarrow q$로 나타낸다. 논리적 동치는 간단히 동치라 부르기도 한다.

두 명제가 동치인 것을 확인하는 방법 중의 한 가지는 진리표를 이용하는 것이다. 특히 두 명제 p와 q가 동치이기 위한 필요충분조건은 진릿값을 제공하는 열에 있는 진릿값이 일치하는 것이다.

예제 1.2.2 $p \to q \equiv \neg p \vee q$임을 보여라.

풀이 진리표를 작성하면 다음과 같다.

p	q	$\neg p$	$p \to q$	$\neg p \vee q$
T	T	F	T	T
T	F	F	F	F
F	T	T	T	T
F	F	T	T	T

여기서 $p \to q$와 $\neg p \vee q$에 대응하는 진릿값이 서로 일치한다. 따라서 두 명제는 동치이다. ■

예제 1.2.3 $\neg(p \wedge q) \equiv \neg p \vee \neg q$임을 보여라.

풀이 진리표를 작성하면 다음과 같다.

p	q	$\neg p$	$\neg q$	$p \wedge q$	$\neg(p \wedge q)$	$\neg p \vee \neg q$
T	T	F	F	T	F	F
T	F	F	T	F	T	T
F	T	T	F	F	T	T
F	F	T	T	F	T	T

$\neg(p \wedge q)$와 $\neg p \vee \neg q$에 대응하는 진릿값이 서로 일치한다. 따라서 두 명제는 동치이다. ■

예제 1.2.4 명제 p와 항진명제 t에 대하여 $p \wedge t$와 $\neg p \vee t$는 동치가 아님을 보여라.

풀이 진리표를 작성하면 다음과 같다.

p	t	$\neg p$	$p \wedge t$	$\neg p \vee t$
T	T	F	T	T
F	T	T	F	T

$p \wedge t$와 $\neg p \vee t$의 진릿값을 나타내는 열에서 두 번째 진릿값이 서로 다르다. 따라서 두 명제는 동치가 아니다. ■

예제 1.2.5 $p \to q \equiv \neg q \to \neg p$임을 보여라. 즉 조건명제는 이것의 대우명제와 동치이다.

풀이 진리표를 작성하면 다음과 같다.

p	q	$\neg p$	$\neg q$	$p \to q$	$\neg q \to \neg p$
T	T	F	F	T	T
T	F	F	T	F	F
F	T	T	F	T	T
F	F	T	T	T	T

$p \to q$와 $\neg q \to \neg p$의 진릿값을 나타내는 열에서 모든 진릿값이 일치한다. 따라서 두 명제는 동치이다. ■

예제 1.2.6 $p \wedge (q \vee r) \equiv (p \wedge q) \vee (p \wedge r)$임을 보여라.

풀이 진리표를 작성하면 다음과 같다

p	q	r	$q \vee r$	$p \wedge (q \vee r)$	$p \wedge q$	$p \wedge r$	$(p \wedge q) \vee (p \wedge r)$
T	T	T	T	T	T	T	T
T	T	F	T	T	T	F	T
T	F	T	T	T	F	T	T
T	F	F	F	F	F	F	F
F	T	T	T	F	F	F	F
F	T	F	T	F	F	F	F
F	F	T	T	F	F	F	F
F	F	F	F	F	F	F	F

$p \wedge (q \vee r)$와 $(p \wedge q) \vee (p \wedge r)$의 진릿값을 나타내는 열에 있는 모든 진릿값이 일치한다. 따라서 두 명제는 동치이다. ■

진리표를 이용하여 증명되는 몇 가지 중요한 논리적 동치를 표로 나타내보면 다음과 같다. 표에서 T는 항진명제, F는 모순명제를 나타낸다.

논리적 동치		명칭
$p \wedge \mathrm{T} \equiv p$	$p \vee \mathrm{F} \equiv p$	항등법칙
$p \vee \mathrm{T} \equiv \mathrm{T}$	$p \wedge \mathrm{F} \equiv \mathrm{F}$	지배법칙
$p \vee p \equiv p$	$p \wedge p \equiv p$	멱등법칙
$\neg(\neg p) \equiv p$		이중 부정법칙
$p \vee q \equiv q \vee p$	$p \wedge q \equiv q \wedge p$	교환법칙
$(p \vee q) \vee r \equiv p \vee (q \vee r)$	$(p \wedge q) \wedge r \equiv p \wedge (q \wedge r)$	결합법칙
$p \vee (q \wedge r) \equiv (p \vee q) \wedge (p \vee r)$	$p \wedge (q \vee r) \equiv (p \wedge q) \vee (p \wedge r)$	분배법칙
$\neg(p \wedge q) \equiv \neg p \vee \neg q$	$\neg(p \vee q) \equiv \neg p \wedge \neg q$	드모르간(De Morgan)의 법칙
$p \rightarrow q \equiv \neg p \vee q$		함축법칙

표에 주어진 논리적 동치는 동치의 법칙이라고도 한다. 동치의 법칙은 주어진 두 명제가 동치인 것을 보이거나 명제를 간략히 나타내는데 이용될 수 있다.

예제 1.2.7 논리적 동치의 법칙을 이용하여 $p \vee (p \wedge q) \equiv p$임을 보여라.

풀이

$$
\begin{aligned}
p \vee (p \wedge q) &\equiv (p \wedge T) \vee (p \wedge q) && \text{항등법칙} \\
&\equiv p \wedge (T \vee q) && \text{분배법칙} \\
&\equiv p \wedge T && \text{지배법칙} \\
&\equiv p && \text{항등법칙}
\end{aligned}
$$

■

예제 1.2.8 논리적 동치의 법칙을 이용하여 $\neg(p \vee (\neg p \wedge q)) \equiv \neg p \wedge \neg q$임을 보여라.

풀이

$$
\begin{aligned}
\neg(p \vee (\neg p \wedge q)) &\equiv \neg p \wedge \neg(\neg p \wedge q) && \text{드모르간의 법칙} \\
&\equiv \neg p \wedge (\neg(\neg p) \vee \neg q) && \text{드모르간의 법칙} \\
&\equiv \neg p \wedge (p \vee \neg q) && \text{이중 부정법칙} \\
&\equiv (\neg p \wedge p) \vee (\neg p \wedge \neg q) && \text{분배법칙} \\
&\equiv F \vee (\neg p \wedge \neg q)
\end{aligned}
$$

$$\equiv (\neg p \wedge \neg q) \vee F \qquad \text{교환법칙}$$
$$\equiv \neg p \wedge \neg q \qquad \text{항등법칙} \qquad ■$$

예제 1.2.9 논리적 동치의 법칙을 이용하여 $(p \wedge q) \rightarrow (p \vee q)$는 항진명제임을 보여라.

풀이

$$\begin{aligned}
(p \wedge q) \rightarrow (p \vee q) &\equiv \neg(p \wedge q) \vee (p \vee q) && \text{함축법칙} \\
&\equiv (\neg p \vee \neg q) \vee (p \vee q) && \text{드모르간의 법칙} \\
&\equiv \neg p \vee (\neg q \vee (p \vee q)) && \text{결합법칙} \\
&\equiv \neg p \vee ((p \vee q) \vee \neg q) && \text{교환법칙} \\
&\equiv \neg p \vee (p \vee (q \vee \neg q)) && \text{결합법칙} \\
&\equiv \neg p \vee (p \vee T) && \\
&\equiv \neg p \vee T && \text{지배법칙} \\
&\equiv T && \text{지배법칙}
\end{aligned}$$
■

예제 1.2.10 논리적 동치의 법칙을 이용하여 $\neg(\neg p \wedge q) \wedge (p \vee q)$를 최대한 간략히 하라.

풀이

$$\begin{aligned}
\neg(\neg p \wedge q) \wedge (p \vee q) &\equiv (p \vee \neg q) \wedge (p \vee q) && \text{드모르간의 법칙} \\
&\equiv p \vee (\neg q \wedge q) && \text{분배법칙} \\
&\equiv p \vee F && \\
&\equiv p && \text{항등법칙}
\end{aligned}$$
■

예제 1.2.11 논리적 동치의 법칙을 이용하여 $(p \wedge \neg q) \rightarrow \neg p \equiv p \rightarrow q$임을 보여라.

풀이

$$\begin{aligned}
(p \wedge \neg q) \rightarrow \neg p &\equiv \neg(p \wedge \neg q) \vee \neg p && \text{함축법칙} \\
&\equiv (\neg p \vee q) \vee \neg p && \text{드모르간의 법칙} \\
&\equiv \neg p \vee (q \vee \neg p) && \text{결합법칙} \\
&\equiv \neg p \vee (\neg p \vee q) && \text{교환법칙} \\
&\equiv (\neg p \vee \neg p) \vee q && \text{결합법칙} \\
&\equiv \neg p \vee q && \text{멱등법칙} \\
&\equiv p \rightarrow q && \text{함축법칙}
\end{aligned}$$
■

연습문제 1.2

01 진리표를 이용하여 다음을 보여라.

(1) $\neg p \wedge p \equiv F$

(2) $\neg p \vee p \equiv T$

(3) $p \wedge T \equiv p$

(4) $p \vee F \equiv p$

02 진리표를 이용하여 $\neg(\neg p) \equiv p$임을 보여라.

03 진리표를 이용하여 $p \vee \neg(p \wedge q)$가 항진명제임을 보여라.

04 진리표를 이용하여 $(p \wedge q) \wedge \neg(p \vee q)$가 모순명제임을 보여라.

05 논리적 동치의 법칙을 이용하여 다음이 항진명제임을 보여라.

(1) $(p \wedge q) \rightarrow p$

(2) $p \rightarrow (p \vee q)$

(3) $(p \wedge q) \rightarrow (p \rightarrow q)$

(4) $\neg(p \rightarrow q) \rightarrow p$

06 논리적 동치의 법칙을 이용하여 다음을 보여라.

$$p \wedge (p \vee q) \equiv p$$

07 다음 명제를 최대한 간단히 나타내라.

(1) $(\neg q \wedge (p \rightarrow q)) \wedge p$

(2) $\neg((\neg p \wedge \neg q) \vee (p \vee \neg q))$

1.3 명제함수와 한정화

수학적 주장이나 컴퓨터 프로그램에서는 변수를 포함하는 문장이나 수식을 볼 수 있다. 예를 들면, "$x > 7$", "$y = x - 3$", "x는 8의 배수이다"와 같은 경우이다. 변수의 값이 특정되지 않으면 이러한 수식이나 문장은 참도 아니고 거짓도 아니다. 본 장에서는 이러한 진술로부터 명제를 만드는 방법에 대하여 알아본다.

정의 1.3.1

$P(x)$를 변수 x를 포함하는 수식이나 문장이라고 하자. x에 값이 할당될 때 $P(x)$가 명제가 되면 $P(x)$를 **명제함수**라 한다.

예제 1.3.1 $P(x)$가 "$x > 7$"을 나타낸다고 하자. 이때 $P(3)$과 $P(9)$의 진릿값을 말하라.

풀이 명제함수 $P(x)$에 x의 값으로 2와 3을 대입하여 진릿값을 구한다.
$P(3)$은 "$3 > 7$"을 나타낸다. 따라서 $P(3)$은 거짓이다.
$P(9)$는 "$9 > 7$"을 나타낸다. 따라서 $P(9)$는 참이다. ■

2개 이상의 변수를 가지는 명제함수를 생각할 수 있다. 이때에도 주어진 변수에 값이 할당되면 명제함수는 진릿값을 가지게 된다.

예제 1.3.2 $Q(x, y)$를 "$y = x - 3$"을 나타낸다고 하자. $Q(2, 4)$와 $Q(5, 2)$에 대한 진릿값을 말하라.

풀이 명제함수 $Q(x, y)$에 x와 y의 값을 대입하여 진릿값을 구한다.
$Q(2, 4)$은 "$4 = 2 - 3$"을 나타낸다. 따라서 $Q(2, 4)$는 거짓이다.
$Q(5, 2)$은 "$2 = 5 - 3$"을 나타낸다. 따라서 $Q(5, 2)$는 참이다. ■

정의 1.3.2

명제함수에서 변수가 취하는 값들의 특별한 영역을 **논의영역**이라 한다.

명제함수의 각 변수에 값이 할당되면 상응하는 서술은 진릿값을 가지게 된다. 그런데 주어진 명제함수로부터 명제를 만드는 중요한 방법 중에는 변수의 값이 선택되는 범위를 한정하는 것이 있다. 이것을 명제함수의 **한정화**라 한다.

정의 1.3.3

명제함수 $P(x)$의 **전체 한정**은

"논의영역의 모든 x에 대하여 $P(x)$이다"

인 명제이다. 이때 전체 한정자 $\forall$을 사용하여 $P(x)$의 전체 한정은

$$\forall x P(x)$$

로 나타낸다.

예제 1.3.3 $P(x)$는 "$x+3>x$"을 나타내고, 논의영역은 실수라 하자. 이때 $\forall x P(x)$의 진릿값을 말하라.

풀이 "모든 실수 x에 대하여 $P(x)$"은 참이다. 따라서 $\forall x P(x)$은 참이다. ■

예제 1.3.4 $Q(x)$는 "$x>3$"을 나타내고, 논의영역은 실수라 하자. 이때 $\forall x Q(x)$의 진릿값을 말하라.

풀이 예를 들어, $Q(2)$는 거짓이다. 따라서 "모든 x에서 $Q(x)$"는 참이 아니므로 $\forall x Q(x)$는 거짓이다. ■

정의 1.3.4

명제함수 $P(x)$의 **존재 한정**은

"논의영역의 어떤 x에서 $P(x)$이다" 또는 "논의영역에는 $P(x)$인 x가 있다"

인 명제이다. 이때 존재 한정자 $\exists$를 이용하여 $P(x)$의 존재 한정은

$$\exists x P(x)$$

로 나타낸다.

예제 1.3.5 $P(x)$를 "$x > 3$"을 나타내고, 논의영역은 실수라 하자. 이때 $\exists x\, P(x)$의 진릿값을 말하라.

풀이 $x = 5$이면 $P(x)$는 참이다. 따라서 $\exists x\, P(x)$은 참이다. ■

예제 1.3.6 $Q(x)$를 "$x = x + 3$"을 나타내고, 논의영역은 실수라 하자. 이때 $\exists x\, Q(x)$의 진릿값을 말하라.

풀이 모든 실수 x에 대하여 $x \neq x + 3$ 이므로 $Q(x)$는 거짓이다. 따라서 $\exists x\, Q(x)$는 거짓이다. ■

예제 1.3.7 $P(x)$를 "$x^2 \geq 9$"을 나타내고, 논의영역은 $\{x \mid 0 < x \leq 5,\ x\text{는 정수}\}$이라 하자. 이때, 다음 명제의 진릿값을 말하라.

(1) $\forall x\, P(x)$ (2) $\exists x\, P(x)$

풀이 논의영역을 원소나열법으로 나타내면 $\{1, 2, 3, 4, 5\}$이다.

(1) $x = 1, 2$일 때, $P(x)$는 거짓이다. 따라서 $\forall x\, P(x)$은 거짓이다.

(2) $x = 3, 4, 5$일 때, $P(x)$는 참이다. 따라서 $\exists x\, P(x)$은 참이다. ■

예제 1.3.8 논의영역이 실수일 때, 다음 명제의 진릿값을 말하라.

(1) $\forall x\,(x^2 \geq 4)$ (2) $\exists x\,(x^2 = 3)$

풀이 괄호 안에 있는 수식을 명제함수로 보고 풀이하면 된다.

(1) $x = 1$일 때 $1^2 \geq 4$는 거짓이다. 따라서 주어진 명제는 거짓이다.

(2) $x = \sqrt{3}$일 때 $x^2 = 3$이다. 따라서 주어진 명제는 참이다. ■

두 개 이상의 변수를 포함하는 명제함수를 한정하는 경우를 생각해 보자. 이때에는 두 개 이상의 한정 부호가 사용된다. 모든 한정 부호 같은 경우가 아니라면 부호의 순서는 매우 중요하다. 예를 들어, 두 개의 변수를 가지는 명제함수 $P(x, y)$인 경우에 나타날 수 있는 명제의 한정에는 다음과 같이 4가지 형태이다.

$$\forall x\, \forall y\, P(x, y), \quad \forall x\, \exists y\, P(x, y), \quad \exists x\, \forall y\, P(x, y), \quad \exists x\, \exists y\, P(x, y)$$

이들 각각은 일반문장으로 전환하면 그 의미를 쉽게 이해할 수 있다. 아래 4개의 예제에서 논의영역은 모두 실수 집합이다.

예제 1.3.9 $P(x, y)$가 "$x+y=y+x$"라 하자. 이때 $\forall x \forall y P(x, y)$를 문장으로 나타내고 진릿값을 말하라.

풀이 $\forall x \forall y P(x, y)$는 "모든 실수 x와 모든 실수 y에 대하여 $x+y=y+x$이다"이고 이것은 참이다. 따라서 명제 $\forall x \forall y P(x, y)$은 참이다. ■

예제 1.3.10 $P(x, y)$가 "$y+x=4$"라 하자. 이때 $\exists x \exists y P(x, y)$를 문장으로 나타내고 진릿값을 말하라.

풀이 $\exists x \exists y P(x, y)$는 "$x+y=4$인 실수 x와 y가 있다"이다. 예를 들어 $x=3$, $y=1$이면 $P(3, 1)$은 참이다. 따라서 $\exists x \exists y P(x, y)$은 참이다. ■

예제 1.3.11 $P(x,y)$가 "$y+x=3$"라 하자. 이때 $\forall x \exists y P(x,y)$를 문장으로 나타내고 진릿값을 말하라.

풀이 $\forall x \exists y P(x, y)$는 "모든 x에 대하여 $P(x, y)$인 y가 있다"이다. 즉 어떤 x가 주어지더라도 $y=3-x$라 하면 $x+y=3$이다. 따라서 $\forall x \exists y P(x, y)$은 참이다. ■

예제 1.3.12 $P(x, y)$가 "$y+x=3$"라 하자. 이때 $\exists x \forall y P(x, y)$를 문장으로 나타내고 진릿값을 말하라.

풀이 $\exists x \forall y P(x, y)$는 "어떤 x가 있어서 모든 y에 대하여 $P(x, y)$이다" 또는 "어떤 x는 모든 y에 대하여 $P(x, y)$이다"이다. 어떤 x가 모든 y에 대하여 $x+y=3$이라 하자. 이때 $y=3-x$이면 $x+y=3$이 되어 참이다. 그러나 $y \neq 3-x$이면 $x+y \neq 3$이 되어 $x+y=3$은 거짓이다. 따라서 주어진 명제 $\exists x \forall y P(x, y)$는 거짓이다. ■

예제 1.3.13 논의영역이 정수일 때, 다음 명제의 진릿값을 구하라.

(1) $\exists n \forall m (n^2 > m^2)$ (2) $\forall n \exists m (n+m=0)$

풀이 괄호 안에 있는 수식을 명제함수로 보고 풀이하면 된다.

(1) 어떤 n에서 $n^2 > m^2$이라 하자. 그러면 $m > n$인 경우에는 $n^2 < m^2$이 되어 $n^2 > m^2$은 거짓이다. 따라서 주어진 명제는 거짓이다.

(2) n을 임의의 정수라 하자. 이때 $m = -n$이면 $n + m = 0$이다. 따라서 주어진 명제는 참이다. ■

예제 1.3.13에서 보았듯이 $\forall x \exists y P(x, y)$와 $\exists x \forall y P(x, y)$은 논리적으로 동치가 아니라는 것에 주의해야 한다.

주어진 명제함수에 대한 한정 명제를 부정하는 것에 대하여 알아보자.

> $\forall x P(x)$을 부정하면 "$P(x)$가 아닌 x가 있다" 또는 "어떤 x에서는 $P(x)$가 아니다"

이고 이것은 $\exists x \neg P(x)$다.

> $\exists x P(x)$을 부정하면 "모든 x에 대하여 $P(x)$가 아니다"이고 이것은 $\forall x \neg P(x)$이다.

따라서 다음과 같은 논리적 동치인 명제를 얻는다.

정리 1.3.1

명제함수에 대한 한정 명제의 부정에 대하여 다음이 성립한다.

(1) $\neg \forall x P(x) \equiv \exists x \neg P(x)$

(2) $\neg \exists x P(x) \equiv \forall x \neg P(x)$

예제 1.3.14 논의영역이 실수의 집합이고 $Q(x)$는 "$x^2 > 4$"일 때, 다음 명제를 문장으로 나타내고 진릿값을 구하라.

(1) $\neg \forall x Q(x)$ (2) $\neg \exists x Q(x)$

풀이 (1) "$x^2 \leq 4$인 x가 있다"이고, $x = 1$일 때 $1^2 \leq 4$는 참이다. 따라서 $\neg \forall x Q(x)$은 참이다.

(2) "모든 x에 대하여 $x^2 \leq 4$이다"이고, $x = 5$일 때 $5^2 \leq 4$는 거짓이다. 따라서 $\neg \exists x Q(x)$은 거짓이다. ■

2개의 변수를 가지는 명제함수의 한정 명제에 대한 부정에 대하여 다음이 성립한다.

정리 1.3.2

명제함수 $P(x, y)$의 한정 명제에 대하여 다음이 성립한다.

(1) $\neg \forall x \forall y P(x, y) \equiv \exists x \exists y \neg P(x, y)$

(2) $\neg \forall x \exists y P(x, y) \equiv \exists x \forall y \neg P(x, y)$

(3) $\neg \exists x \exists y P(x, y) \equiv \forall x \forall y \neg P(x, y)$

연습문제 1.3

01 $P(x)$가 "$x \geq 2$"를 나타낼 때, 다음에 대한 진릿값을 말하라.

(1) $P(-1)$　　(2) $P(2)$

02 $Q(x, y)$가 "$y^2 \leq 4x$"를 나타낼 때, 다음에 대한 진릿값을 말하라.

(1) $Q(2, 1)$　　(2) $Q(2, -3)$

03 $P(x)$는 "x는 짝수이다"를 $Q(x)$는 "x는 홀수이다"를 나타내고, 논의영역은 정수라 하자. 다음 명제를 문장으로 나타내고 진릿값을 구하라.

(1) $\exists x P(x)$　　(2) $\forall x Q(x)$

(3) $\exists x \neg P(x)$　　(4) $\neg \forall x \neg Q(x)$

(5) $\exists x (P(x) \wedge Q(x))$　　(6) $\forall x (P(x) \vee Q(x))$

04 $P(x, y)$는 "$x + y = x - y$"를 나타내고 논의영역은 모든 정수의 집합일 때, 다음 명제의 진릿값을 말하라.

(1) $\forall y P(2, y)$　　(2) $\exists x P(x, 1)$

(3) $\forall y \exists x P(x, y)$　　(4) $\exists x \exists y P(x, y)$

05 논의영역이 모든 정수의 집합일 때, 다음 명제의 진릿값을 말하라.

(1) $\exists m \exists n (m+n=4 \wedge m-n=2)$

(2) $\forall n \exists p (p=\frac{n}{2})$

06 논의영역이 모든 실수의 집합일 때, 다음 명제의 진릿값을 말하라.

(1) $\neg \forall x (x^2=2)$

(2) $\neg \exists x (x^2 \neq 2)$

(3) $\exists x \forall y (xy=0)$

(4) $\forall x \neq 0 \exists y (xy=1)$

CHAPTER

02

집합

2.1 집합의 개념과 표현

집합의 개념은 수학의 모든 분야에서 나타나 난다. 직관적으로 집합은 대상들의 모임이다. 그러나 여기서 대상들이 무엇인지를 분명하게 특정하지 않고, 집합을 막연히 대상들의 모임이라고 규정을 하면 논리적인 오류에 직면하게 된다. 이 단원의 끝부분에서 이런 오류에 대하여 알아본다. 본 장에서는 집합의 정의를 비롯하여 집합과 관련된 기본적인 개념과 표현 및 성질에 대하여 알아본다.

정의 2.1.1

집합은 명확한 기준에 의하여 분류된 대상들의 모임이다. 이때 집합을 구성하는 대상들을 집합의 **원소**라 한다.

일반적으로 집합은 대문자 A, B, X, Y, $\cdots$ 등으로 나타내고 원소는 소문자 a, b, x, y, $\cdots$ 를 이용하여 나타낸다.

정의 2.1.2

$p \in A$은 "p가 집합 A의 원소" 또는 "p는 A에 속한다"를 표현하고, $p \notin A$는 "p는 A의 원소가 아님" 또는 "p는 A에 속하지 않는다"를 나타낸다.

집합을 표현하는 방법에는 여러 가지가 있는데, 먼저 { }를 사용하여 집합을 표현하는 방법에 대하여 알아보자.

정의 2.1.3

원소를 { }안에 나열하는데, 원소 사이에 콤마를 사용하여 원소를 분리하는 것을 **원소나열법**이라 한다.

예제 2.1.1 A를 10보다 작은 홀수들의 집합이라 할 때, A를 원소나열법으로 표시하면 $A = \{1, 3, 5, 7, 9\}$이다. ■

원소의 개수가 많거나 무한히 많아서 일일이 나열할 수 없는 경우에는 다음과 같은 방법을 이용한다.

정의 2.1.4

집합에서 원소가 되기 위한 특성을 서술하여 집합을 표현하는 것을 **조건제시법**이라 한다.

예제 2.1.2 B를 0이상인 정수들의 집합이라 할 때, 이를 조건제시법으로 나타내면 $B = \{x \mid x \text{ 정수}, x \geq 0\}$이다. 이때 x는 이 집합의 대표적인 원소를 나타내기 위해 쓰였다. ■

정의 2.1.5 집합의 상등

두 집합 A와 B가 같은 원소를 가지고 있으면 두 집합은 "같다"하고 $A = B$로 표시한다.

예제 2.1.3 세 집합 $A = \{1, 2, 3\}$, $B = \{3, 2, 1\}$, $C = \{1, 2, 2, 2, 3, 3, 3, 3\}$는 모두 같은 원소를 가지고 있으므로 같은 집합이다. 따라서 $A = B = C$이다. ■

위 예제에서 보는 바와 같이 집합에서는 원소가 다르게 배열되어도, 같은 원소가 두 번 이상 나열되어도 같은 집합이다.

본 교재에서 자주 나타나는 집합에 대한 기호는 다음과 같다.

$N =$ 음이 아닌 정수들의 집합 (자연수들의 집합); $1, 2, 3, \cdots$

$Z =$ 정수들의 집합; $\cdots, -2, -1, 0, 1, 2, \cdots$

$Q =$ 유리수들의 집합

$R =$ 실수들의 집합

$C =$ 복소수들의 집합

정의 2.1.6

고려 중인 모든 대상을 포함하는 집합을 **전체집합**이라 하고 U로 나타낸다. 아무런 원소도 포함하지 않는 집합을 **공집합**이라 하고 $\varnothing$ 또는 $\{\ \}$로 나타낸다.

정의 2.1.7

A의 모든 원소가 B의 원소가 되면 A를 B의 **부분집합**이라 하고 $A \subseteq B$로 나타낸다. A가 B의 부분집합이지만 $A \neq B$일 때 A를 B의 **진부분집합**이라 하고 $A \subset B$로 나타낸다.

만약 A의 원소 중에서 적어도 하나가 B에 속하지 않으면 A는 B의 부분집합이 아니다. 이때는 $A \not\subseteq B$ 로 나타낸다.

예제 2.1.4 $A=\{1, 2, 3, 5, 7\}$, $B=\{1, 3, 4, 5, 8\}$, $C=\{3, 5\}$일 때, $C \subset A$, $C \subset B$이고 $B \not\subseteq A$이다. ■

예제 2.1.5 수의 집합에서 다음이 성립한다; $N \subset Z \subset Q \subset R \subset C$. ■

정리 2.1.1

집합의 포함관계에 대하여 다음이 성립한다.

(1) 집합 A에 대하여 $\varnothing \subseteq A \subseteq U$.

(2) 집합 A에 대하여 $A \subseteq A$.

(3) $A \subseteq B$이고 $B \subseteq C$이면 $A \subseteq C$.

(4) $A = B$이기 필요충분조건은 $A \subseteq B$이고 $B \subseteq A$.

증명 (1) 집합 A의 각 원소는 전체집합 U의 원소이므로 $A \subseteq U$이다. $\varnothing$는 원소가 하나도 없으므로, $\varnothing$에 속하면서 A에 속하지 않는 원소는 없다. 따라서 $\varnothing \subseteq A$이다.

(2) A에 속하는 원소는 A에 속하므로 $A \subseteq A$이다.

(3) $x \in A$이면 $A \subseteq B$이므로 $x \in B$이고 $B \subseteq C$이므로 $x \in C$이다. 따라서 $A \subseteq C$이다.

(4) $A = B$라 가정하자. 그러면 $x \in A$이면 $x \in B$이므로 $A \subseteq B$이다. 또 $x \in B$이면 $x \in A$이므로 $B \subseteq A$이다.

$A \subseteq B$이고 $B \subseteq A$라 가정하자. 그러면 A의 모든 원소는 B에 속하고 또 B의 모든 원소는 A에 속한다. 결국 A와 B는 같은 원소를 가지므로 $A = B$이다.

벤다이어그램

벤다이어그램은 집합을 점과 그림으로 평면 위에 표현하는 방법이다. 전체집합 U는 직사각형의 내부가 되고, 다른 집합들은 직사각형 내부에 놓여있는 원으로 표시한다. 각 집합에 속하는 원소들은 원의 내부에 표시된다. $A = \{a,\ i,\ e,\ o,\ u\}$일 때 다음과 같다.

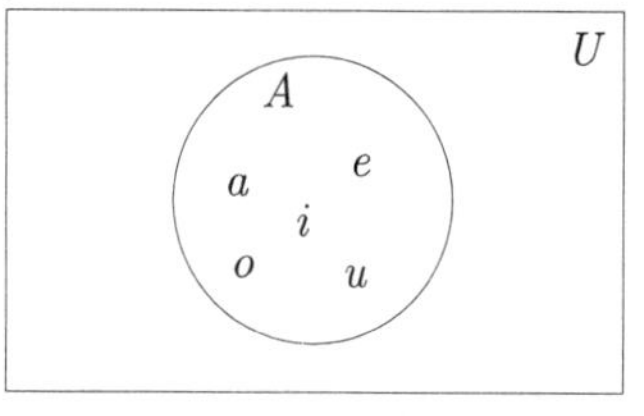

$A \subseteq B$이면 그림(a)와 같이 A를 표현하는 원은 B를 표현하는 원의 내부에 그려진다. A와 B가 공통의 원소가 없으면 그림(b)와 같이 집합을 나타내는 원은 떨어져 있는 그림으로 표현된다. 두 집합 A와 B가 공통부분이 있으면 그림(c)와 같이 표시된다.

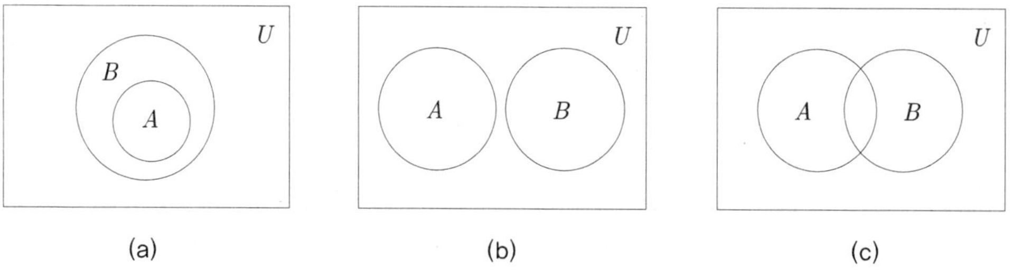

정의 2.1.8

집합 S에 대하여 $|S|$를 S의 **기수**라 하고 원소의 개수를 나타낸다. S가 n개의 원소를 가지면 S는 **유한집합**이라 한다. 즉 $|S| = n$ (n은 자연수)이면 S는 유한집합이다. 유한집합이 아니면 **무한집합**이라 한다.

예제 2.1.6 A를 10이하의 짝수의 집합이라 하면 $|A| = 5$이고 $|\varnothing| = 0$이다. ■

예제 2.1.7 집합 N, Z, Q은 모두 무한집합이다. ■

정의 2.1.9

주어진 집합 S에 대하여, S의 모든 부분집합을 원소로 하는 집합을 S의 **멱집합**이라 하고 $P(S)$로 나타낸다. 즉 $P(S) = \{A \mid A \subseteq S\}$이다.

예제 2.1.8 집합 $S = \{1, 2, 3\}$의 멱집합을 구하고 원소의 개수를 말하라.

풀이 S의 멱집합은 S의 모든 부분집합을 원소로 하는 집합이다.
따라서 $P(S) = \{\varnothing, \{1\}, \{2\}, \{3\}, \{1, 2\}, \{1, 3\}, \{2, 3\}, \{1, 2, 3\}\}$이고 $|P(S)| = 8$이다. ■

예제 2.1.9 공집합의 멱집합과 집합 $\{\varnothing\}$의 멱집합을 구하라.

풀이 $P(\varnothing) = \{\varnothing\}$이고 $P(\{\varnothing\}) = \{\varnothing, \{\varnothing\}\}$이다. ■

집합 S의 멱집합 $P(S)$의 원소의 개수 $|P(S)| = 2^{|S|}$이다. 이것에 대한 증명은 6장에서 밝혀진다.

정의 2.1.10

집합 A와 B에 대하여, $A \times B$을 A와 B의 곱집합이라 하고 다음과 같이 정의된다.

$$A \times B = \{(a, b) \mid a \in A,\ b \in B\}.$$

예제 2.1.10 $A=\{1, 2, 3\}$이고 $B=\{a, b\}$일 때, $A\times B$를 구하라.

풀이 곱집합 $A\times B$는 다음과 같다.

$$A\times B=\{(1,a), (1,b), (2,a), (2,b), (3,a), (3,b)\}$$ ■

$A=B$인 경우를 제외하면 $A\times B\neq B\times A$임을 알 수 있다. 또한 $|A\times B|=|A||B|$임을 알 수 있다.

이 단원의 도입부에서 집합은 그 성질이 잘 규명이 되지 않으면 오류가 발생한다고 했는데, 다음 예를 통하여 그 이유를 알아보자.

예제 2.1.11 집합 S를 $S=\{x \mid x\not\in x\}$라 하자. 즉 S의 원소는 자기 자신에 속하지 않는 것들이다. 이때 다음을 보여라.

(1) S가 S의 원소가 아니면 모순이다.

(2) S가 S의 원소라면 모순이다.

증명 (1) $S\not\in S$이면 집합 S의 정의에 따라 $S\in S$이다. 이것은 $S\not\in S$에 모순이다.

(2) $S\in S$라 하면 집합 S의 정의에 따라 $S\not\in S$이다. 이것은 $S\in S$에 모순이다. ■

위 예는 러셀의 역설(Russel's paradox)을 나타내는 문제이다. 집합 S는 위와 같은 방법으로 정의가 될 수 없다는 것을 알 수 있다.

연습문제 2.1

01 다음 집합을 원소나열법으로 표현하라.

(1) $A=\{x \mid x<8,\ x\text{는 양의 정수}\}$

(2) $B=\{x \mid x^2=4,\ x\text{는 실수}\}$

(3) $C = \{x \mid x+4=3,\ x\text{는 자연수}\}$

02 다음 집합을 조건제시법으로 표현하라.

(1) $A = \{0, 2, 4, 8, 10\}$

(2) $B = \{-4, -3, -2, -1, 0, 1, 2, 3, 4\}$

(3) $C = \{4, 5, 6, \cdots\}$

03 다음 주어진 집합의 쌍이 같은 집합인지를 판단하라.

(1) $\{1, 1, 2, 3, 3, 3, 6, 6\}$, $\{2, 6, 3\}$

(2) $\{1, \{1\}\}$, $\{\{1\}\}$

(3) $\varnothing$, $\{\varnothing\}$

04 다음 주어진 기호가 옳은지를 판단하라.

(1) $\{x\} \in \{x\}$

(2) $\{x\} \subset \{\{x\}\}$

(3) $\varnothing \in \{x\}$

(4) $2 \in \{\{2\}, \{2, \{2\}\}\}$

05 집합 $X = \{\{1, 2\}, \{3, 4, 5\}, \{6, 7, 8\}\}$에 대하여 다음 기호가 옳은지 판단하라.

(1) $1 \in X$

(2) $\{3, 4, 5\} \subset X$

(3) $\{6, 7, 8\} \in X$

(4) $\varnothing \notin X$

06 다음 주어진 집합의 멱집합을 구하라.

(1) $\{1, \{2\}\}$

(2) $\{1, 2\}$

07 다음 주어진 집합에 대하여 집합의 기수를 말하라.

(1) $P(\{a, b, \{a, b\}\})$

(2) $P(P(\varnothing))$

08 $A = \{a, b, c\}$, $B = \{x, y\}$일 때, 다음을 구하라.

(1) $A \times B$

(2) $B \times A$

2.2 집합의 연산

주어진 집합들을 결합하여 새로운 집합을 만들어 내는 방법들에 대하여 알아보자.

정의 2.2.1 합집합

두 집합 A, B에 대하여 $A \cup B$를 A와 B의 **합집합**이라 하고, A또는 B에 속하는 원소들의 집합이다. 즉 $A \cup B = \{x \mid x \in A \text{ 또는 } x \in B\}$.

예제 2.2.1 $A = \{1, 2, 3\}$, $B = \{1, 3, 5\}$일 때 $A \cup B = \{1, 2, 3, 5\}$이다. ■

정의 2.2.2 교집합

두 집합 A, B에 대하여 $A \cap B$를 A와 B의 **교집합**이라 하고, A와 B에 공통으로 속하는 원소들의 집합이다. 즉 $A \cap B = \{x \mid x \in A \text{이고 } x \in B\}$.

예제 2.2.2 $A = \{1, 2, 3\}$, $B = \{1, 3, 5\}$일 때 $A \cap B = \{1, 3\}$이다. ■

두 집합에 대한 합집합과 교집합을 벤다이어그램으로 그려보면 다음과 같다.

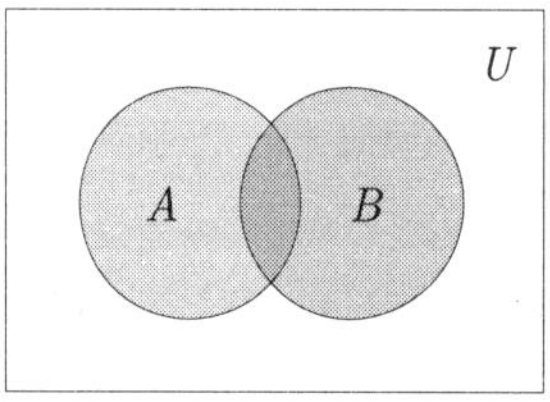

$A \cup B$

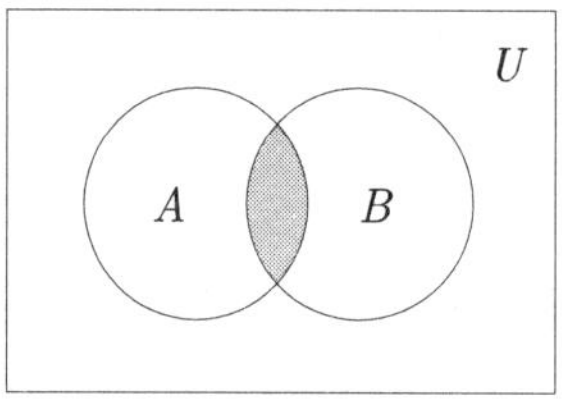

$A \cap B$

정의 2.2.3

두 집합의 교집합이 공집합일 때, 두 집합은 **서로소**라 한다.

예제 2.2.3 $A=\{1, 3, 5, 7, 9\}$, $B=\{2, 4, 6, 8, 10\}$일 때, $A \cap B = \varnothing$ 이므로 두 집합은 서로소이다. ■

정의 2.2.4

두 집합 A와 B에 대하여, $A-B$를 A와 B의 **차집합**이라 하고, A에 속하지만 B에 속하지 않는 원소들의 집합이다. 즉 $A-B=\{x \mid x \in A \text{이고 } x \notin B\}$이다.

예제 2.2.4 $A=\{1, 2, 3, 4\}$, $B=\{3, 4, 5, 6\}$일 때, $A-B=\{1, 2\}$이고 $B-A=\{5, 6\}$이다. ■

정의 2.2.5 여집합

U가 전체집합일 때, $\overline{A}$는 A의 **여집합**이라 하고 U에는 속하지만 A에는 속하지 않는 원소들의 집합이다. 즉 $\overline{A}=\{x \mid x \in U \text{이고 } x \notin A\}=U-A$이다.

예제 2.2.5 $U=\{1, 2, 3, \cdots, 10\}$이고 $A=\{1, 2, 3, 4, 5\}$일 때, $\overline{A}=\{6, 7, 8, 9, 10\}$이다. ■

차집합과 여집합에 대한 벤다이어그램은 다음과 같다.

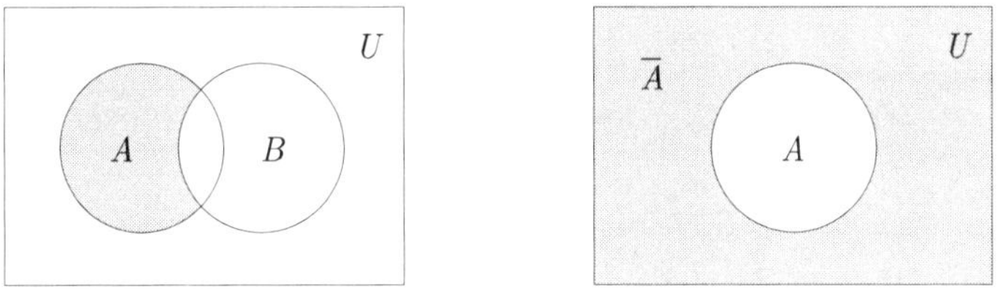

$A-B$ $\qquad\qquad$ $\overline{A}$

집합의 연산으로 새로운 집합이 만들어졌을 때, 이 집합의 기수에 대하여 다음이 성립한다.

정리 2.2.1

집합 A, B, C에 대하여 다음이 성립한다.

(1) $|A \cup B| = |A| + |B| - |A \cap B|$

(2) $|A \cup B \cup C| = |A| + |B| + |C| - |A \cap B| - |B \cap C|$
$\qquad - |A \cap C| + |A \cap B \cap C|$

증명 밴다이어그램을 이용하여 증명하도록 한다.

(1) $|A \cup B|$를 구하기 위해서 $|A|$와 $|B|$를 계산하면 $|A \cap B|$가 두 번 계산 되었으므로 한 번을 빼주어야 한다. 따라서 $|A \cup B| = |A| + |B| - |A \cap B|$이다.

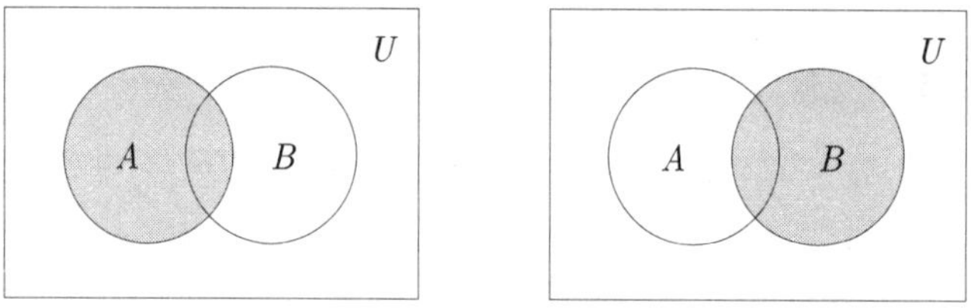

(2) (1)의 결과를 이용하면 $|A \cup B|$의 계산에서 (a), (b)로부터 $|A \cap B|$가 두 번 계산된다. $|B \cup C|$의 계산에서 (b), (c)로부터 $|B \cap C|$가 두 번 계산된다. $|A \cup C|$의 계산에서 (a), (c)로부터 $|A \cap C|$가 두 번 계산된다. $|A \cup B \cup C|$를 계산하기 위해서 두 번 계산된 것은 모두 빼주면 되는데, 이 과정에서 $|A \cap B \cap C|$는 한 번도 계산이 되지 않았으므로 더해주어야 한다. 따라서 다음 결과를 얻는다;

$$|A \cup B \cup C| = |A| + |B| + |C| - |A \cap B| - |B \cap C| - |A \cap C| + |A \cap B \cap C|$$

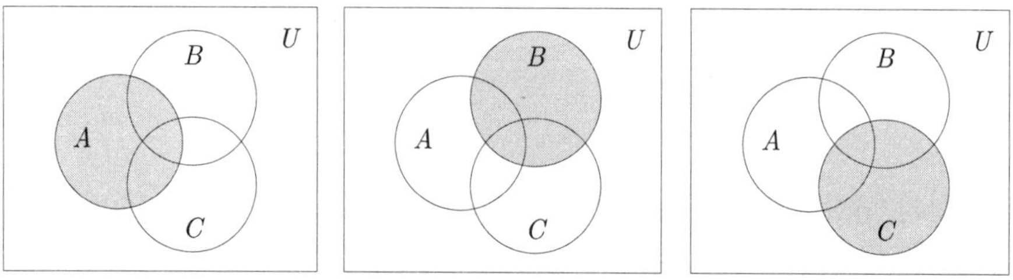

(a) (b) (c)

예제 2.2.6 100명의 수학과 학생들을 상대로 A, B, C 세 과목에 대한 수강 신청을 조사하였다. 세 과목 중에서 최소한 한 과목은 수강한다. A과목은 65명, B과목은 45명, C과목은 42명이고, A와 B과목은 20명, A와 C과목은 25명, B와 C과목은 15명이다. 이때, A과목만 수강하는 학생의 수를 구하라.

풀이 정리 2.2.1의 공식을 이용하면

$$
\begin{aligned}
|A \cup B \cup C| = |A| + |B| + |C| - |A \cap B| - |B \cap C| \\
- |A \cap C| + |A \cap B \cap C|
\end{aligned}
$$

에서

$$100 = 65 + 45 + 42 - 20 - 25 - 15 + |A \cap B \cap C|$$

이고 $|A \cap B \cap C| = 8$이다. 즉 세 과목 모두 듣는 학생의 수는 8명이다. A과목만 수강하는 학생의 수는

$$|A| - |A \cap B| - |A \cap C| + |A \cap B \cap C| = 65 - 20 - 25 + 8 = 28$$

가 되어 28명이다. ■

집합의 대수법칙

집합 사이의 연산에 대하여는 다음과 같은 다양한 등식이 성립한다. 이들 등식에 관한 법칙을 표로 정리하면 다음과 같다.

집합의 등식	이름
$A \cup A = A$, $A \cap A = A$	멱등법칙
$(A \cup B) \cup C = A \cup (B \cup C)$, $(A \cap B) \cap C = A \cap (B \cap C)$	결합법칙
$A \cup B = B \cup A$, $A \cap B = B \cap A$	교환법칙
$A \cup (B \cap C) = (A \cup B) \cap (A \cup C)$, $A \cap (B \cup C) = (A \cap B) \cup (A \cap C)$	배분법칙
$A \cup \varnothing = A$, $A \cap U = A$	항등법칙
$A \cup U = U$, $A \cap \varnothing = \varnothing$	지배법칙
$\overline{(\overline{A})} = A$	이중보법칙
$A \cup \overline{A} = U$, $A \cap \overline{A} = \varnothing$, $\overline{U} = \varnothing$, $\overline{\varnothing} = U$	보법칙
$\overline{(A \cup B)} = \overline{A} \cap \overline{B}$, $\overline{(A \cap B)} = \overline{A} \cup \overline{B}$	드몰간의 법칙

집합의 등식에 관한 증명을 예제를 통하여 알아보자. 같은 문제에 대하여 두 가지 다른 방법으로 증명해 보도록 한다.

예제 2.2.7 $\overline{(A\cap B)}=\overline{A}\cup\overline{B}$임을 좌변과 우변의 집합이 서로에 대하여 부분집합임을 보임으로 증명하라.

증명 먼저 $x\in\overline{(A\cap B)}$라 하자. 그러면 $x\not\in A\cap B$이므로 $x\not\in A$ 또는 $x\not\in B$이다. 따라서 $x\in\overline{A}$ 또는 $x\in\overline{B}$가 되어 $x\in\overline{A}\cup\overline{B}$이다.
그러므로 $\overline{(A\cap B)}\subseteq\overline{A}\cup\overline{B}$이다.
이제 $x\in\overline{A}\cup\overline{B}$라 하자. 그러면 $x\in\overline{A}$ 또는 $x\in\overline{B}$가 되어 $x\not\in A$ 또는 $x\not\in B$이다. 따라서 $x\not\in A\cap B$이므로 $x\in\overline{(A\cap B)}$.
그러므로 $\overline{A}\cup\overline{B}\subseteq\overline{(A\cap B)}$이다. 따라서 두 집합은 같은 집합이다. ■

예제 2.2.8 $\overline{(A\cap B)}=\overline{A}\cup\overline{B}$임을 집합의 조건제시법을 이용하여 증명하라.

증명

$$\begin{aligned}\overline{(A\cap B)}&=\{x\mid x\not\in A\cap B\}\\&=\{x\mid x\not\in A \text{ 또는 } x\not\in B\}\\&=\{x\mid x\in\overline{A} \text{ 또는 } x\in\overline{B}\}\\&=\{x\mid x\in\overline{A}\cup\overline{B}\}=\overline{A}\cup\overline{B}\end{aligned}$$ ■

집합의 등식은 위의 두 예제와 같은 방법으로 증명하기도 하지만, 때로는 주어진 집합대수의 성질을 이용하여 증명하기도 한다.

예제 2.2.9 세 집합 A, B, C에 대하여 $\overline{A\cup(B\cap C)}=\overline{A}\cap(\overline{B}\cup\overline{C})$임을 증명하라.

증명

$$\begin{aligned}\overline{A\cup(B\cap C)}&=\overline{A}\cap\overline{(B\cap C)} &&\text{(드몰간의 법칙)}\\&=\overline{A}\cap(\overline{B}\cup\overline{C}) &&\text{(드몰간의 법칙)}\end{aligned}$$ ■

예제 2.2.10 $A\cap(A\cup B)=A$임을 증명하라.

증명

$$\begin{aligned}A\cap(A\cup B)&=(A\cup\varnothing)\cap(A\cup B) &&\text{(항등법칙)}\\&=A\cup(\varnothing\cap B) &&\text{(배분법칙)}\end{aligned}$$

$= A \cup \varnothing$ (지배법칙)

$= A$ (항등법칙) ■

집합의 분할

주어진 집합은 특별한 부분집합의 모임에 의하여 전체가 공통부분이 없이 나누어지고 또 결합하여 전체를 이룬다.

정의 2.2.6

집합 S의 공집합이 아니 부분집합 $A_1, A_2, \cdots, A_n$가

(1) $S = A_1 \cup A_2 \cup \cdots \cup A_n$ (2) $i \neq j$ 이면 $A_i \cap A_j = \varnothing$

을 만족하면 $\{A_1, A_2, \cdots, A_n\}$을 S의 분할이라 한다.

여기서 주목할 부분은 한 집합의 분할은 유일하지 않다는 점이다. 다음 예제를 통하여 이를 확인하여 보자.

예제 2.2.11 집합 $S = \{1, 2, \cdots, 8, 9\}$에 대하여 다음 부분집합의 집합이 S의 분할이 되는지를 판단하라.

(1) $\{1, 3, 5\}, \{2, 6, 7\}, \{4, 8, 9\}$

(2) $\{1, 3, 5\}, \{2, 4, 6, 8\}, \{5, 7, 9\}$

(3) $\{1, 3, 5\}, \{2, 4, 6, 8\}, \{7, 9\}$

풀이 (1) 서로 다른 두 집합의 교집합은 $\varnothing$ 이고, 세 집합의 합집합은 S이다. 따라서 이 부분집합의 집합은 S의 분할이다.

(2) 세 집합의 합집합은 S가 된다. 그러나 $\{1, 3, 5\} \cap \{5, 7, 9\} = \{5\}$가 되어 공집합이 아니므로 이 부분집합의 집합은 S의 분할이 아니다.

(3) 서로 다른 두 집합의 교집합은 $\varnothing$ 이고, 세 집합의 합집합은 S이다. 따라서 이 부분집합의 집합은 S의 분할이다. ■

연습문제 2.2

01 $A=\{1, 2, 3, 4, 5\}$이고 $B=\{0, 3, 6, 8\}$일 때, 다음을 구하라.

(1) $A \cup B$　　(2) $A \cap B$　　(3) $A-B$　　(4) $B-A$

02 두 집합 A와 B가 다음을 만족할 때, A와 B를 구하라.

$$A-B=\{1, 5, 7, 8\},\ B-A=\{2, 10\},\ A \cap B=\{3, 6, 9\}$$

03 $A=\{0, 1, 2, 3, 4, 5, 6\}$, $B=\{0, 2, 4, 6, 8, 10\}$, $C=\{4, 5, 6, 7, 8, 9, 10\}$일 때, 다음을 구하라.

(1) $(A \cup B) \cap C$　　(2) $(A \cap B) \cup C$

04 집합대수의 법칙을 이용하여 $(U \cap A) \cup (B \cap A)=A$임을 증명하라.

05 전체 60명을 상대로 A, B, C 세 종목의 상품구매에 대하여 조사를 하였다. $|A|=25$, $|B|=26$, $|C|=26$, $|A \cap B|=11$, $|B \cap C|=8$, $|A \cap C|=9$이었고 아무것도 택하지 않은 사람이 8명이었다. 다음에 답하라.

(1) 세 종목 모두 택한 사람의 수를 구하라.

(2) 오직 한 종목만 택한 사람의 수를 구하라.

06 $\overline{\overline{A}}=A$임을 증명하라.

07 $(A \cap B) \cup (A \cap \overline{B})=A$임을 증명하라.

08 $S=\{1, 2, \cdots, 9\}$일 때, 다음 부분집합의 집합이 S의 분할이 되는지 판단하라.

(1) $\{\{1, 5, 6\}, \{2, 4, 8, 9\}, \{3, 5, 7\}\}$

(2) $\{\{1, 2, 7\}, \{3, 5\}, \{4, 6, 8, 9\}\}$

09 $S=\{a, b, c\}$일 때, S의 모든 분할을 구하라.

CHAPTER

03

함수

3.1 함수

이 절에서는 함수와 관련된 다양한 정의를 서술하고 그 의미를 알아보도록 한다.

정의 3.1.1

공집합이 아닌 두 집합 X와 Y에 대하여 X의 각 원소 x에 Y의 원소 y가 유일하게 대응하는 대응규칙을 f라 하면

$$f: X \to Y\ ,\ \ y = f(x)$$

로 나타내고 f를 **X에서 Y로의 함수**라 한다. 이때 y를 f에 의한 x의 **상**, 또는 x에서 f의 **함숫값**이라 한다. 집합 X를 f의 **정의역**, 집합 Y를 f의 **공역**이라 한다.

집합 $\{f(x) \mid x \in X\}$을 f의 **치역**이라 하고, $\{(x, f(x)) \mid x \in X\}$을 함수 f의 **그래프**라 한다.
함수의 그래프를 그린다는 것은 좌표평면에서 순서쌍을 점들로 나타내는 것을 말한다.

집합 Y의 원소 y에 대하여 $f^{-1}(y)$를 y의 **역상**이라 하고 다음 집합을 나타낸다.

$$f^{-1}(y) = \{x \in X \mid f(x) = y\}.$$

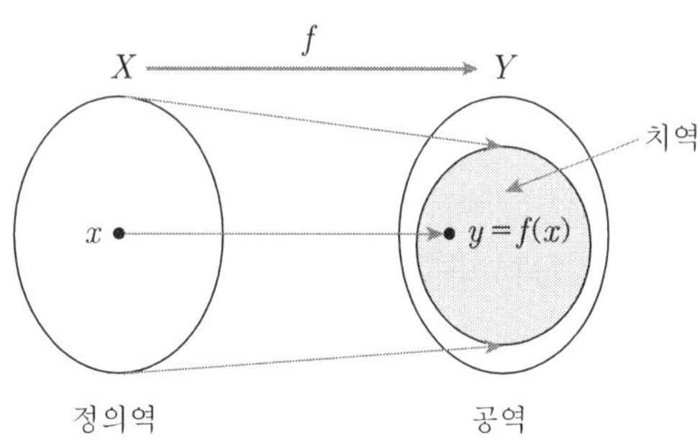

예제 3.1.1 집합 X에서 집합 Y로의 함수 f에서 다음에 답하라.
(1) 함수 f의 정의역, 공역, 치역, 그래프를 구하라.
(2) $f^{-1}(2)$, $f^{-1}(7)$을 구하라.
(3) 함수 f의 그래프를 그려라.

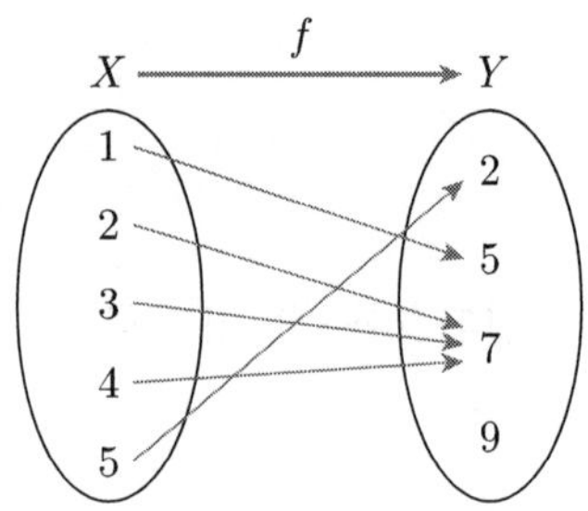

풀이 (1) 정의역은 $X=\{1, 2, 3, 4, 5\}$, 공역은 $Y=\{2, 5, 7, 9\}$,

f의 치역$=\{2, 5, 7\}$,

f의 그래프$=\{(1,5), (2,7), (3,7), (4,7), (5,2)\}$.

(2) $f^{-1}(2)=\{5\}$, $f^{-1}(7)=\{2,3,4\}$.

(3) 좌표평면에 이 함수의 그래프를 나타내면 다음과 같다.

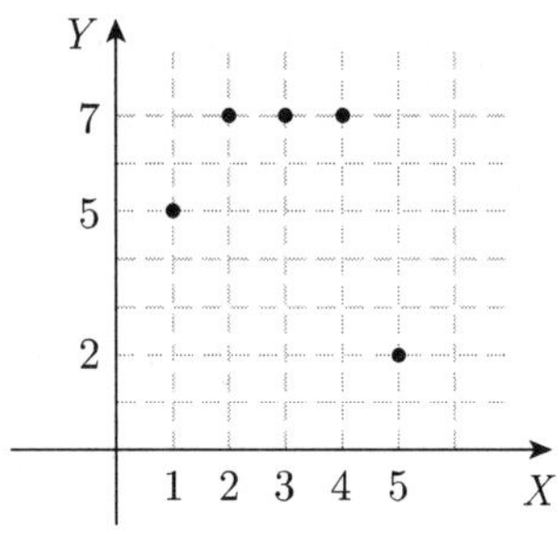

■

평면에 그려진 점들의 집합이 있을 때, y축과 평행이면서 두 개 이상의 점을 지나는 직선이 있으면, 이 점들의 집합은 함수관계를 만족하는 그래프의 점들이 아니다.

정의 3.1.2

함수 $f: X \to Y$ 에서 $A \subseteq X$ 일 때, $f(A)$를 A의 상이라 하고 다음과 같은 집합이다.

$$f(A)=\{f(x) \mid x \in A\}.$$

예제 3.1.2 $X=\{a, b, c, d, e\}$이고 $Y=\{1, 2, 3, 4\}$일 때, $f(a)=3$, $f(b)=2$, $f(c)=1$, $f(d)=2$, $f(e)=2$라 하자. $A=\{a, b, c\}$에 대하여 $f(A)$를 구하라.

풀이 $f(A)$는 $x \in A$인 $f(x)$의 집합이므로 $f(A) = \{f(a), f(b), f(c)\} = \{1, 2, 3\}$이다. ■

정의 3.1.3

함수 $f: X \to Y$에서 $B \subseteq Y$일 때, $f^{-1}(B)$를 B의 역상이라 하고 다음과 같은 집합이다.

$$f^{-1}(B) = \{x \in X \mid f(x) \in B\}$$

예제 3.1.3 $X = \{a, b, c, d, e\}$이고 $Y = \{1, 2, 3, 4\}$일 때, $f(a) = 3$, $f(b) = 2$, $f(c) = 1$, $f(d) = 2$, $f(e) = 2$라 하자. $B = \{1, 2\}$에 대하여 $f^{-1}(B)$를 구하라.

풀이 $f^{-1}(B)$는 함숫값 $f(x) = 1$ 또는 2가 되는 x의 집합이므로 $f^{-1}(B) = \{b, c, d, e\}$이다. ■

정의 3.1.4 함수의 상등

두 함수 $f, g: X \to Y$가 주어졌을 때, 모든 $x \in X$에서 $f(x) = g(x)$가 성립하면 두 함수는 서로 같다 하고 $f = g$로 나타낸다.

따라서 적어도 한 $x_0 \in X$가 존재하여 $f(x_0) \neq g(x_0)$이면 $f \neq g$이다.

예제 3.1.4 다음과 같이 정의된 두 함수 f와 g에서 $f \neq g$임을 설명하라.

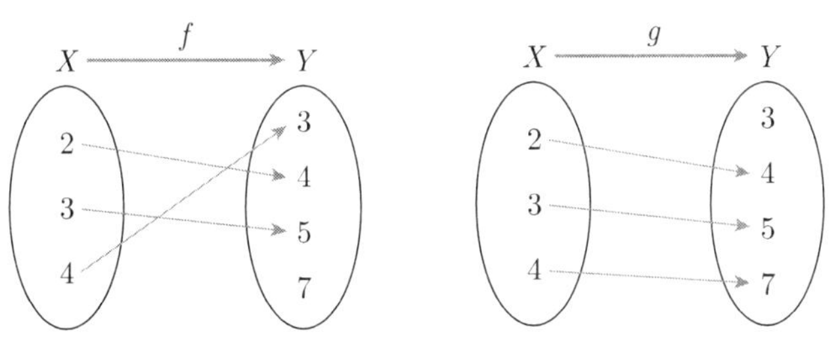

풀이 정의역과 공역은 같고, 4를 제외한 모든 점에서 두 함숫값이 같으나 $f(4) \neq g(4)$이다. 따라서 $f \neq g$이다. ■

두 집합 사이에 서로 다른 함수는 정의역과 공역의 원소에 따라 많이 존재한다. 실제로 집합 X의 원소의 개수가 m, 집합 Y의 원소의 개수가 n일 때, X에서 Y로 서로 다른 함수의 개수는 n^m이다.

두 집합 사이에 특수한 대응 관계를 갖는 함수들의 유형을 분류하여 보자.

정의 3.1.5 상수함수

함수 $f: X \to Y$에서 $y_0 \in Y$ 일 때, 모든 $x \in X$에 대하여 $f(x) = y_0$ 인 함수, 즉 함숫값이 한 개로 일정한 함수를 **상수함수**라 한다.

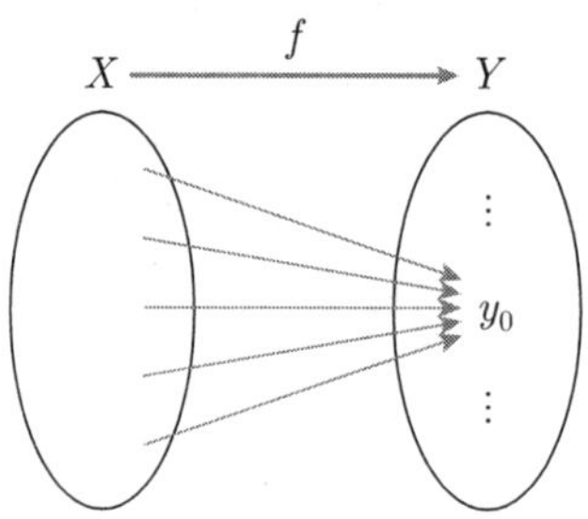

정의 3.1.6 항등함수

함수 $f: X \to X$에서 각 $x \in X$에 대하여 $f(x) = x$ 일 때, f를 X 위에서 **항등함수**라 한다.

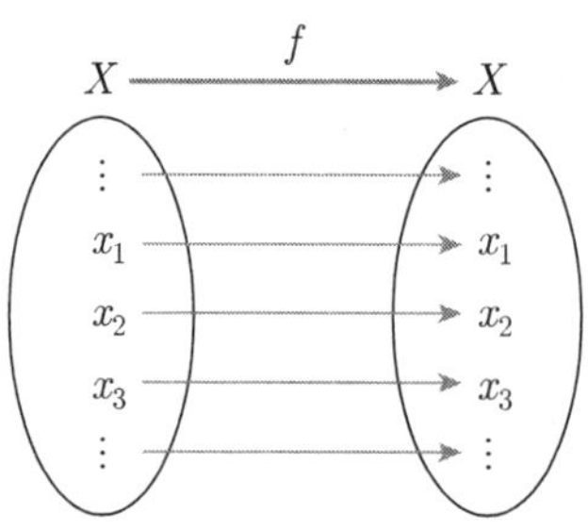

항등함수는 정의역과 공역이 같은 집합임을 유의한다.

정의 3.1.7 단사 함수(일대일 함수)

정의역에서 서로 다른 원소는 공역의 서로 다른 원소에 대응, 즉

$$x_1,\ x_2 \in X\text{일 때, } x_1 \neq x_2\text{이면 } f(x_1) \neq f(x_2)$$

을 만족하는 함수 f를 **단사** 또는 **일대일 함수**라 한다.

따라서 $x_1 \neq x_2$이지만 $f(x_1) = f(x_2)$ 인 두 원소 $x_1,\ x_2 \in X$가 존재하면 f는 일대일 함수가 아니다.

예를 들면,

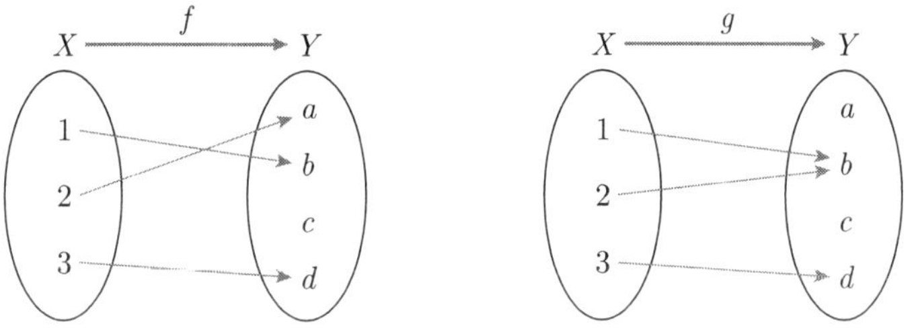

f는 단사 함수이다. 하지만 함수 g에서 $1 \neq 2$이지만 $g(1) = b = g(2)$이므로 g는 일대일 함수가 아니다.

예제 3.1.5 실수 집합 R에서 함수 $f: R \to R,\ f(x) = 2x - 1$은 일대일 함수임을 보여라.

풀이 임의의 두 실수 $x_1,\ x_2$에 대하여 $x_1 \neq x_2$일 때

$$2x_1 - 1 \neq 2x_2 - 1\text{이므로 } f(x_1) \neq f(x_2)$$

이다. 따라서 함수 f는 일대일 함수이다. ■

예제 3.1.6 실수 집합 R에서 함수 $g: R \to R,\ g(x) = x^2 + 1$은 일대일 함수가 아님을 보여라.

풀이 $x_1 = -2,\ x_2 = 2$라 하자. 그러면 $x_1 \neq x_2$이지만 $g(2) = 5 = g(-2)$이다. 따라서 g는 일대일 함수가 아니다. ■

함수의 그래프가 좌표평면에 주어졌을 때, 그래프가 x축과 평행한 임의의 직선과 한 점에서만 만난다면 이 그래프는 일대일 함수의 그래프이다. 함수의 그래프와 두 점 이상에서 만나는 x축과 평행한 직선이 있으면 그 그래프는 일대일 함수의 그래프가 아니다.

정의 3.1.8 전사함수(위로의 함수)

함수 $f: X \to Y$에서 치역이 공역과 같은 함수, 즉 임의의 $y \in Y$에 대하여 $y = f(x)$인 $x \in X$가 존재하면 f는 **전사** 또는 **위로의 함수**라 한다.

따라서 모든 원소 $x \in X$에 대하여 $f(x) \neq b$인 $b \in Y$가 존재하면 f는 전사함수가 아니다.

예를 들면, 다음과 같이 주어진 함수에서

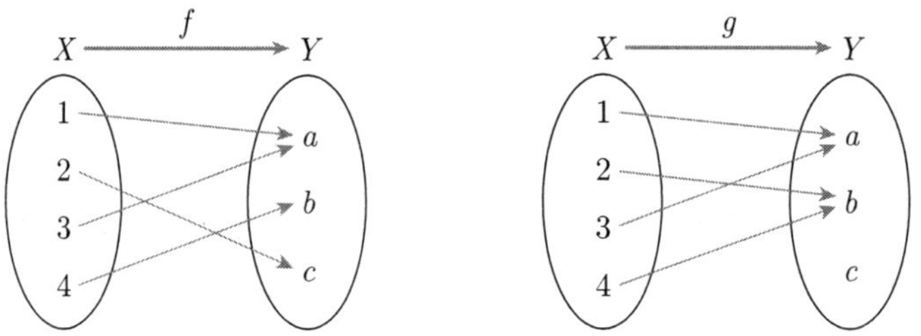

f는 공역과 치역이 같으므로 전사함수이다. 그러나 모든 $x \in X$에서 $g(x) \neq c$이다. 즉, g에서는 c에 대응하는 X의 원소가 없으므로 전사함수가 아니다.

예제 3.1.7 함수 $f: [-1, 1] \to [0, 1]$, $f(x) = x^2$는 전사함수임을 보여라.

풀이 $y \in [0, 1]$이라 할 때, $x = \pm\sqrt{y}$라 하면 $x \in [-1, 1]$이고

$$f(x) = x^2 = (\pm\sqrt{y})^2 = y$$

이므로 f는 전사함수이다. ■

예제 3.1.8 함수 $f:[-1,1]\to[-1,4]$, $f(x)=2x+1$ 는 **전사함수가 아님을 보여라**

풀이 $-1\le x\le 1$이므로 $-1\le 2x+1\le 3$이다. 따라서 $3<y\le 4$이면

$$\text{모든 } x\in[-1,1]\text{에서 } f(x)\neq y$$

이다. 따라서 f는 전사함수가 아니다. ■

정의 3.1.9 일대일대응함수(전단사함수)

함수 $f:X\to Y$가 단사이고 전사이면 **전단사함수** 또는 **일대일 대응 함수**라 한다.

예를 들면, 다음 함수는 모두 일대일대응함수이다.

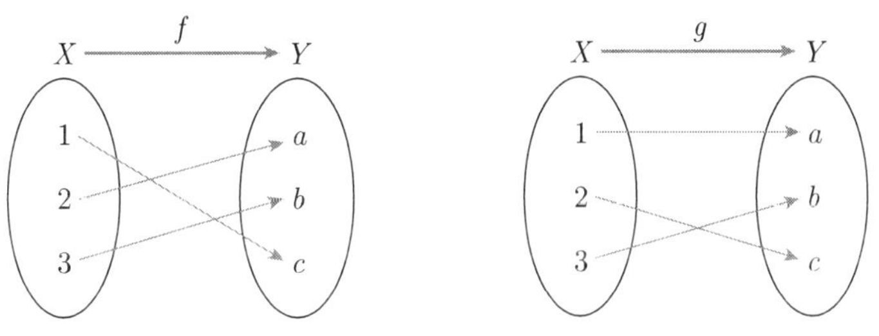

일대일 대응 함수는 정의역과 공역이 유한집합일 때, 두 집합은 원소의 개수가 같음을 알 수 있다.

예제 3.1.9 함수 $f:[0,2]\to[0,4]$, $f(x)=x^2$은 일대일 대응 함수임을 보여라.

풀이 먼저 f가 단사 함수임을 보이자. $x_1, x_2\in[0,2]$에서 $x_1\neq x_2$이면

$$x_1^2\neq x_2^2\text{이고 } f(x_1)\neq f(x_2)$$

이다. 따라서 f는 단사 함수이다.

이제 $y\in[0,4]$에 대하여 $x=\sqrt{y}$라 하자. 그러면 $0\le\sqrt{y}\le 2$이므로 $x\in[0,2]$이고

$$f(x)=x^2=(\sqrt{y})^2=y$$

이므로 f는 전사함수이다. 결과적으로 f는 단사이고 또 전사이므로 일대일 대응 함수이다. ■

바닥함수와 천정함수

정의 3.1.10

바닥함수 $\lfloor x \rfloor$는 실수 x에 x이하의 최대 정수를 대응시키는 함수이다.
천정함수 $\lceil x \rceil$는 실수 x에 x이상의 최소 정수를 대응시키는 함수이다.

참고 바닥함수는 최대정수함수라고 불리기도 하며 $[x]$로 나타내기도 한다.

예제 3.1.10 다음은 바닥함수의 함숫값을 보여준다.

$$\left\lfloor \frac{1}{3} \right\rfloor = 0, \quad \left\lfloor -\frac{1}{3} \right\rfloor = -1, \quad \lfloor 2.1 \rfloor = 2, \quad \lfloor 5 \rfloor = 5.$$

■

예제 3.1.11 다음은 천정함수의 함숫값을 보여준다.

$$\left\lceil \frac{1}{3} \right\rceil = 1, \quad \left\lceil -\frac{1}{3} \right\rceil = 0, \quad \lceil 2.1 \rceil = 3, \quad \lceil 5 \rceil = 5.$$

■

특성화 함수

정의역의 한 부분집합 A가 주어졌을 때, x가 A의 원소인지 아닌지에 따라 함숫값이 특정되는 함수를 다음과 같이 정의 할 수 있다.

정의 3.1.11

U는 전체집합, $A \subseteq U$일 때, 함수 $f_A : U \to \{0, 1\}$에서 함숫값 $f_A(x)$가

$$f_A(x) = \begin{cases} 1, & x \in A \\ 0, & x \notin A \end{cases}$$

로 정의되는 함수 f_A를 A의 **특성화 함수**라 한다.

예제 3.1.12 $U=\{1, 2, 3, 4, 5, 6\}$이고 $A=\{2, 4, 6\}$일 때, $f_A(3)$, $f_A(6)$의 값을 구하라.

풀이 $3 \notin A$이므로 $f_A(3)=0$이고, $6 \in A$이므로 $f_A(6)=1$이다. ■

연습문제 3.1

01 집합 $X=\{-2, -1, 0, 1, 2\}$에서 실수 집합으로의 함수 $f(x)=2x-3$에 대하여 다음에 답하여라.

(1) 함수 f의 정의역 (2) 함수 f의 공역

(3) 함수 f의 치역 (4) 함수 f의 그래프

02 $A=\{-3, 0, 2, 4\}$이고 $f(x)=\left\lfloor \frac{x}{3} \right\rfloor$일 때, $f(A)$를 구하라.

03 $f: R \to R$이 $f(x)=x^2$일 때, 다음을 구하라.

(1) $f^{-1}(\{4\})$ (2) $f^{-1}(\{y \mid 0<y<1\})$

04 $g(x)=\lceil x \rceil$라 할 때, $g^{-1}(\{0\})$를 구하라.

05 다음 값을 구하라.

(1) $\lfloor 1.1 \rfloor + \lceil -2.9 \rceil$ (2) $\left\lceil -\frac{3}{4} \right\rceil + \left\lfloor \frac{1}{2} \cdot \left\lfloor \frac{5}{2} \right\rfloor \right\rfloor$

06 다음 값을 계산하라.

(1) $\left\lfloor \frac{1}{2} - \left\lceil \frac{3}{2} \right\rceil \right\rfloor$ (2) $\left\lceil \left\lfloor \frac{1}{2} \right\rfloor + \left\lceil \frac{1}{2} \right\rceil + \frac{1}{2} \right\rceil$

07 두 집합 A와 B에 대하여 다음을 보여라.

(1) $f_{A \cap B}(x)=f_A(x) \cdot f_B(x)$ (2) $f_{\overline{A}}(x)=1-f_A(x)$

3.2 새로운 함수의 생성

함수를 만드는 것은 두 집합 사이에 대응규칙을 정하는 것이다. 이때 두 집합 사이에 이미 함수가 존재하면, 이 함수들의 대응규칙을 이용하여 새로운 함수를 쉽게 만들 수 있다. 본 장에서는 집합 X와 Y가 실수의 부분집합일 때, 주어진 두 함수 $f, g: X \to Y$을 이용하여 X에서 Y로의 새로운 함수를 정의해 본다.

정의 3.2.1

(1) **상수의 곱**

k가 상수일 때, kf는 $(kf)(x) = kf(x)$ 정의되는 함수이다. 이때, kf의 정의역은 f의 정의역과 같다.

(2) **합과 차**

함수 $f+g$와 함수 $f-g$는 각각 다음과 같이 정의되는 함수이다.

$$(f+g)(x) = f(x) + g(x), \quad (f-g)(x) = f(x) - g(x).$$

이때, $f+g$와 $f-g$의 정의역은 모두 f와 g의 정의역의 공통집합이다.

(3) **곱, 나눗셈**

함수 fg와 함수 $\dfrac{f}{g}$는 각각 다음과 같이 정의되는 함수이다.

$$(fg)(x) = f(x)g(x), \quad \left(\frac{f}{g}\right)(x) = \frac{f(x)}{g(x)}.$$

이때, 함수 fg의 정의역은 f와 g의 정의역의 공통집합이고, $\dfrac{f}{g}$의 정의역은 fg의 정의역에서 $g(x)$의 값이 0이 되는 원소를 제외한 집합이다.

예를 들면, 두 함수 f와 g가 다음과 같이 정의되었을 때,

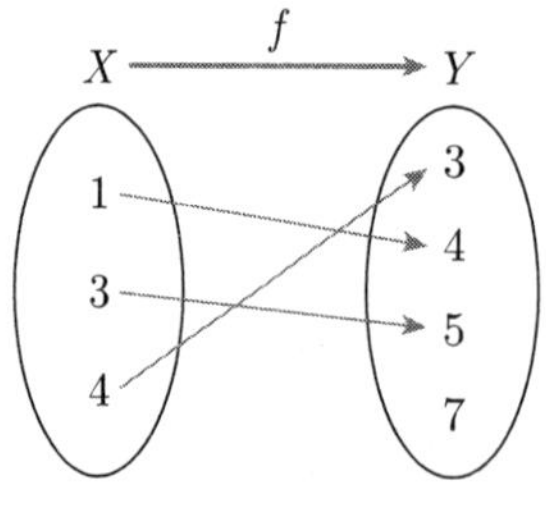

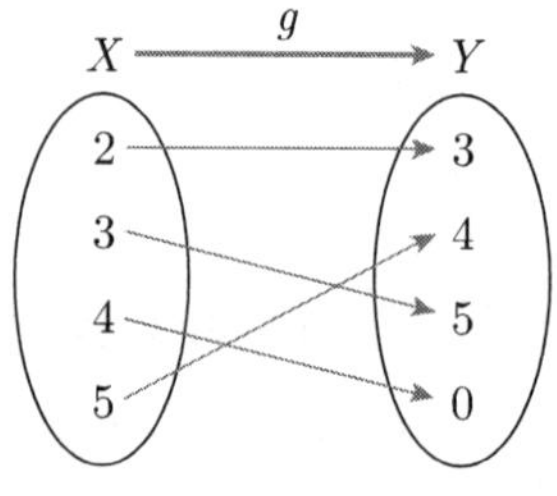

kf의 정의역은 $\{1, 3, 4\}$, $f+g$, $f-g$, fg의 정의역은 $\{3, 4\}$, $\dfrac{f}{g}$의 정의역은 $\{3\}$이다. 또한

$$(4f)(1) = 4 \times 4 = 16, \quad (f+g)(3) = f(3) + g(3) = 10,$$
$$(fg)(4) = f(4)g(4) = 0, \quad (\frac{f}{g})(3) = \frac{f(3)}{g(3)} = 1$$

이다.

예제 3.2.1 $f(x) = 3x - 1$, $g(x) = x^2 + 4$일 때, $2f$, $f-g$, $f+g$, fg, $\dfrac{f}{g}$를 식으로 나타내라.

풀이 $(2f)(x) = 2f(x) = 2(3x-1) = 6x - 2$.

$(f-g)(x) = f(x) - g(x) = (3x-1) - (x^2+4) = -x^2 + 3x - 5$.

$(f+g)(x) = f(x) + g(x) = x^2 + 3x + 3$.

$(fg)(x) = f(x)g(x) = (3x-1)(x^2+4) = 3x^3 - x^2 + 12x - 4$.

$(\dfrac{f}{g})(x) = \dfrac{f(x)}{g(x)} = \dfrac{3x-1}{x^2+4}$. ■

일반적으로 함숫값이 실수인 함수에서 정의역이 특별히 명시되어 있지 않은 경우는 함숫값이 실수가 되는 최대의 집합을 정의역으로 생각한다.

예제 3.2.2 다음은 실수의 부분집합에서 정의된 함수이다. 이때 각 함수의 정의역을 구하라.

(1) $f(x) = 2x + 1$ (2) $f(x) = \dfrac{x+4}{2x-5}$

(3) $f(x) = \sqrt{x-2}$ (4) $f(x) = x^2 - 3$

풀이 실수는 사칙연산에 관하여 닫혀있음, 즉 실수의 사칙연산은 그 결과가 실수임을 상기하면 된다.

(1) 실수의 곱에 1을 더한 것은 실수이므로 정의역은 모든 실수 집합이다.

(2) 분모와 분자는 모든 실수에 대하여 실수이다. 그러나 $x = \dfrac{5}{2}$이면 분모가

0이므로 $x \neq \frac{5}{2}$인 모든 실수 집합이 정의역이다.

(3) $\sqrt{(\ )}$ 가 실수가 되기 위한 필요충분조건은 $(\ ) \geq 0$이다. 따라서 정의역은 $x \geq 2$인 모든 실수집합이다.

(4) 실수의 제곱은 실수이고 여기에서 3을 빼도 실수이다. 따라서 정의역은 모든 실수 집합이다. ■

정의 3.2.2 합성함수

두 함수 $f: X \rightarrow Y$, $g: Y \rightarrow Z$에 대하여

$$g \circ f: X \rightarrow Z, \quad (g \circ f)(x) = g(f(x))$$

로 정의되는 함수 $g \circ f$를 f와 g의 **합성함수**라 한다.

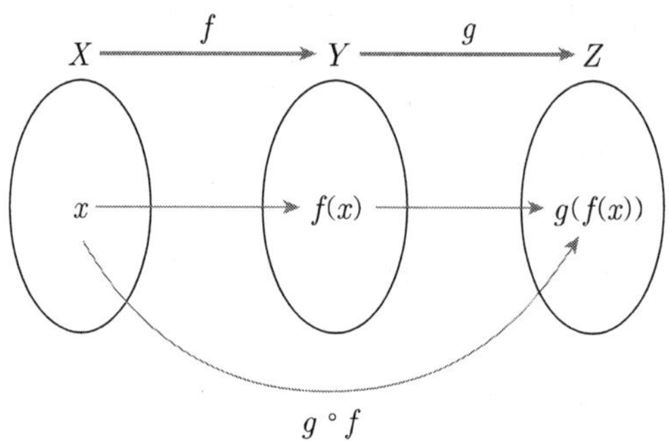

예를 들면, 다음과 같이 정의된 함수 f와 g에 대하여

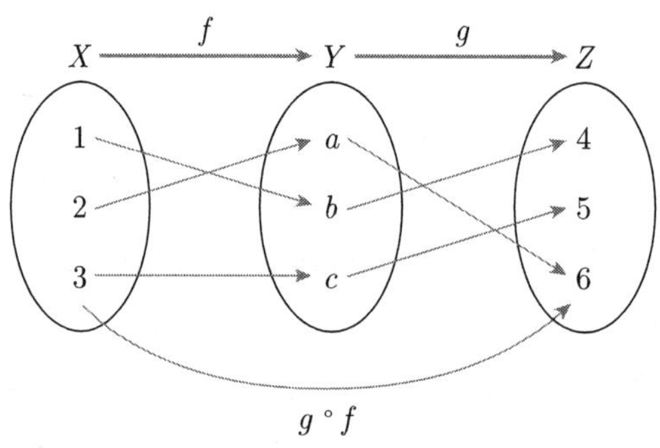

함수 $g \circ f: X \to Z$은 대응 관계가

$$(g \circ f)(1) = g(f(1)) = g(b) = 4,$$
$$(g \circ f)(2) = g(f(2)) = g(a) = 6,$$
$$(g \circ f)(3) = g(f(3)) = g(c) = 5,$$

이다. 즉, $(g \circ f)(1) = 4$, $(g \circ f)(2) = 6$, $(g \circ f)(3) = 5$.

예제 3.2.3 함수 $f, g: R \to R$에서 $f(x) = 5x + 2$, $g(x) = x^2 + 2$일 때, 다음 값을 구하여라.

(1) $(f \circ f)(1)$ (2) $(g \circ f)(1)$

풀이 합성함수의 대응규칙을 따라서 구한다.

(1) $(f \circ f)(1) = f(f(1)) = 5f(1) + 2 = 5 \times 7 + 2 = 37$.

(2) $(g \circ f)(1) = g(f(1)) = f(1)^2 + 2 = 7^2 + 2 = 51$. ■

예제 3.2.4 함수 $f, g: R \to R$에서 $f(x) = 3x - 1$, $g(x) = 2x + 1$일 때, $g \circ f$와 $f \circ g$를 구하고 결과를 비교하라.

풀이 합성함수에서 두 합성의 순서를 바꾸면 영향이 있는지 살펴본다.

$$\begin{aligned}(g \circ f)(x) &= g(f(x)) = 2f(x) + 1 \\ &= 2(3x - 1) + 1 = 6x - 1,\end{aligned}$$

$$\begin{aligned}(f \circ g)(x) &= f(g(x)) = 3g(x) - 1 \\ &= 3(2x + 1) - 1 = 6x + 2\end{aligned}$$

이다. 두 함수는 서로 다르다. 따라서 $g \circ f \neq f \circ g$이다. ■

참고 일반적으로 $f \circ g \neq g \circ f$ 이다.

함수 $f: X \to Y$가 일대일 대응이면 Y의 원소 y에 대하여 $y = f(x)$인 X의 원소 x는 단 하나 존재하므로 $f^{-1}(y)$의 원소는 한 개다. 이 대응을 이용하여 Y에서 X로의 특별한 함수를 생각할 수 있다.

정의 3.2.3 역함수

함수 $f: X \to Y$ 가 일대일 대응일 때, $f^{-1}: Y \to X$

$$f^{-1}(y) = x\text{, (단, } y = f(x))$$

로 정의되는 함수 f^{-1}를 f의 **역함수**라 한다.

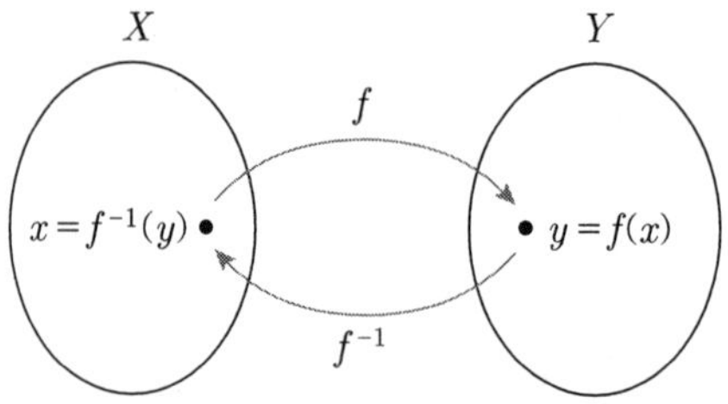

예를 들어, 다음과 같이 주어진 함수에서 다음이 성립한다.

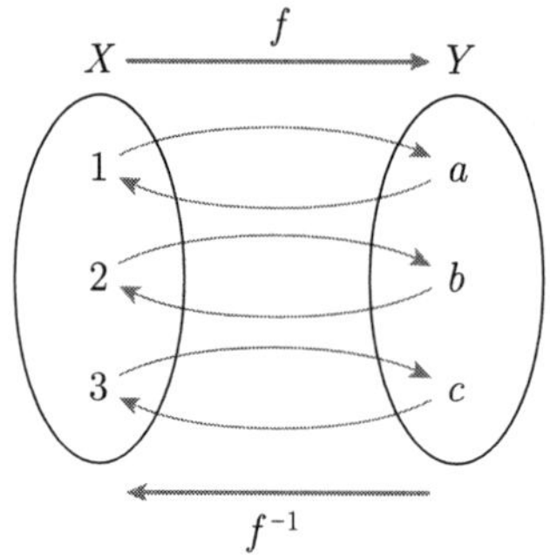

$$(f^{-1} \circ f)(2) = f^{-1}(f(2)) = f^{-1}(b) = 2,$$
$$(f \circ f^{-1})(c) = f(f^{-1}(c)) = f(3) = c.$$

역함수 f^{-1}의 정의역, 치역, 그래프 등에 관한 내용은 함수 f의 성질을 이용하여 알 수가 있다. 다음은 함수 f와 f^{-1}에 관한 관계를 설명해준다.

정리 3.2.1 역함수의 성질

함수 $f: X \to Y$가 일대일 대응일 때 역함수 $f^{-1}: Y \to X$에 대하여 다음이 성립한다.

(1) $y = f(x) \Leftrightarrow x = f^{-1}(y)$

(2) $(f^{-1} \circ f)(x) = x$, $(f \circ f^{-1})(y) = y$

(3) f^{-1}의 정의역 $\equiv f$의 치역, f^{-1}의 치역 $\equiv f$의 정의역

(4) f의 그래프와 f^{-1}의 그래프는 $y = x$에 대하여 선대칭

역함수 구하기

일대일 대응 함수가 주어졌을 때, 주어진 함수의 역함수를 구하는 방법은 다음과 같다.

첫째, $y = f(x)$에서 x와 y를 바꾼다.

둘째, x와 y를 바꾼 식에서 y를 x에 관하여 정리하면 $y = f^{-1}(x)$가 된다.

예제 3.2.5 함수 $f: R \to R$, $f(x) = \frac{3}{2}x - 5$가 일대일 대응 함수임을 알 때, 역함수 $f^{-1}(x)$를 구하라.

풀이 $y = f(x) = \frac{3}{2}x - 5$로부터 x와 y를 바꾸면 $x = \frac{3}{2}y - 5$이고 y를 x에 관하여 정리하면 $y = \frac{2x+10}{3}$이다. 따라서 구하는 역함수는 $f^{-1}(x) = \frac{2}{3}x + \frac{10}{3}$이다. ■

예제 3.2.6 $f: [0, \infty) \to [0, \infty)$, $f(x) = x^2$의 역함수를 구하라.

풀이 f가 일대일 대응 함수임을 안다. 따라서 역함수가 존재한다.
$y = f(x) = x^2$에서 x와 y를 바꾸면 $x = y^2$이고 $y = \pm\sqrt{x}$이다.
그런데 애초에 $y \geq 0$이므로 구하는 역함수는 $f^{-1}(x) = \sqrt{x}$이다. ■

정의 3.2.4 우함수와 기함수

함수 f가 정의역 내에 있는 실수 x에 대하여

$$f(-x)=f(x)$$

이면 f는 우함수,

$$f(-x)=-f(x)$$

이면 f는 기함수라 한다.

예제 3.2.7 $f(x)=x^2+1$, $g(x)=x^3$은 각각 우함수, 기함수임을 보여라.

풀이 $f(-x)=(-x)^2+1=x^2+1=f(x)$이므로 f는 우함수이다.
$g(-x)=(-x)^3=-x^3=-g(x)$이므로 g는 기함수이다. ■

참고 우함수의 그래프는 y축에 선대칭이고, 기함수의 그래프는 원점에 대하여 180° 회전대칭이다.

연습문제 3.2

01 두 함수 $f(x)=\dfrac{x+3}{2}$와 $g(x)=\sqrt{4x+1}$에 대하여 다음 값을 구하여라.

(1) $(3f)(2)$　　(2) $(f+g)(3)$

(3) $(fg)(6)$　　(4) $(\dfrac{f}{g})(4)$

02 두 함수 $f(x)=-3x+4$, $g(x)=\sqrt{x}+1$에 대하여 다음 함수를 구하여라.

(1) $f\circ g$　　(2) $g\circ f$

(3) $f\circ f$　　(4) $g\circ g$

03 함수 $f,g: R\to R$가 다음과 같이 정의되었을 때, 각 함수의 역함수를 구하여라.

(1) $f(x) = -2x+1$

(2) $f(x) = -\frac{1}{3}x + \frac{1}{2}$

04 두 함수 $f(x) = x-1$, $g(x) = 3x+2$일 때, 다음에 답하여라.

(1) $g^{-1} \circ f^{-1}$을 구하여라.

(2) $(f \circ g)^{-1}$을 구하여라.

05 함수 $f : [0, \infty) \to [-3, \infty)$, $f(x) = x^2 - 3$의 역함수를 구하라.

06 다음 함수에서 우함수인지 또는 기함수인지를 말하라.

(1) $f(x) = x^2 - x$

(2) $f(x) = x^4 - 2x^2$

(3) $f(x) = x^3 - x$

(4) $f(x) = x^2 + x$

07 주어진 함수 $f : R \to R$에 대하여 다음에 답하라.

(1) $g(x) = \dfrac{f(x) + f(-x)}{2}$는 우함수임을 보여라.

(2) $h(x) = \dfrac{f(x) - f(-x)}{2}$는 기함수임을 보여라.

3.3 수열과 합

수열은 순서가 있는 목록을 나타내는 데 사용되는 것으로 데이터 구조에 중요하다. 본 장에서는 수열의 수학적 정의를 살펴보고 수열과 수열의 합에 사용되는 기호에 대하여 알아본다.

정의 3.3.1

수열은 정의역이 자연수 집합이고 공역이 실수인 함수이다. 즉 함수 $f: N \to R$을 수열이라 한다. 이때, n에서의 함숫값 $f(n)$을 **수열의 항**이라 하고 a_n으로 나타낸다.

앞으로 수열을 나타내는 기호는 $\{a_n\}$을 사용하고 수열의 각 항은 a_n으로 나타낸다. 예를 들면, b_n은 수열 $\{b_n\}$의 항이다. 여기에서 { }의 사용에 대하여 집합으로서의 기호와 수열로서의 기호에 혼동이 없기를 바란다.

일반적으로 수열을 나타내는 방법은 수열의 항을 첨자가 증가하는 순서로 나열한다.

예제 3.3.1 수열 $\{a_n\}$, $a_n = \dfrac{1}{n}$을 생각하자. 이 수열은 항의 나열 $a_1, a_2, \cdots, a_n, \cdots$인

$$1,\ \frac{1}{2},\ \frac{1}{3},\ \cdots,\ \frac{1}{n},\ \cdots$$

로 나타낸다. ■

예제 3.3.2 수열 $\{b_n\}$, $b_n = (-1)^{n+1}$을 생각하자. 이 수열은 항의 나열 $b_1, b_2, \cdots, b_n, \cdots$인

$$1,\ -1,\ 1,\ \cdots,\ (-1)^n,\ \cdots$$

으로 나타낸다. ■

이 경우에 수열 $\{1, -1, 1, \cdots, (-1)^n, \cdots\}$의 치역은 $\{-1, 1\}$이다. 즉 같은 기호 { }를 사용하나 수열과 수열의 치역 사이에 혼동이 없어야 한다.

예제 3.3.3 수열 $\{c_n\}$, $c_n = 3^{n-1}$을 생각하자. 이 수열은 항의 나열 $c_1, c_2, \cdots, c_n, \cdots$인

$$1,\ 3,\ 9,\ \cdots,\ 3^n,\ \cdots$$

으로 나타낸다. ■

만약 수열이 $a_1, a_2, \cdots, a_n$과 같이 유한개의 항으로 끝이 나는 경우는 $a_k = 0$, $k \geq n+1$로 생각하면 된다. 이러한 수열을 **스트링**(string)이라 한다. 스트링의 길이는 항의 개수와 같다.

합의 기호

수열 $\{a_n\}$으로부터 $a_m, a_{m+1}, \cdots, a_n$ 항들의 합 $a_m + a_{m+1} + \cdots + a_n$을 나타내기 위해서 $\sum_{j=m}^{n} a_j$를 사용한다. 즉

$$\sum_{j=m}^{n} a_j = a_m + a_{m+1} + \cdots + a_n$$

이다. 여기서 j는 합의 색인으로서 아무 문자나 택할 수 있다. 예를 들면,

$$\sum_{j=m}^{n} a_j = \sum_{k=m}^{n} a_k = \sum_{i=m}^{n} a_i$$

이다.

예제 3.3.4 $\sum_{k=1}^{5} k^2$의 값을 구하라.

풀이 정의에 따라 계산을 하면 다음과 같다.

$$\begin{aligned}\sum_{k=1}^{5} k^2 &= 1^2 + 2^2 + 3^2 + 4^2 + 5^2 \\ &= 1 + 4 + 9 + 16 + 25 \\ &= 55.\end{aligned}$$

■

예제 3.3.5 $\sum_{j=0}^{4}(-2)^j$의 값을 구하라.

풀이 정의에 따라 계산을 하면 다음과 같다.

$$\begin{aligned}\sum_{j=0}^{4}(-2)^j &= (-2)^0+(-2)^1+(-2)^2+(-2)^3+(-2)^4 \\ &= 1-2+4-8+16 \\ &= 11.\end{aligned}$$

■

예제 3.3.6 $\sum_{j=1}^{10}a$를 합의 기호없이 나타내라.

풀이 $a_j=a,\ 1\le j\le 10$이라 하면 다음과 같다.

$$\sum_{j=1}^{10}a=\sum_{j=1}^{10}a_j=a+a+\cdots+a=10a.$$

■

예제 3.3.7 $\sum_{i=0}^{n}ar^i$을 구하라. (등비수열의 합)

풀이 $r=1$일 때와 $r\ne 1$일 때를 구분하여 구해보자.

$r=1$일 때, $\sum_{i=0}^{n}ar^i=\sum_{i=0}^{n}a=a+a+\cdots+a=(n+1)a.$

$r\ne 1$일 때, $S=\sum_{i=0}^{n}ar^i$라 하자. 그러면

$$\begin{aligned}rS=r\sum_{i=0}^{n}ar^i &= \sum_{i=0}^{n}ar^{i+1}=\sum_{k=1}^{n+1}ar^k \\ &= \sum_{k=0}^{n}ar^k+(ar^{n+1}-a)\end{aligned}$$

로부터

$$rS=S+(ar^{n+1}-a)$$

이고 S에 관하여 해를 구하면 다음과 같다.

$$S=\frac{a(r^{n+1}-1)}{r-1}.$$

■

예제 3.3.8 $\sum_{j=1}^{3}\sum_{i=1}^{4} ij$의 값을 구하라.

풀이 합의 기호를 순서대로 적용하면 다음과 같다.

$$\begin{aligned}\sum_{j=1}^{3}\sum_{i=1}^{4} ij &= \sum_{j=1}^{3}(j+2j+3j+4j)\\ &= \sum_{j=1}^{3} 10j\\ &= 10+20+30=60.\end{aligned}$$

■

S가 집합이고 f가 S에서 정의된 함수일 때, S의 모든 원소 s에서 함숫값 $f(s)$의 합은

$$\sum_{s\in S} f(s)$$

로 표시된다.

예제 3.3.9 $S=\{0, 1, 3, 5\}$일 때, $\sum_{s\in S} s$의 값을 구하라.

풀이 S의 모든 원소 s에 관한 합이므로 (아니면 항등함수 $f(s)=s$) 다음과 같다.

$$\sum_{s\in S} s = 0+1+3+5=9.$$

■

자주 쓰이는 합에 관한 공식은 다음과 같다.

$$\sum_{k=0}^{n} ar^k = \frac{a(r^{n+1}-1)}{r-1},\ r\neq 1$$

$$\sum_{k=1}^{n} k = \frac{n(n+1)}{2}$$

$$\sum_{k=1}^{n} k^2 = \frac{n(n+1)(2n+1)}{6}$$

$$\sum_{k=1}^{n} k^3 = \left(\frac{n(n+1)}{2}\right)^2$$

예제 3.3.10 $\sum_{k=10}^{30} k^2$의 값을 구하라.

풀이 먼저 $\sum_{k=1}^{30} k^2 = \sum_{k=1}^{9} k^2 + \sum_{k=10}^{30} k^2$으로부터 $\sum_{k=10}^{30} k^2 = \sum_{k=1}^{30} k^2 - \sum_{k=1}^{9} k^2$이다.
제곱의 합에 관한 공식을 이용하면 다음과 같다.

$$\sum_{k=10}^{30} k^2 = \frac{30 \cdot 31 \cdot 61}{6} - \frac{9 \cdot 10 \cdot 19}{6} = 9170.$$ ■

연습문제 3.3

01 합에 관한 다음 값을 구하라.

(1) $\sum_{k=1}^{10} 3$ (2) $\sum_{j=1}^{8} (1 + (-1)^j)$

02 다음 합을 구하라. (등비수열인 점에 주목)

(1) $\sum_{j=0}^{10} 2 \cdot 3^j$ (2) $\sum_{j=4}^{10} (-2)^j$

03 합에 관하여 다음 값을 구하라.

(1) $\sum_{i=1}^{2} \sum_{j=1}^{3} (2i + j)$ (2) $\sum_{i=1}^{3} \sum_{j=1}^{2} i$

04 합에 관하여 다음 값을 구하라.

(1) $\sum_{i=1}^{3} \sum_{j=1}^{2} (2i - j)$ (2) $\sum_{i=0}^{3} \sum_{j=0}^{2} i^2 j^3$

05 $S = \{1, 3, 5, 7\}$일 때, 다음 값을 구하라.

(1) $\sum_{i \in S} i^2$ (2) $\sum_{i \in S} 3$

06 $\sum_{k=1}^{n}(a_k - a_{k-1}) = a_n - a_0$ 임을 보여라.

07 $\sum_{j=1}^{n}\frac{1}{j(j+1)}$ 을 계산하라.

08 $\sum_{k=51}^{100} k^2$ 의 값을 계산하라.

3.4 함수의 성장

한 컴퓨터 프로그램이 n개의 정수 열을 정수가 증가하는 순서 열로 다시 나열한다고 하자. 실용적인 면에서, 이 프로그램에서 중요한 고려사항은 컴퓨터가 이 문제를 해결하는 데 시간이 얼마나 걸리느냐 하는 것이다. $f(n)=100n\log n+25n+9$이라 할 때, 한 분석에 의하면 이 문제를 해결하는데 컴퓨터는 $f(n)$마이크로세컨(microseconds) 미만이 걸린다고 한다. 이 프로그램의 실용성을 분석하기 위해서는 n이 증가함에 따라 함수 $f(n)$이 얼마나 빨리 증가하는지를 이해하는 것이 필요하다. 이제 함수의 성장을 추정하는 데 이용되는 몇 가지 방법을 알아보도록 하자.

정의 3.4.1

f와 g는 정수 또는 실수 집합에서 실수 집합으로의 함수라 하자. 상수 C와 k가 존재하여

$$x>k\text{일 때, } |f(x)| \le C|g(x)|$$

를 만족하면 $f(x)=O(g(x))$라 한다. 이것은 "$f(x)$는 $g(x)$의 big-oh"라 읽는다.

$f(x)=O(g(x))$임을 보이기 위해서는 $x>k$일 때 $|f(x)| \le C|g(x)|$를 만족하는 한 쌍의 상수 C와 k를 찾으면 된다. 이때, 이 한 쌍의 상수는 유일하지 않다. 예를 들어, C와 k가 그러한 한 쌍일 때, C'와 k'를 $C<C'$와 $k<k'$라 하자. 그러면 $x>k'>k$ 일 때 $|f(x)| \le C|g(x)| \le C'|g(x)|$이다. 따라서 C'와 k'도 정의를 만족한다.

이후로 'big-oh'를 'big-O'로 쓰기로 한다.

$f(x)=O(g(x))$를 함수의 성장 측면에서 본다면 $f(x)$는 $g(x)$보다 성장이 더딘 것을 의미한다.

예제 3.4.1 $5x^2=O(x^3)$임을 보여라.

풀이 $x>5$이면 $5x^2<x^3$이다. 이제 $C=1, k=5$라 하자. 그러면 $x>k$일 때,

$$|5x^2|=5x^2 \le x^3 = C|x^3|$$

이다. 따라서 $5x^2=O(x^3)$이다. ■

예제 3.4.2 $f(x) = x^2 + x - 3$이라 할 때, $f(x) = O(x^2)$임을 보여라.

풀이 $x > 1$이면 $x^2 + 5x - 3 \le x^2 + 5x^2 + x^2 = 7x^2$이고 $|f(x)| \le 7|x^2|$이다. 즉 $C = 7$, $k = 1$로 하면 $f(x) = O(x^2)$의 정의가 만족이 된다. ■

두 함수를 big-O 기호를 이용하여 나타내는 것을 big-O 추정이라 한다.

예제 3.4.3 $f(x) = \log(x^2 + 1)$에 대하여 big-O 추정하라.

풀이 $x > 1$일 때 $x^2 + 1 \le 2x^2$이므로

$$\log(x^2 + 1) \le \log(2x^2) = \log 2 + 2\log x$$

이고 $x > 2$이면 $\log 2 + 2\log x \le 3\log x$이다. 따라서 $x > 2$이면 $\log(x^2 + 1) \le 3\log x$가 되어 $\log(x^2 + 2) = O(\log x)$이다. ■

예제 3.4.4 $x^3 \ne O(x^2)$임을 보여라.

풀이 모순증명법으로 보이자. 이제 $x^3 = O(x^2)$라 하자. 그러면 상수 C와 k가 존재하여

$$x > k\text{일 때 } |x^3| \le C|x^2|$$

이다. 양변을 $|x^2|$으로 나누면 $|x| \le C$이다. 그런데 $x > k$인 x에서 $x > C$인 x를 택할 수 있으므로 $|x| > C$이고 이것은 $|x| \le C$에 모순이다. 따라서 $x^3 \ne O(x^2)$이다. ■

다항식은 함수의 성장을 추산하기 위해서 자주 사용된다. 이제 다항식의 성장을 추정하는 것이 필요할 때마다 사용할 수 있는 결과를 알아보자.

정리 3.4.1

다항식 함수 $f(x) = a_n x^n + a_{n-1}x^{n-1} + \cdots + a_1 x + a_0$, a_0, a_1, $\cdots$, a_n은 실수에 대하여 $f(x) = O(x^n)$이다.

증명 삼각 부등식을 이용하면, $x > 1$일 때 다음이 성립한다.

$$\begin{aligned} |f(x)| &= |a_n x^n + a_{n-1} x^{n-1} + \cdots + a_1 x + a_0| \\ &\le |a_n| x^n + |a_{n-1}| x^{n-1} + \cdots + |a_1| x + |a_0| \\ &= x^n (|a_n| + |a_{n-1}|/x + \cdots + |a_1|/x^{n-1} + |a_0|/x^n) \\ &\le x^n (|a_n| + |a_{n-1}| + \cdots + |a_1| + |a_0|). \end{aligned}$$

이때, $C = |a_n| + |a_{n-1}| + \cdots + |a_1| + |a_0|$라 하면 $f(x) \le Cx^n = C|x^n|$이다. 따라서 $f(x) = O(x^n)$이다.

이제 양의 정수를 정의역으로 가지는 함수를 포함하는 예제들에 대하여 알아보자.

예제 3.4.5 양의 정수 n에 대하여 1부터 n까지의 정수의 합을 big-O 추정하라.

풀이 n이전의 정수는 n보다 크지 않으므로 다음이 성립한다.

$$1 + 2 + \cdots + n \le n + n + \cdots + n = n^2$$

이때 $C = 1$, $k = 1$에 대하여 $1 + 2 + \cdots + n = O(n^2)$의 정의가 만족이 된다. ■

여기서는 함숫값이 음이 아니므로 big-O의 정의에서 절댓값 기호는 쓰지 않아도 된다.

예제 3.4.6 양의 정수 n에 대하여 $n!$을 big-O 추정하라.

풀이 다음 곱에 있는 각 항이 n보다 크지 않으므로

$$\begin{aligned} n! &= 1 \cdot 2 \cdot 3 \cdot \cdots \cdot n \\ &\le n \cdot n \cdot n \cdot \cdots \cdot n = n^n \end{aligned}$$

이다. $C = 1$, $k = 1$에 대하여 big-O의 정의가 만족이 된다. 따라서 $n! = O(n^n)$ 이다. ■

예제 3.4.7 $\log n! = O(n\log n)$임을 보여라.

풀이 예제 3.4.6의 풀이 과정에서 $n! \le n^n$임을 안다. 양변에 log를 취하면

$$\log n! \le n\log n$$

이므로 $\log n! = O(n\log n)$이다. ■

예제 3.4.8 양의 정수 n에 대하여 $n < 2^n$임을 알 때, $\log n = O(n)$임을 보여라.

풀이 $n \ge 1$일 때 $n < 2^n$이므로 양변에 log를 취하면 $\log n < n\log 2$이다. $C = \log 2$, $k = 1$이면 big-O의 정의를 만족하므로 $\log n = O(n)$이다. 여기서 $\log n = \log_{10} n$이다. ■

이제 두 함수의 합 또는 곱에 관하여서도 함수의 성장을 추정할 수 있다. 우선 $\max(a, b)$는 a, b 중에 큰 것을 의미함을 기억하자.

정리 3.4.2

$f_1(x) = O(g_1(x))$이고 $f_2(x) = O(g_2(x))$라 하자. 그러면 다음이 성립한다.

$$(f_1 + f_2)(x) = O(\max(|g_1(x)|, |g_2(x)|)).$$

증명 가정에 의하여 상수 C_1, C_2, k_1, k_2가 존재하여

$$x > k_1 \text{일 때, } |f_1(x)| \le C_1|g_1(x)|$$

이고

$$x > k_2 \text{일 때, } |f_2(x)| \le C_2|g_2(x)|$$

이다.

이제 $k = \max(k_1, k_2)$라하고 $g(x) = \max(|g_1(x)|, |g_2(x)|)$라 하자. 그러면 $x > k$일 때 삼각 부등식에 의하여 다음이 성립한다.

$$\begin{aligned} |f_1(x) + f_2(x)| &\le |f_1(x)| + |f_2(x)| \\ &\le C_1|g_1(x)| + C_2|g_2(x)| \end{aligned}$$

$$\leq C_1|g(x)| + C_2|g(x)|$$
$$\leq (C_1 + C_2)|g(x)|$$
$$= C|g(x)|, \quad \text{여기서 } C = C_1 + C_2.$$

따라서 $(f_1+f_2)(x) = O(\max(|g_1(x)|, |g_2(x)|))$이다.

예제 3.4.9 $\log n + n!$에 대하여 big-O 추정하라.

풀이 $\log n = O(n)$이고 $n! = O(n^n)$임을 안다. 또 $\max(n, n^n) = n^n$이므로 정리 3.4.2에 의하여 $\log n + n! = O(n^n)$이다. ■

> **정리 3.4.3**
>
> $f_1(x) = O(g_1(x))$이고 $f_2(x) = O(g_2(x))$라 하자.
> 그러면 $(f_1f_2)(x) = O(g_1(x)g_2(x))$이다.

증명 가정에 의하여 상수 C_1, C_2, k_1, k_2가 존재하여

$$x > k_1\text{일 때, } |f_1(x)| \leq C_1|g_1(x)|$$

이고

$$x > k_2\text{일 때, } |f_2(x)| \leq C_2|g_2(x)|$$

이다. $k = \max(k_1, k_2)$라 하자. 그러면 $x > k$일 때, 다음이 성립한다.

$$|(f_1f_2)(x)| = |f_1(x)||f_2(x)| \leq C_1|g_1(x)|\,C_2|g_2(x)|$$
$$\leq C_1C_2|(g_1g_2)(x)|$$
$$= C|(g_1g_2)(x)|, \quad \text{여기서 } C = C_1C_2.$$

따라서 $(f_1f_2)(x) = O(g_1(x)g_2(x))$이다.

예제 3.4.10 $3n\log(n!)$에 대하여 big-O 추정하라.

풀이 $3n = O(n)$이고 예제 3.4.6에서 $\log(n!) = O(n\log n)$임을 안다. 그러면 정리 3.4.3에 의하여 $3n\log(n!) = O(n^2\log n)$이다. ■

$f(x)=O(g(x))$일 때, $g(x)$는 차수가 낮고 간단한 표현이 되어야 좋은 추정이 된다. 예를 들어, $\log n = O(\log n)$이고 예제 3.4.7에서 $\log n = O(n)$이었다. 이 경우에 $\log n$이 다른 함수와의 곱에서 big-O 추정에 사용될 때는 전자를 택하는 것이 추정의 차수를 낮추게 된다.

예제 3.4.11 $(n^2+5)\log n$에 대하여 big-O 추정하라.

풀이 $n>5$일 때 $n^2+5<n^2+n^2=2n^2$이므로 $n^2+5=O(n^2)$이다.
또 $\log n = O(\log n)$이므로 $(n^2+5)\log n = O(n^2\log n)$이다. ■

예제 3.4.12 $f(x)=(x+4)\log(x^2+1)+5x^2+4$에 대하여 big-$O$ 추정하라.

풀이 $x+1$과 $5x^2+4$는 다항식이므로 $x+1=O(x)$이고 $5x^2+4=O(x^2)$이다. $\log(x^2+1)$에 대하여는 예제 3.3.3에서 $\log(x^2+1)=O(\log x)$이다. 그러면 두 함수의 곱에 관한 big-O 추정으로부터 $(x+4)\log(x^2+1)=O(x\log x)$이고, 두 함수의 합에 관한 big-$O$의 추정으로부터 $\max(x^2, x\log x)=x^2$이므로 $f(x)=O(x^2)$이다. ■

예제 3.4.13 $f(x)=O(1)$가 의미하는 바를 말하라.

풀이 상수 C, k가 존재하여 $x>k$일 때 $|f(x)|\le C$이다. 즉 일정한 점 이후부터는 모든 함숫값이 일정 범위 $-C\le f(x)\le C$에 있다. ■

단원의 도입부에서 언급했듯이, big-O 표현은 특정 알고리즘을 사용하고 있는 문제의 해결을 위해 필요한 연산의 횟수를 추정하기 위한 것이다. 이 같은 추정에 자주 사용되는 함수들은

$$1,\ \log n,\ n,\ n\log n,\ n^2,\ 2^n,\ n!$$

이다. 여기서 n이 점점 커짐에 따라 앞에 있는 함수와 뒤에 있는 함수의 비율은 0으로 접근하는 것을 알 수 있다.

연습문제 3.4

01 다음 주어진 함수 $f(x)$에 대하여 $f(x)=O(x)$임을 정의를 이용하여 보여라.

(1) $f(x)=5x+2$　　(2) $f(x)=\lceil x \rceil$

02 다음 주어진 함수 $f(x)$에 대하여 $f(x)=O(x^2)$임을 정의를 이용하여 보여라.

(1) $f(x)=x^2-3x+1$　　(2) $f(x)=\lfloor x \rfloor \cdot \lceil x \rceil$

03 $2^x+17=O(3^x)$임을 정의를 이용하여 보여라.

04 $\dfrac{x^3+1}{x+1}=O(x^2)$임을 보여라.

05 양의 정수 k에 대하여 $1^k+2^k+\cdots+n^k=O(n^{k+1})$임을 보여라.

06 $f(x)=O(g(x))$이고 $g(x)=O(h(x))$이면 $f(x)=O(h(x))$임을 증명하라.

07 주어진 함수에 대하여 가능한 최적의 big-O 추정을 구하라.

(1) $(n^2+5n)(n+3)$　　(2) $(n\log n+n^2)(n^4+7)$

(3) $n\log(n^2+1)+n^2\log n$　　(4) $n^{2^n}+n^{n^2}$

CHAPTER

04

추론과 증명

4.1 추론

이미 알고 있는 정보를 바탕으로 새로운 주장을 하는 경우가 많다. 이 경우에 이 주장의 타당성을 검증하는 것은 중요하다. 본 장에서는 새로운 주장이 타당한지 그렇지 않은지에 대하여 알아본다.

정의 4.1.1

일련의 명제 P_1, P_2, $\cdots$, P_n를 이용하여 다른 명제 Q를 만들어 내는 것을 **추론**이라 한다. 이때 P_1, P_2, $\cdots$, P_n를 전제라 하고 Q를 결론이라 한다. 이 같은 추론은

$$P_1,\ P_2,\ \cdots,\ P_n \vdash Q$$

로 표시된다.

추론이 타당한지 또는 그렇지 않은지에 대하여 다음과 같이 정의 한다.

정의 4.1.2

전제에 속하는 모든 P_1, P_2, $\cdots$, P_n가 참일 때, 결론 Q가 참이면

$$P_1,\ P_2,\ \cdots,\ P_n \vdash Q$$

은 **유효 추론**이라 한다.

정의 4.1.3

전제에 속하는 모든 P_1, P_2, $\cdots$, P_n가 참일 때, 결론 Q가 거짓이면

$$P_1,\ P_2,\ \cdots,\ P_n \vdash Q$$

은 **허위 추론**이라 한다.

예제 4.1.1 명제 p, q에 대하여 $p \to q$, $p \vdash q$가 유효 추론임을 보여라.

풀이 진리표를 작성해서 판단해 본다.

p	q	$p \to q$
T	T	T
T	F	F
F	T	T
F	F	T

전제인 p, $p \to q$가 모두 참인 경우는 첫 번째 경우이고 이때 대응하는 결론 q는 참이다. 따라서 주어진 추론은 유효 추론이다. ■

명제 p와 q가 각각 다음과 같다고 하자.

p: 오늘은 비가 온다. q: 나는 공부한다.

그러면 추론 $p \to q$, $p \vdash q$에서 전제 "오늘 비가 오면 나는 공부한다. 오늘 비가 온다."가 참이면 결론 "나는 공부한다."는 유효하다는 것이다.

예제 4.1.2 명제 p, q에 대하여 q, $p \to q \vdash p$가 허위 추론임을 보여라.

풀이 예제 4.1.1의 진리표에서 전제인 q, $p \to q$가 참인 경우는 첫 번째와 세 번째이다. 그런데 세 번째에 대응하는 결론 q는 거짓이다. 이 결론은 유효하지 않다. 따라서 주어진 추론은 허위추론이다. ■

이 추론을 위에 있는 명제 p, q에 대입하여 보면, 전제인 "오늘 비가 오면 나는 공부한다." "나는 공부한다."가 참이라 하더라도 오늘 비가 오지 않을 수도 있다. 따라서 주어진 결론은 유효하지 않다는 것이다.

모든 명제 P_1, P_2, $\cdots$, P_n가 참이 되는 필요충분조건은 $P_1 \wedge P_2 \wedge \cdots \wedge P_n$가 참이다. 또 추론 P_1, P_2, $\cdots$, $P_n \vdash Q$이 유효하기 위한 필요충분조건은 P_1, P_2, $\cdots$, P_n가 참일 때 Q가 참이다. 그런데 $P_1 \wedge P_2 \wedge \cdots \wedge P_n$가 거짓이면 Q의 진릿값에 상관없이 $(P_1 \wedge P_2 \wedge \cdots \wedge P_n) \to Q$은 참이다. 따라서 P_1, P_2, $\cdots$, $P_n \vdash Q$와 논리적 동치인 조건

명제는 다음과 같다.

정리 4.1.1

추론 $P_1, P_2, \cdots, P_n \vdash Q$가 유효할 필요충분조건은 $(P_1 \wedge P_2 \wedge \cdots \wedge P_n) \rightarrow Q$가 항진명제이다.

예제 4.1.3 $p \vee (q \vee r), \neg r \vdash (p \vee q)$이 유효 추론인 것은 보여라.

풀이 진리표를 작성하여 $[(p \vee (q \vee r)) \wedge \neg r] \rightarrow (p \vee q)$이 항진명제임을 보이면 된다.

$$A: = [(p \vee (q \vee r)) \wedge \neg r], \ B: = p \vee q$$

라 하자. 그러면 $A \rightarrow B$가 항진명제임을 보이는 것과 같다.

p	q	r	$\neg r$	$q \vee r$	$p \vee (q \vee r)$	A	B	$A \rightarrow B$
T	T	T	F	T	T	F	T	T
T	T	F	T	T	T	T	T	T
T	F	T	F	T	T	F	T	T
T	F	F	T	F	T	T	T	T
F	T	T	F	T	T	F	T	T
F	T	F	T	T	T	T	T	T
F	F	T	F	T	T	F	F	T
F	F	F	T	F	F	F	F	T

진리표에서 보는 바와 값이 A와 B의 진릿값에 상관없이 $A \rightarrow B$가 항상 참이므로 같이 주어진 명제는 항진명제이다. 따라서 $p \vee (q \vee r), \neg r \vdash (p \vee q)$은 유효 추론이다. ■

추론 법칙과 논리적 동치인 항진명제를 표로 작성하면 다음과 같다. 진리표를 작성하여 증명할 수 있다.

논리적 추론 법칙

추론 법칙	항진명제	법칙 이름
$p \vdash p \vee q$	$p \to p \vee q$	부가논법
$p \wedge q \vdash p$	$(p \wedge q) \to p$	단순화논법
$p, q \vdash p \wedge q$	$((p) \wedge (q)) \to p \wedge q$	접합논법
$p, p \to q \vdash q$	$[p \wedge (p \to q)] \to q$	긍정논법
$\neg q, p \to q \vdash \neg p$	$[\neg q \wedge (p \to q)] \to \neg p$	부정논법
$p \vee q, \neg p \vdash q$	$[(p \vee q) \wedge \neg p] \to q$	소거논법
$p \to q, q \to r \vdash p \to r$	$[(p \to q) \wedge q \to r)] \to (p \to r)$	삼단(추이)논법

참고 추론 법칙은 전제와 결론을 한 열로 나열하여 다음과 같이 표현하기도 한다.

$$\begin{array}{c} p \\ \hline \therefore p \vee q \end{array} \qquad \begin{array}{c} p \\ p \to q \\ \hline \therefore q \end{array} \qquad \begin{array}{c} p \to q \\ q \to r \\ \hline \therefore p \to r \end{array}$$

여기서 $\therefore$는 "그러므로"를 나타낸다.

예제 4.1.4 다음이 유효한 추론이 되도록 빈칸을 채워라.

n은 3의 배수이다.

n이 3의 배수이면 n^2은 9의 배수이다.

$\therefore$ (   )

풀이 p, q를 다음과 같다고 하자.

p: n은 3의 배수이다. q: n^2은 9의 배수이다.

그러면 주어진 문제는 추론 p, $p \to q \vdash ()$이고 긍정논법으로부터 타당한 결론은 q이다. 따라서 ( )에는 "n^2은 9의 배수이다."이다. ■

예제 4.1.5 다음이 유효한 추론이 되도록 빈칸을 채워라.

(   )

오늘 날씨가 해가 나면 나는 산책을 한다.

$\therefore$ 오늘 날씨가 해가 나지 않는다.

풀이 p, q를 다음과 같다고 하자.

p: 오늘은 날씨가 해가 난다.　　q: 나는 산책을 한다.

그러면 주어진 문제는 추론 ( ), $p \to q \vdash \neg p$이고 부정논법으로부터 ( )는 $\neg q$이다. 즉 "나는 산책을 하지 않는다."이다. ▩

예제 4.1.6 다음 추론이 유효함을 추론 법칙을 이용하여 보여라.

$$\neg p \wedge q,\ r \to p,\ \neg r \to s,\ s \to t \vdash t$$

풀이 풀이 과정을 단계별로 이유를 들어서 설명해보자

1. $\neg p \wedge q$	가정
2. $\neg p$	단순화논법 (1을 이용)
3. $r \to p$	가정
4. $\neg r$	부정논법 (2, 3을 이용)
5. $\neg r \to s$	가정
6. s	긍정논법 (4, 5를 이용)
7. $s \to t$	가정
8. t	긍정논법 (6,7을 이용)

따라서 결론은 참이다. 따라서 주어진 추론은 유효하다. ▩

예제 4.1.6의 풀이에서는 각 단계에서 사용된 가정이 추론에서 주어진 순서이지만 꼭 순서대로 적용할 필요는 없다. 필요한 가정과 새로운 결론을 결합하여 최종 결론을 확인하면 된다. 단 모든 가정은 다 사용되어야 한다.

예제 4.1.7 다음에 주어진 가정을 이용하여 얻을 수 있는 타당한 결론을 구하라.

네가 나에게 이메일을 보내면 나는 프로그램 작업을 마칠 것이다.
네가 나에게 이메일을 보내지 않으면 나는 일찍 잠을 잘 것이다.
내가 일찍 잠을 자면 나는 상쾌하게 일어날 것이다.

풀이 p, q, r, s를 다음과 같다고 하자.

p : 네가 나에게 이메일을 보낸다.

q : 나는 프로그램 작업을 마칠 것이다.

r : 나는 일찍 잠을 잘 것이다.

s : 나는 상쾌하게 일어날 것이다.

그러면 주어진 가정은 $p \to q$, $\neg p \to r$, $r \to s$이다.

1. $p \to q$	가정
2. $\neg q \to \neg p$	대우명제 (1을 이용)
3. $\neg p \to r$	가정
4. $\neg q \to r$	삼단논법 (2, 3을 이용)
5. $r \to s$	가정
6. $\neg q \to s$	삼단논법 (4, 5를 이용)

주어진 전제들을 이용하여 $\neg q \to s$은 타당한 결론이다. 따라서 타당한 결론은 "내가 프로그램 작업을 마치지 않으면 나는 상쾌하게 일어날 것이다."이다. ■

연습문제 4.1

01 다음 추론의 유효성에 대하여 말하라.

(1) $p \vee q \vdash p$은 유효하지 않음을 보여라.

(2) $p \leftrightarrow q,\ p \vdash q$은 유효함을 보여라.

02 다음 추론의 유효성에 대하여 말하라.

(1) $p \leftrightarrow \neg q \vdash p \to q$은 유효하지 않음을 보여라.

(2) $\neg p \to \neg q,\ q \vdash p$은 유효함을 보여라.

03 추론 법칙을 이용하여 다음 추론이 유효함을 보여라.

(1) $p \to \neg q,\ r \to p,\ q \vdash \neg r$ (2) $p \to q,\ r \vee \neg q,\ \neg r \vdash \neg p$

04 다음 문장을 기호로 표기하고 추론의 유효성을 판단하라.

(1) 6이 짝수이면 2는 7을 나누지 않는다.

5는 소수가 아니거나 2는 7을 나눈다.

5는 소수이다.

∴ 6은 짝수가 아니다.

(2) 내가 일을 했으면 나는 공부할 수 없었다.

내가 일을 했거나 수학 시험을 잘 쳤다.

나는 수학 시험을 잘 쳤다.

∴ 나는 공부할 수 있었다.

05 추론 법칙을 이용하여 다음이 유효 추론이 되기 위한 결론을 구하라.

(1) 내가 공부하면 나는 수학에서 좋은 점수를 받을 것이다.

내가 야구 경기를 하지 않으면 나는 공부할 것이다.

나는 수학에서 좋은 점수를 받지 못했다.

∴ (   )

(2) 나는 매우 음식을 먹으면 이상한 꿈을 꾼다.

잠자는 동안에 천둥이 치면 나는 이상한 꿈을 꾼다.

나는 이상한 꿈을 꾸지 않았다.

∴ (   )

4.2 증명의 방법

참인 것이 증명될 수 있는 수학적 진술을 **정리**라 한다. **증명**은 일련의 진술들을 가지고 정리가 참임을 보여주는 것이다. 증명에 사용되는 진술들에는 증명이 되어야 할 정리의 가정, 정의, 이전에 증명된 정리, 공리 등이 포함될 수 있다. **공리**는 증명 없이 참으로 인정이 되는 논리체계의 전제이고 가정이다. 증명법의 종류와 이를 수행하는 기술에 대하여 알아보자.

직접증명법

수학에서는 함축으로 표시되는 정리가 많다. 함축 $p \to q$가 참임을 증명하는 방법은 "p가 참이라면 q 또한 참이다"를 보여주는 것이다. p가 참이라는 가정으로부터 출발하여 q가 참임을 증명하는 방법을 **직접증명**이라 한다.

예제 4.2.1 "n이 홀수이면 n^2은 홀수이다"를 직접증명법으로 증명하라.

증명 p는 "n은 홀수이다", q는 "n^2 홀수이다"를 나타낸다고 하자.
그러면 주어진 명제는 함축 $p \to q$ 이다. 이제 n이 홀수라 하자. 그러면 홀수의 정의로부터 $n = 2k+1$, k 정수, 이다. 이때 $n^2 = (2k+1)^2 = 4k^2 + 4k + 1 = 2(2k^2 + 2k) + 1$이다. 따라서 n^2은 홀수이다. ■

예제 4.2.2 "두 유리수의 합은 유리수다"를 직접증명법으로 증명하라.

증명 p는 "x와 y는 유리수다", q는 "$x+y$는 유리수다"를 나타낸다고 하자. 그러면 주어진 명제는 함축 $p \to q$이다. 이제 x, y를 유리수라 하자. 유리수의 정의로부터 $x = \frac{a}{b}, y = \frac{c}{d}$인 정수 $a, b \neq 0, c, d \neq 0$가 있다. 이때 $x + y = \frac{ad+bc}{bd}$이고 $bd \neq 0$이므로 $x+y$는 유리수이다. ■

간접증명법

함축 $p \to q$가 참임을 직접 증명하는 것이 어려운 때가 있다. 이때에는 $p \to q \equiv \neg q \to \neg p$

임을 이용하여 $p \to q$의 증명을 $\neg q \to \neg p$의 증명으로 대신할 수 있다. 이같이 주어진 함축의 대우명제가 참임을 증명하는 방법을 **간접증명**이라 한다.

예제 4.2.3 "$3n+2$가 홀수이면 n은 홀수이다."를 간접증명법으로 증명하라.

풀이 p는 "$3n+2$은 홀수이다", q는 "n은 홀수이다"를 나타낸다고 하자. 이제 $\neg q$, 즉, n은 짝수라 하자. 그러면 짝수의 정의로부터 $n=2k$, k정수, 이다. 이때 $3n+2=3(2k)+2=2(3k+2)$이다. 따라서 $3n+2$는 짝수가 되어 $\neg p$이다. 결국 $\neg q \to \neg p$가 되어 주어진 문제는 증명이 되었다. ■

예제 4.2.4 "$3n+2$가 홀수이면 n은 홀수이다."를 간접증명법으로 증명하라.

풀이 n이 홀수가 아니라 하자. 그러면 n은 짝수이고 $n=2k$, k는 정수, 이다. 이때

$$3n+2=3(2k)+2=2(3k+1)$$

이 되어 $3n+2$는 짝수이다. 즉 n이 홀수가 아니면 $3n+2$는 홀수가 아니다. 따라서 주어진 명제는 참이다. ■

허무한 증명법

함축 $p \to q$가 참임을 증명하는 데 있어서 p가 참임을 전제로 한다. 그런데 만약 함축의 가정인 p가 거짓이라면 $p \to q$는 참이 된다. p가 거짓임이 드러남으로써 $p \to q$가 참이 됨을 보이는 방법을 **허무한 증명**이라 한다.

예제 4.2.5 $P(n)$을 "$n>1$이면 $n^2>n$이다."를 나타낼 때, $P(0)$가 참임을 보여라.

풀이 $P(0)$는 "$0>1$이면 $0^2>1$이다"이다. 여기서 가정이 거짓이므로 명제 $P(0)$는 참이다. ■

자명한 증명법

함축 $p \to q$에서 q가 참이면 p의 진릿값에 상관없이 $p \to q$는 참이다. 이같이 q가 참임을 보임으로써 함축 $p \to q$가 참임을 보이는 방법을 **자명한 증명**이라 한다.

예제 4.2.6 $P(n)$이 "두 양의 정수 a, b에 대하여 $a \geq b$이면 $a^n \geq b^n$이다."를 나타낼 때, P(0)는 참임을 보여라.

풀이 $P(0)$는 "$a \geq b$이면 $a^0 \geq b^0$"이다. $a^0 = 1 = b^0$이므로 명제의 결론이 참이다. 따라서 $P(0)$는 참이다. ■

모순증명법

명제 p가 참인 것을 보이기 위해 명제의 부정 $\neg p$가 거짓임을 보이는 방법을 **모순증명법**이라 한다. 시행 방법은 $\neg p$가 참이라고 하면 모순이 발생하는 것을 보이는 것이다. 함축 $p \rightarrow q$에 대한 모순증명법은 부정 $\neg(p \rightarrow q) \equiv p \wedge \neg q$이 거짓임을 증명하는 것과 같다. 이때는 p이고 $\neg q$가 참이라고 하면 모순이 발생하는 것을 보이면 된다. 모순증명법에서는 모순을 유도하는 전략이 핵심이 된다.

예제 4.2.7 $\sqrt{2}$는 무리수임을 모순증명법으로 증명하라.

증명 p는 "$\sqrt{2}$는 무리수다."를 나타낸다고 하자. 이제 $\neg p$, 즉 $\sqrt{2}$는 유리수라 하자. 그러면 $\sqrt{2} = \dfrac{m}{n}$인 서로소인 두 정수 m, n이 있다. 그러면 $\sqrt{2}\,n = m$에서 $2n^2 = m^2$이고 m은 짝수이다. $m = 2a$인 정수 a가 있고, 이것을 $2n^2 = m^2$에 대입하면 $n^2 = 2a^2$이 되어 n도 짝수이다. 따라서 m과 n은 2를 공통의 약수로 가지게 된다. 이것은 m과 n이 서로소라는 것에 반하므로 모순이다. 따라서 주어진 명제는 참이다. ■

예제 4.2.8 "$3n+2$가 홀수이면 n은 홀수이다."를 모순증명법으로 증명하라.

증명 p는 "$3n+2$는 홀수다.", q는 "n은 홀수다."를 나타낸다고 하자. 그러면 주어진 명제는 $p \rightarrow q$이다. 이제 $p \wedge \neg q$ 즉 $3n+2$는 홀수이고 n은 짝수라 하자. 그러면 $n = 2l$, l은 정수, 이고 $3n+2 = 3(2l)+2 = 2(3l+1)$이다.
즉 $3n+2$는 짝수이다. 이것은 $3n+2$가 홀수라는 것에 반하므로 모순이다. 따라서 주어진 명제는 참이다. ■

사례증명

서로 다른 명제 $p_1,\ p_2,\ \cdots,\ p_n$에 대하여 $p = p_1 \vee p_2 \vee \ \cdots \ \vee p_n$일 때, 함축 $p \to q$의 증명에서

$$[(p_1 \vee p_2 \vee \ \cdots \ \vee p_n) \to q] \equiv [(p_1 \to q) \wedge (p_2 \to q) \wedge \ \cdots \ \wedge (p_n \to q)]$$

임을 이용하여 $[(p_1 \to q) \wedge (p_2 \to q) \wedge \ \cdots \ \wedge (p_n \to q)]$가 참임을 보이는 방법을 **사례증명법**이라 한다. 이 증명에서는 $p_i \to q,\ i = 1, \cdots, n$,가 모두가 참임을 보이면 된다.

예제 4.2.9 "x가 정수면 $x^2 + x$는 짝수다."를 사례증명법으로 증명하라.

풀이 p를 "x는 정수다.", q를 "$x^2 + x$는 짝수다"를 나타낸다고 하자. 정수는 홀수이거나 짝수인 경우만 존재하므로 p_1을 "x는 짝수다.", p_2를 "x는 홀수다."를 나타낸다고 하자. 그러면 증명할 명제는 $p \to q$이다. 이제 $(p_1 \vee p_2) \to q$가 참임을 보이기 위해서 $p_1 \to q$와 $p_2 \to q$ 모두가 참임을 보이면 된다.

(1) x가 짝수라 하자. 그러면 $x = 2m$, m은 정수,이고

$$x^2 + x = 4m^2 + 2m = 2(2m^2 + m)$$

은 짝수다. 따라서 $p_1 \to q$은 참이다.

(2) x가 홀수라 하자. 그러면 $x = 2l + 1$, l은 정수,이고

$$x^2 + x = 2(2l^2 + 3l + 1)$$

은 짝수다. 따라서 $p_2 \to q$은 참이다.

따라서 주어진 명제는 참이다. ■

예제 4.2.10 정수 x가 3의 배수가 아니면, $x^2 - 1$은 3의 배수임을 증명하라.

증명 정수를 3으로 나누었을 때의 나머지를 기준으로 분류하면, 나머지가 각각 0, 1, 2이다. 나머지가 0인 경우는 3의 배수이므로 나머지가 1, 2인 경우에 대하여 증명하면 된다.

(1) x가 3으로 나누어서 나머지가 1이라 하자. 그러면 $x = 3k + 1$, k는 정수,

이다. 이때

$$x^2-1=(3k+1)^2-1=3(3k^2+2k)$$

이 되어 x^2-1은 3의 배수이다.

(2) x가 3으로 나누어서 나머지가 2라 하자. 그러면 $x=3k+2$, l은 정수,이다. 이때

$$x^2-1=(3k+2)^2-1=3(3k^2+4k+1)$$

이 되어 x^2-1은 3의 배수이다.

따라서 주어진 명제는 참이다. ■

존재 증명법

"$\exists x P(x)$"가 참임을 증명하는 때에는 $P(x)$가 참이 되는 x를 찾으면 된다. 이같이 증명하는 방법을 존재 증명이라 한다.

예제 4.2.11 $x+6$이 소수가 되는 소수 x가 있음을 증명하라.

증명 $x=7$일 때, $x+7=13$은 소수이다. 따라서 주어진 명제는 참이다. ■

반례 증명법

"$\forall x P(x)$"가 거짓임을 증명하는 때에는 "$\exists x \neg P(x)$"가 성립하는 x가 있음을 보이면 된다. 이같이 증명하는 방법을 반례 증명이라 한다. $P(a)$가 거짓이 되는 a를 반례라고 한다.

예제 4.2.12 "모든 소수는 홀수다."가 거짓임을 증명하라.

풀이 2는 소수이지만 홀수가 아니다. 따라서 명제는 거짓이다. 여기서 반례는 2이다. ■

연습문제 4.2

01 "홀수의 제곱은 홀수이다."를 다음 방법으로 증명하라.

(1) 직접증명법 (2) 모순증명법

02 "n^3+5가 홀수이면 n은 짝수다."를 다음 방법으로 증명하라.

(1) 간접증명법 (2) 모순증명법

03 $\sqrt{3}$이 무리수이면 $4+5\sqrt{3}$은 무리수임을 증명하라.

04 $P(n)$이 "n이 1보다 큰 정수이면, $n^2 > n$이다."을 나타낼 때, $P(0)$가 참임을 증명하라. 사용된 증명법을 말하라.

05 $P(n)$이 "n이 양의 정수이면, $n^2 \geq n$이다."를 나타낼 때, $P(1)$가 참임임을 증명하라. 사용된 증명법을 말하라.

06 5로 나누어지지 않는 정수의 제곱을 5로 나누면 나머지가 1 또는 4임을 증명하라.

07 유리수와 무리수의 합은 무리수임을 증명하라.

08 $\sqrt[3]{3}$은 무리수임을 증명하라.

09 a, b를 양의 정수라 하자. $m = ab$이면 $a \leq \sqrt{m}$ 또는 $b \leq \sqrt{m}$임을 증명하라.

10 "모든 양의 정수는 두 정수의 제곱의 합으로 나타낼 수 있다"가 거짓임을 증명하라.

11 "홀수인 세 개의 연속적인 소수가 있다"를 증명하라.

4.3 수학적 귀납법

"자연수 1부터 n까지 합은 $\frac{n(n+1)}{2}$이다."는 주장을 $n=1,2,3,4,5$에 대하여 확인해 보면 다음과 같이 사실이다.

$$1=\frac{1(1+1)}{2}, \quad 1+2=3=\frac{2(2+1)}{2}, \quad 1+2+3=6=\frac{3(3+1)}{2},$$
$$1+2+3+4=10=\frac{4(4+1)}{2}, \quad 1+2+3+4+5=15=\frac{5(5+1)}{2}.$$

이처럼 n이 유한일 때는 위와 같이 직접 대입하여 주장이 유효함을 확인할 수 있다. 그런데 모든 자연수 n에 대하여 확인하는 것은 불가능하다. 따라서 이것을 증명할 방법이 필요하다.

이와 같은 유형의 주장이 참임을 증명하는데 이용되는 증명의 기술이 **수학적 귀납법**이다. 다시 말하자면, 수학적 귀납법은 자연수에 관한 어떤 명제가 모든 자연수 또는 일정 이상의 모든 자연수에 대하여 성립한다는 것을 보일 때 이용하는 증명법이다.

본 장에서는 수학적 귀납법 증명법이 유효한 이유를 보여주고, 또 이 증명법을 이용하는 방법을 예제를 통하여 알아본다.

수학적 귀납법의 유효성을 증명하는 데 이용되는 자연수에 관한 중요한 공리는 다음과 같다.

정렬성의 공리

공집합이 아닌 자연수 집합은 최소원소를 가진다.

정리 4.3.1 수학적 귀납법

자연수 n에 관한 진술 $P(n)$이 아래 두 조건을 만족한다고 하자.

(1) $P(1)$은 참이다.
(2) $P(n)$이 참이면 $P(n+1)$은 참이다.

그러면 모든 자연수에 대하여 $P(n)$은 참이다.

증명 모순증명법으로 증명해보자. 주어진 명제를 논리기호로 표현하면

$$[P(1) \wedge \forall n(P(n) \rightarrow P(n+1))] \rightarrow \forall n P(n)$$

이다. 이제 가정 "$P(1) \wedge \forall n(P(n) \rightarrow P(n+1))$"가 참이고, 결론 "$\forall n P(n)$"은 참이 아니라 하자. 그러면 $\exists n_0 \neg P(n_0)$, 즉 $P(n_0)$가 거짓인 자연수 n_0가 존재한다. 이제 $A = \{n \in N \mid P(n)\text{은 거짓}\}$이라 하자. 그러면 $n_0 \in A$이므로 $A \neq \varnothing$이고 정렬성의 공리에 의하여 A의 최소원소가 존재한다. 이 최소원소를 m라 하면 $P(m)$은 거짓이다. (1)에 의하여 $P(1)$은 참이므로 $m \neq 1$이고 $m-1$은 자연수이다. 이제 $m-1 \notin A$이므로 $P(m-1)$은 참이다. (2)에 의하여 "$P(m-1) \rightarrow P(m)$"은 참이므로 $P(m)$은 참이다. 그런데 이것은 $P(m)$이 거짓이라는 것에 반하므로 모순이다. 따라서 주어진 명제는 참이다.

주의 (2)에서 $P(n)$이 모든 양의 정수 n에서 참인 것을 가정하지 않는다. 그냥 "$P(n)$이 참이면 $P(n+1)$은 참이다"를 나타낸다. 가정 $P(n)$을 귀납적 가정이라 부른다.

수학적 귀납법을 시행하는 방법은 첫 단계로 $P(1)$은 참임을 보여야 한다. 두 번째 단계로 $P(n)$은 참임을 가정했을 때, $P(n+1)$은 참임을 보여야 한다. 그러면 증명이 끝나는 것이다.

예제 4.3.1 모든 자연수 n에 대하여, $1+2+\cdots+n = \dfrac{n(n+1)}{2}$임을 증명하라.

증명 $P(n)$는 "$1+2+\cdots+n = \dfrac{n(n+1)}{2}$"를 나타낸다고 하자. 그러면 주어진 명제는 "$\forall n P(n)$"이다.

(1) $1 = \dfrac{1(1+1)}{2}$이므로 $P(1)$은 참이다.

(2) $P(n)$은 참이라 가정하자. 그러면 $1+2+\cdots+n = \dfrac{n(n+1)}{2}$이다. 이제

$$\begin{aligned} 1+2+\cdots+n+(n+1) &= \frac{n(n+1)}{2}+n+1 \\ &= \frac{n(n+1)+2(n+1)}{2} \\ &= \frac{(n+1)((n+1)+1)}{2} \end{aligned}$$

이므로 $P(n+1)$도 참이다.

따라서 주어진 명제는 참이다. ■

수학적 귀납법의 증명에서 첫 단계는 간단하다. 두 번째 단계에서 $P(n)$이 참이라고 가정했을 때 $P(n+1)$은 참인 것을 보이는 전략이 문제의 형태에 따라 다양하다.

예제 4.3.2 모든 자연수 n에 대하여, $1+3+5+\cdots+(2n-1)=n^2$임을 증명하라.

증명 $P(n)$는 "$1+3+5+\cdots+(2n-1)=n^2$"을 나타낸다고 하자. 그러면 주어진 명제는 "$\forall n P(n)$"이다.

(1) $1=1^2$이므로 $P(1)$은 참이다.

(2) $P(n)$은 참이라 가정하자. 그러면 $1+3+5+\cdots+(2n-1)=n^2$이다. 이제

$$\begin{aligned}1+3+5+\cdots+(2n-1)+(2(n+1)-1) &= n^2+(2(n+1)-1)\\ &= n^2+2n+1\\ &= (n+1)^2\end{aligned}$$

에서 $P(n+1)$은 참이다.

따라서 주어진 명제는 참이다. ■

지금부터는 번호를 부여하지 않고 문제 풀이를 하도록 한다.

예제 4.3.3 모든 자연수 n에 대하여, $n<2^n$임을 증명하라.

증명 $P(n)$이 "$n<2^n$"을 나타낸다고 하자. 그러면 $n=1$일 때 $1<2^1=2$이 성립한다. 따라서 $P(1)$은 참이다.

이제 $P(n)$은 참이라 하자. 그러면 $n<2^n$이고

$$n+1<2^n+1<2^n+2^n=2^{n+1}$$

이므로 $P(n+1)$도 참이다.

따라서 주어진 명제는 참이다. ■

예제 4.3.4 모든 자연수 n에 대하여 $a+ar+ar^2+\cdots+ar^n=\dfrac{ar^{n+1}-a}{r-1}$, $r\neq 1$임을 증명하라. 여기서 a와 r은 실수이다.

증명 $P(n)$을 "$a+ar+ar^2+\cdots+ar^n=\dfrac{ar^{n+1}-a}{r-1}$, $r\neq 1$"을 나타낸다고 하자.

그러면 $n=1$일 때, 좌변은 $a+ar$, 우변은 $\dfrac{ar^2-a}{r-1}=a(r+1)$이 되어 좌변과 우변이 같다. 따라서 $P(1)$은 참이다. 이제 $P(n)$은 참이라 하자. 그러면

$$\begin{aligned} a+ar+ar^2+\cdots+ar^n+ar^{n+1} &= \frac{ar^{n+1}-a}{r-1}+ar^{n+1} \\ &= \frac{ar^{(n+1)+1}-a}{r-1} \end{aligned}$$

이므로 $P(n+1)$은 참이다.

따라서 주어진 명제는 참이다. ■

"$\forall n\, P(n)$"은 참임을 증명할 때, 최초의 수가 1이므로 첫 단계에서 $P(1)$은 참임을 보였다. 만약 "$\forall n \geq n_0\, P(n)$"은 참이 되는 것을 증명하는 경우라면 첫 단계에서 $P(n_0)$가 참인 것을 보여야 한다.

예제 4.3.5 "4 이상의 모든 자연수에 대하여 $2^n < n!$"임을 증명하라.

증명 $P(n)$을 "$2^n < n!$"을 나타낸다고 하자.
그러면 $n=4$일 때, $2^4=16<4!=24$이므로 $P(4)$는 참이다.
이제 $P(n)$은 참이라 하자. 그러면 $2^n<n!$이고

$$\begin{aligned} (n+1)! &= n!\,(n+1) \\ &> 2^n(n+1) \\ &> 2^n \cdot 2 = 2^{n+1} \end{aligned}$$

에서 $2^{n+1}<(n+1)!$이 되어 $P(n+1)$은 참이다.

따라서 주어진 명제는 참이다. ■

예제 4.3.6 "$n^2-n, n \geq 2$,은 2의 배수다."를 증명하라.

풀이 $P(n)$을 "n^2-n은 2의 배수다."라 하자. 그러면 $n=2$일 때, $2^2-2=2$은 2의 배수다. 따라서 $P(2)$는 참이다.

이제 $P(n)$은 참이라 하자. 그러면 n^2-n은 2의 배수이므로 $n^2-n=2k$, k은 정수,이다. 또한

$$\begin{aligned}(n+1)^2-(n+1) &= n^2+n \\ &= 2k+2n \qquad (n^2=2k+n\text{에 의하여}) \\ &= 2(k+n)\end{aligned}$$

에 의하여 $P(n+1)$은 참이다.

따라서 주어진 명제는 참이다. ■

예제 4.3.7 n개의 원소를 가지는 집합은 2^n개의 부분집합을 가짐을 수학적 귀납법을 이용하여 증명하라.

풀이 $P(n)$을 "n개의 원소를 가지는 집합은 2^n개의 부분집합을 가진다."라고 하자. 원소의 개수를 0개 가지는 집합이 있음에 유의한다.

$n=0$일 때에 원소의 개수가 0개인 집합은 공집합 $\varnothing$이다. 이때 부분집합은 $\{\varnothing\}$이므로 부분집합의 개수는 $2^0=1$이다. 따라서 $P(0)$는 참이다.

이제 $P(n)$은 참이라 하고 S를 원소의 개수가 n인 집합이라 하자. 그러면 $\wp(S)$의 원소의 개수는 2^n이다. $T=S\cup\{a\}$라 하자. 그러면 T의 원소의 개수는 $n+1$이다. $A\in\wp(S)$라 하면, T의 모든 부분집합은 $\wp(S)$과 $A\cup\{a\}$로 이루어져 있다. $\wp(S)$의 원소의 개수가 2^n이므로 서로 다른 $A\cup\{a\}$의 개수는 모두 2^n이다. 따라서 $\wp(T)$의 원소의 개수는

$$2^n+2^n=2\cdot 2^n=2^{n+1}$$

이고 $P(n+1)$은 참이다.

따라서 주어진 명제는 참이다. ■

예제 4.3.8 $A_1, A_2, \cdots, A_n$이 전체집합 U의 부분집합일 때, 다음을 증명하라.

$$\overline{\cap_{k=1}^{n} A_k} = \cup_{k=1}^{n} \overline{A_k}, \ n \geq 2.$$

풀이 $P(n)$을 "$\overline{\cap_{k=1}^{n} A_k} = \cup_{k=1}^{n} \overline{A_k}$"을 나타낸다고 하자. 그러면 $n=2$일 때에는 드모르간의 법칙으로부터 $\overline{A_1 \cap A_2} = \overline{A_1} \cup \overline{A_2}$ 이다.
따라서 $P(2)$는 참이다. 이제 $P(n)$은 참이라 하자. 그러면

$$\begin{aligned}
\overline{\cap_{k=1}^{n+1} A_k} &= \overline{\left(\cap_{k=1}^{n} A_k\right) \cap A_{n+1}} \\
&= \overline{\left(\cap_{k=1}^{n} A_k\right)} \cup \overline{A_{n+1}} \qquad (\text{드모르간의 법칙}) \\
&= \left(\cup_{k=1}^{n} \overline{A_k}\right) \cup \overline{A_{n+1}} \qquad (P(n)\text{은 참이므로}) \\
&= \cup_{k=1}^{n+1} \overline{A_k}
\end{aligned}$$

에 의하여 $P(n+1)$은 참이다.

따라서 주어진 명제는 참이다. ■

제1의 수학적 귀납법과 동치인 제2의 수학석 귀납법을 일아보자. 제1의 수학적 귀납법으로 증명이 쉽지 않은 문제는 다음의 제2의 수학적 귀납법을 이용한다.

정리 4.3.2 제2의 수학적 귀납법

자연수 n에 관한 진술 $P(n)$이 아래 두 조건을 만족한다고 하자.

(1) $P(1)$은 참이다.
(2) $P(1), P(2), \cdots, P(n)$이 모두 참이면 $P(n+1)$가 참이다.

그러면 모든 자연수에 대하여 $P(n)$은 참이다.

물론 $\forall n \geq n_0 P(n)$임을 증명할 때는 $P(1)$을 $P(n_0)$로 바꾸면 된다.

제1의 수학적 귀납법을 참으로 가정하면 제2의 수학적 귀납법이 참이다. 역으로 제2의 수학적 귀납법을 참이라 하면 제1의 수학적 귀납법이 참이다. 즉, 제1, 제2 수학적 귀납법은 동치이다.

여기서는 두 수학적 귀납법이 동치임을 증명하는 대신, 제1의 수학적 귀납법으로 증명이 쉽지 않은 문제에 제2의 수학적 귀납법을 이용하는 예를 알아본다.

예제 4.3.9 1보다 큰 모든 정수 n은 소수의 곱으로 나타낼 수 있다.

증명 $P(n)$을 "1보다 큰 모든 정수 n은 소수의 곱으로 나타낼 수 있다."라 하자. 그러면 $n=2$일 때는 2는 소수인 자기 자신인 하나의 곱이다. 따라서 $P(2)$는 참이다.

이제 $P(2), \cdots, P(n)$은 참이라 하자. 이제 $n+1$은 소수 또는 합성수이다. 먼저 $n+1$이 수소인 경우를 생각하면 $n+1$은 소수 자기 자신인 하나의 곱이고 따라서 $P(n+1)$은 참이다.

만약, $n+1$이 합성수이면 $2 \le a < b \le n$인 양의 정수 a, b가 존재하여 $n+1=ab$이다. 그러면 가정에 의하여 a와 b는 소수의 곱으로 나타내어지고 결국 $n+1$은 소수의 곱으로 나타내어진다. 어느 경우든 $P(n+1)$은 참이다.

따라서 주어진 명제는 참이다. ■

연습문제 4.3

01 처음 n개의 짝수의 합은 $n(n+1)$임을 증명하라.

02 자연수 $n \ge 1$에 대하여 다음을 증명하라.

$$1 \cdot 1! + 2 \cdot 2! + \cdots + n \cdot n! = (n+1)! - 1$$

03 자연수 $n \ge 1$에 대하여 다음을 증명하라.

$$1^2 + 2^2 + \cdots + n^2 = \frac{n(n+1)(2n+1)}{6}$$

04 자연수 $n \ge 1$에 대하여 다음을 증명하라.

$$\sum_{k=1}^{n} \frac{1}{2^k} = \frac{2^n - 1}{2^n}$$

05 $h > -1$일 때, 모든 자연수 n에 대하여 $(1+h)^n \geq 1+nh$임을 증명하라.

06 모든 자연수에 대하여 n^3+2n은 3의 배수임을 증명하라.

07 $n \geq 5$일 때, $2^n > n^2$임을 증명하라.

08 $A_1, A_2, \cdots, A_n$이 전체집합 U의 부분집합일 때, 다음을 증명하라.

$$\overline{\cup_{k=1}^{n} A_k} = \cap_{k=1}^{n} \overline{A_k}, \ n \geq 2.$$

CHAPTER

05

정수

5.1 정수와 나눗셈

본 장에서는 정수의 약수와 배수, 최대공약수, 최소공배수에 대하여 살펴본다. 약수와 배수에 바탕을 둔 중요한 하나의 개념은 소수에 관한 것이다. 정수를 소수의 곱으로 분해하는 것은 암호와 관련된 응용 분야에서 중요하다.

정의 5.1.1

두 정수 $a(\neq 0)$, b에서 $b = ak$인 정수 k가 있으면 a는 b를 나눈다고 한다. 이때 a는 b의 약수, b는 a의 배수라 한다. a가 b의 약수이면 $a \mid b$로 나타내고, a가 b의 약수가 아니면 $a \nmid b$로 나타낸다.

예제 5.1.1 $3 \mid 15$이고 $3 \nmid 22$임을 보여라.

풀이 $15 = 5 \times 3$이므로 $3 \mid 15$이다. $22 = 3 \times \dfrac{22}{3}$인데 $\dfrac{22}{3}$은 정수가 아니다. 따라서 $3 \nmid 22$이다. ■

23 이하의 양의 정수 중에서 3의 배수는 3, 6, 9, 12, 15, 18, 21이고 3의 배수의 개수는 7개다. 바닥함수를 이용하면 $\left\lfloor \dfrac{23}{3} \right\rfloor = 7$인 것을 안다. 이를 일반화 할 수 있는지 알아보자.

예제 5.1.2 n과 d가 양의 정수일 때, n이하의 양의 정수 중에서 d의 배수의 개수를 구하라.

풀이 d의 배수가 되는 양의 정수는 모두 dk, k는 양의 정수이다. n이하의 d의 배수는 $0 < dk \leq n$인 k의 개수와 같다. $0 < k \leq \dfrac{n}{d}$에서 k의 개수는 $\dfrac{n}{d}$이하의 최대정수인 $\left\lfloor \dfrac{n}{d} \right\rfloor$이다. ■

정수의 약수와 배수에 관하여는 다음 성질이 성립한다.

정리 5.1.1

정수 a, b, c에 대하여 다음이 성립한다.

(1) $a \mid b$이고 $a \mid c$이면 $a \mid (b+c)$이다.
(2) $a \mid b$이면 임의의 정수 k에 대하여 $a \mid bk$
(3) $a \mid b$이고 $b \mid c$이면 $a \mid c$이다.

증명 (1) $a \mid b$이고 $a \mid c$라 하자. 그러면 $b=as$, $c=at$인 정수 s, t가 있다. 이제

$$b+c=as+at=a(s+t)$$

이므로 $b+c$는 a의 배수다. 따라서 $a \mid (b+c)$이다.

(2) $a \mid b$라 하자. 그러면 $b=as$인 정수 s가 있다. 이때 임의의 정수 k에 대하여 $bk=ask=a(sk)$이므로 $a \mid bk$이다.

(3) $a \mid b$이고 $b \mid c$라 하자. 그러면 그러면 $b=as$, $c=bt$인 정수 s, t가 있다. 이때 $c=a(st)$이므로 $a \mid c$이다.

정의 5.1.2

양의 정수 p가 오직 1과 p만을 약수로 가지면 p를 **소수**라 한다. 1보다 큰 양의 정수가 소수가 아니면 합성수라 한다.

예제 5.1.3 13은 소수이고 21은 합성수임을 보여라.

풀이 13은 1과 13만을 약수로 가진다. 따라서 13은 소수이다.
21은 3을 약수로 가진다. 따라서 21은 합성수이다. ■

다음은 4.3에서 증명한 것으로 여기에서는 증명을 생략한다.

정리 5.1.2 산술의 기본정리

1보다 큰 모든 정수는 소수의 곱으로 나타낼 수 있다.

양의 정수를 소수의 곱으로 나타내는 것을 **소인수분해**라 한다.

예제 5.1.4 71, 126, 180, 396을 소인수 분해하라.

풀이 $71 = 71$, $126 = 2 \times 3^2 \times 7$,

$180 = 2^2 \times 3^2 \times 5$, $396 = 2^2 \times 3^2 \times 11$. ■

주어진 정수가 소수인지를 아는 것은 중요할 때가 있다. 특히 큰 소수는 비밀번호를 만드는 데 이용되기도 한다. 주어진 정수가 소수인가를 보여주는 절차는 다음에 바탕을 두고 있다.

정리 5.1.3

n이 합성수이면 n은 $p \leq \sqrt{n}$인 소수 p를 약수로 가진다.

증명 n이 합성수라 하자. 그러면 $n = ab$인 1보다 큰 정수 a와 b가 있다. 이때 $a \leq \sqrt{n}$ 또는 $b \leq \sqrt{n}$임을 안다. 그 이유는 그렇지 않다고 하면 $n < ab$가 되어 $n = ab$에 반하기 때문이다. 따라서 n은 $\sqrt{n}$ 이하인 약수를 가진다. 이 약수는 소수이거나 소수가 아니면 정리 5.1.2에 의하여 소수인 약수를 가진다. 결국 어떤 경우이든 n은 $p \leq \sqrt{n}$인 소수 p를 약수로 갖는다.

이 정리의 대우명제는 "n이 $\sqrt{n}$ 이하의 소수인 약수를 가지지 않으면 n은 합성수가 아니다."에 주목할 필요가 있다. 즉 정리 5.1.3은 주어진 정수가 소수임을 판단하는데 이용될 수 있다.

예제 5.1.5 137이 소수임을 보여라.

풀이 $\sqrt{137}$ 이하의 소수는 2, 3, 7, 11이다. 이들 중 어느 것도 137의 약수가 아니다. 따라서 137은 소수이다. ■

정리 5.1.4 나눗셈 정리

a는 정수이고 d는 양의 정수라 하자. 그러면 다음이 성립하는 유일한 정수 q, r이 존재한다.

$$a = dq + r,\ 0 \le r < d$$

이때, a를 피제수, d를 제수, q를 몫, r을 나머지라 한다.

예제 5.1.6 -32를 7로 나누었을 때 나머지를 구하라.

풀이 나머지는 음수가 될 수 없음에 유의하자.

$$-32 = 7(-5) + 3$$

에서 나머지는 3이다. ■

정의 5.1.3

영이 아닌 두 정수 a, b에 대하여 $d \mid a$이고 $d \mid b$인 최대의 정수 d를 a와 b의 **최대공약수**라 한다. 이때 $d = \gcd(a, b)$ 로 나타낸다.

예제 5.1.7 24와 36의 최대공약수를 구하라.

풀이 24와 36의 공통의 약수는 1, 2, 3, 4, 6, 12이고 이 중에 최대는 12이다. 따라서 두 수의 최대공약수는 12이다. ■

정의 5.1.4

두 정수의 최대공약수가 1이면 두 수는 **서로소**라 한다. 또 정수 a_1, a_2, $\cdots$, a_n에서 어떤 두 개를 택해도 서로소이면 이들은 **쌍마다 서로소**라 한다.

예제 5.1.8 15와 23은 서로소임을 보여라.

풀이 두 수는 1을 제외하고는 공통의 약수가 없다.
따라서 두 수는 서로소이다. ■

예제 5.1.9 10, 12, 17은 쌍마다 서로소가 아니고, 11, 21, 32은 쌍마다 서로소임을 보여라.

풀이 $\gcd(10, 12) = 2$이므로 서로소가 아니다. 따라서 10, 12, 17은 쌍마다 서로소가 아니다. 11, 21, 32에서는 어느 두 수를 택해도 최대공약수가 1이다. 따라서 11, 21, 32는 쌍마다 서로소이다. ■

두 수의 최대공약수를 구할 때는 각각의 수를 소인수분해하고 공통의 약수에서 지수가 최소인 것을 택하여 모두 곱하면 된다.

예제 5.1.10 300과 648의 최대공약수를 구하라.

풀이 두 수를 소인수 분해하여 나타내면 $300 = 2^2 \times 3 \times 5^2$, $648 = 2^3 \times 3^4$이다. 공통의 약수는 2와 3이고 2의 지수의 최솟값은 2, 3의 지수의 최솟값은 1이다. 따라서 두 수의 최대공약수는 $2^2 \times 3 = 12$이다. ■

정의 5.1.5

두 양수 a와 b의 공통의 배수 중에서 가장 작은 배수를 두 수의 최소공배수라 한다. 두 양의 정수 a와 b의 최소공배수는 $lcm(a, b)$로 나타낸다.

두 양의 정수의 최소공배수를 구하는 방법은 먼저 각각의 수를 소인수로 분해한다. 그다음에 서로 다른 소인수를 모두 곱하고, 각 소인수의 지수는 최댓값을 택한다.

예제 5.1.11 소인수분해가 $2^3 \times 3 \times 5^2$와 $3^2 \times 5 \times 7^2$인 두 수의 최소공배수를 구하라.

풀이 서로 다른 소인수는 2, 3, 5, 7이고 각 소인수의 최대 지수를 택하여 곱하면 된다. 따라서 두 수의 최소공배수는 $2^3 \times 3^2 \times 5^2 \times 7^2$이다. ■

두 양의 정수의 최대공약수를 구하는데 소인수분해를 이용하는 것은 시간이 걸리므로 비효율적이다. 더 효율적인 방법은 다음 정리에 바탕을 두고 있다.

정리 5.1.5

정수 a, b, q, r에 대하여 $a=bq+r$이라 하자. 그러면 $\gcd(a,b)=\gcd(b,r)$이다.

증명 d를 a와 b의 공약수라 하자. 그러면 d는 $a-bq=r$의 약수다. 따라서 a와 b의 공약수는 b와 r의 공약수다. 다른 한편, d를 b와 r의 공약수라 하자. 그러면 d는 a의 약수이다. 따라서 d는 a와 b의 공약수이다. 결국 a, b와 b, r은 같은 공약수를 가지게 되고, 최대공약수도 같게 된다. 따라서 $\gcd(a,b)=\gcd(b,r)$이다.

위 정리를 이용하여 최대공약수를 구하는 다음과 같은 방법을 **유클리드의 알고리즘**이라 한다.

두 양의 정수 a, b에서 $a \ge b$라 하자. 이제 $a=r_0$, $b=r_1$라 두고 나눗셈의 정리를 연속적으로 적용하면 다음을 얻는다;

$$\begin{aligned}
r_0 &= r_1 q_1 + r_2 && 0 \le r_2 < r_1 \\
r_1 &= r_2 q_2 + r_3 && 0 \le r_3 < r_2 \\
&\vdots \\
r_{n-2} &= r_{n-1} q_{n-1} + r_n && 0 \le r_n < r_{n-1} \\
r_{n-1} &= r_n q_n.
\end{aligned}$$

그러면 정리 5.1.5에 의하여

$$\gcd(a,b)=\gcd(r_0,r_1)=\gcd(r_1,r_2)=\cdots=\gcd(r_{n-1},r_n)=\gcd(r_n,0)=r_n$$

이고, 결국 이 연속적인 나눗셈 과정에서 0이 아닌 마지막 나머지 r_n이 최대공약이다.

예제 5.1.12 111과 201의 최대공약수를 유클리드 알고리즘을 이용하여 구하라.

풀이 나눗셈의 정리를 연속적으로 적용하면

$$\begin{aligned}
201 &= 111 \times 1 + 90 \\
111 &= 90 \times 1 + 21 \\
90 &= 21 \times 4 + 6
\end{aligned}$$

$$21 = 6 \times 3 + 3$$
$$6 = 3 \times 2$$

에서 마지막으로 0이 아닌 나머지는 3이다. 따라서 $\gcd(111, 201) = 3$이다. ■

참고 유클리드 알고리즘을 이용하는 경우 다음 과정을 이용하면 효율적이다.

1	201	111	1
	111	90	
4	90	21	3
	84	18	
2	6	3 ⇐	
	6		
	0		

내부에 0이 나타난 후 반대쪽 바로 위에 있는 수 3이 최대공약수가 된다.

연습문제 5.1

01 두 정수 a, b에서 $a \mid b$이고 $b \mid a$이면 $a = b$또는 $a = -b$임을 보여라.

02 $a \mid c$이고 $b \mid d$이면 $ab \mid cd$임을 보여라.

03 -113을 11로 나누었을 때, 몫과 나머지를 구하라.

04 239가 소수임을 보여라.

05 다음 주어진 수의 소인수분해를 구하라.

(1) 39 (2) 143 (3) $10!$

06 12보다 작은 양의 정수에서 12와 서로소인 정수를 구하라.

07 다음 주어진 정수의 모임이 쌍마다 서로소인지를 판단하라.

(1) (14, 15, 21 (2) (11, 15, 19)

08 다음과 같이 소인수분해 되는 두 수의 최대공약수와 최소공배수를 구하라.

$$2^3 \cdot 3^2 \cdot 5^4 \cdot 7, \quad 2^2 \cdot 3^3 \cdot 5^4 \cdot 11$$

09 다음 두 수의 최대공약수를 구하라.

(1) 123, 277 (2) 1529, 14039

5.2 나머지 연산

한 정수를 다른 양의 정수로 나눌 때, 그 나머지에 관심을 두는 경우가 있다. 예를 들어, 오늘이 화요일이라 하자. 그러면 오늘부터 50일째 되는 날은 무슨 요일인지에 알려고 한다. 이때 50을 7로 나눈 나머지는 1이므로, 50일째 되는 날은 오늘의 다음 날인 수요일이다. 본 장에서는 나머지를 가지고 연산하는 것들에 대하여 알아본다.

정의 5.2.1

a는 정수, m은 양의 정수라 하자. 이때, "$a \bmod m$"는 a를 m으로 나누었을 때의 나머지를 나타낸다.

나눗셈 정리에 의하면 $a \bmod m$는 $a = mq + r$, $0 \le r < m$을 만족하는 정수 r이다.

예제 5.2.1 $17 \bmod 3$, $-132 \bmod 7$을 구하라.

풀이 $17 = 3 \times 5 + 2$이므로 $17 \bmod 3 = 2$이다. 또 $-132 = 7 \times (\ \ 19) + 1$이므로 $-132 \bmod 7 = 1$이다. ∎

이제 양의 정수 m으로 두 정수 a와 b를 나누었을 때, 나머지가 같다는 것을 의미하는 기호를 알아보자.

정의 5.2.2

m은 양의 정수라 하자. 두 정수 a와 b의 차 $a-b$가 m의 배수일 때, a와 b는 "**m을 법으로 합동**"이라 한다. 이때 $a \equiv b \pmod{m}$으로 나타낸다. m을 법으로 두 수가 합동이 아닐 때는 $a \not\equiv b \pmod{m}$으로 나타낸다.

예제 5.2.2 $19 \equiv 7 \pmod{4}$이고 $25 \not\equiv 6 \pmod{4}$임을 보여라.

풀이 $19 - 7 = 12$는 4의 배수이다. 따라서 $19 \equiv 7 \pmod{4}$이다. $25 - 6 = 19$는 4의 배수가 아니다. 따라서 $25 \not\equiv 6 \pmod{4}$이다. ∎

정리 5.2.1

m은 양의 정수라 하자. 이때 $a \equiv b \pmod{m}$일 필요충분조건은 $a = b + km$인 정수 k가 존재하는 것이다.

증명 $a \equiv b \pmod{m}$라 하자. 그러면 $m \mid (a-b)$이므로 $a-b=mk$인 정수 k가 존재한다. 따라서 $a=b+mk$이다. 역으로 $a=b+km$인 정수가 존재한다고 하자. 그러면 $a-b=mk$가 되어 $a-b$는 m의 배수이다. 따라서 $a \equiv b \pmod{m}$이다.

다음 정리는 덧셈과 곱셈에 대한 합동의 성질은 수에 관한 등호의 성질과 같음을 보여준다.

정리 5.2.2

m은 양의 정수라 하자. 이때 $a \equiv b \pmod{m}$이고 $c \equiv d \pmod{m}$이면

$$a+c \equiv b+d \pmod{m} \text{이고 } ac \equiv bd \pmod{m}$$

이다.

증명 $a \equiv b \pmod{m}$이고 $c \equiv d \pmod{m}$이므로 $a = b+ms$, $c = d+mt$인 정수 s, t가 존재한다. 그러면

$$a+c=(b+d)+m(s+t)$$

이고

$$ac = bd + m(bt+ds+mst)$$

이다. 정리 5.2.1에 의하여

$$a+c \equiv b+d \pmod{m} \text{이고 } ac \equiv bd \pmod{m}$$

이다.

예제 5.2.3 $7 \equiv 4 \pmod{3}$, $5 \equiv -4 \pmod{3}$이므로 $12 \equiv 0 \pmod{3}$이고 $35 \equiv -16 \pmod{3}$이다. ■

정리 5.2.3

정수 a를 양의 정수 m으로 나누었을 때의 나머지가 r이면 다음이 성립한다.

$$a \equiv r(\mathrm{mod}\, m), \quad 0 \leq r \leq m-1$$

증명 a를 m으로 나누었을 때의 몫을 q라 하면 $a = mq + r$이다.
그러면 정리 5.2.1에 의하여 $a \equiv r(\mathrm{mod}\, m)$이다.

예제 5.2.4 2^{32}을 11로 나누었을 때의 나머지를 구하라.

풀이 2^4를 11로 나누면 나머지가 5이므로 $2^4 \equiv 5(\mathrm{mod}\, 11)$이다. 2^{32}를 만들기 위해 2의 지수를 계속 높여가면

$$2^8 \equiv 25 \equiv 3(\mathrm{mod}\, 11), \quad 2^{12} \equiv 4(\mathrm{mod}\, 11),$$
$$2^{20} \equiv 12 \equiv 1(\mathrm{mod}\, 11), \quad 2^{32} \equiv 4(\mathrm{mod}\, 11)$$

이다. 따라서 2^{32}을 11로 나누었을 때의 나머지는 4이다. ■

예제 5.2.5 3^{41}을 11로 나누었을 때의 나머지를 구하라.

풀이 $3^2 \equiv 9(\mathrm{mod}\, 11)$ 이다. 3^{41}를 만들기 위해 3의 지수를 계속 높여가면

$$3^3 \equiv 27 \equiv 5(\mathrm{mod}\, 11), \quad 3^5 \equiv 45 \equiv 1(\mathrm{mod}\, 11),$$
$$3^{40} \equiv 1(\mathrm{mod}\, 11), \quad 3^{41} \equiv 3(\mathrm{mod}\, 11)$$

이다. 따라서 3^{41}을 11로 나누었을 때의 나머지는 3이다. ■

예제 5.2.6 $2^{32} \cdot 3^{41}$을 11로 나눈 나머지를 구하라.

풀이 $2^{32} \equiv 4(\mathrm{mod}\, 11)$이고 $3^{41} \equiv 3(\mathrm{mod}\, 11)$이므로
$2^{32} \cdot 3^{41} \equiv 12 \equiv 1(\mathrm{mod}\, 11)$이다. 따라서 구하는 나머지는 1이다. ■

정리 5.2.4 Fermat의 정리

p가 소수이고 정수 a와 p가 서로소이면 $a^{p-1} \equiv 1(\mathrm{mod}\, p)$이다.

예제 5.2.7 페르마 정리를 이용하여 5^{36}을 11로 나눈 나머지를 구하라.

풀이 5와 11은 서로소이므로 페르마 정리에 따라 $5^{10} \equiv 1 \pmod{11}$ 이다. 이제 지수를 높여가면

$$5^{30} \equiv 1 \pmod{11}, \qquad 5^{33} \equiv 125 \equiv 4 \pmod{11},$$
$$5^{35} \equiv 100 \equiv 1 \pmod{11}, \quad 5^{36} \equiv 5 \pmod{11}$$

이다. 따라서 5^{36}를 11로 나눈 나머지는 5이다. ■

연습문제 5.2

01 다음 값을 구하라.

(1) $142 \bmod 6$ (2) $289 \bmod 27$

02 다음 값을 구하라.

(1) $-95 \bmod 7$ (2) $-201 \bmod 14$

03 다음 수 중에서 13을 법으로 하여 5와 합동인 것은 구하라.

(1) 103 (2) −112

04 a, b는 정수이고 m은 양의 정수라 하자. $a \bmod m = b \bmod m$ 이면 $a \equiv b \pmod{m}$ 임을 보여라.

05 a, b는 정수이고 m은 양의 정수라 하자. $a \equiv b \pmod{m}$ 이면 $a \bmod m = b \bmod m$ 임을 보여라.

06 a, b, c, d는 정수이고 m은 양의 정수라 하자. $a \equiv b \pmod{m}$이고 $c \equiv d \pmod{m}$ 이면 $a - c \equiv b - d \pmod{m}$임을 보여라.

07 다음이 성립하도록 정수 $m\,(m \geq 2)$의 값을 구하라.

(1) $27 \equiv 5\,(\mathrm{mod}\, m)$ (2) $100 \equiv 1\,(\mathrm{mod}\, m)$

08 2^{37}을 17로 나눈 나머지를 구하라.

09 2^{302}를 11로 나눈 나머지를 구하라.

10 $2^{30} \cdot 5^{27}$을 7로 나눈 나머지를 구하라.

5.3 정수의 표현

일상생활에서 수를 나타내기 위해서 10진법을 사용한다. 10진법은 10을 기수로 택하여 수를 표현하는 것이다. 예를 들어, 365는 $365 = 3 \cdot 10^2 + 6 \cdot 10 + 5$를 뜻한다. 여기서 3, 6, 5는 각각 10^2, 10, 1의 자릿수이다. 컴퓨터는 보통 기수 2, 8, 16을 많이 사용한다.

일반적인 기수의 표현은 다음 정리에 그 근거를 두고 있다. 정리의 증명은 수학적 귀납법을 이용하는데 생략한다.

정리 5.3.1

b는 1보다 큰 정수라 하자. n이 양의 정수이면 n은 다음 형태와 같이 유일한 방법으로 표시된다.

$$n = a_k b^k + a_{k-1} b^{k-1} + \cdots + a_1 b + a_0 \qquad (*)$$

여기서 k는 음이 아닌 정수, a_i는 $0 \le a_i \le b-1$, $i = 0, 1, \cdots, k$, $a_k \ne 0$인 정수이다.

여기서 a_i를 기수 b^i의 자릿수라 한다. 정리 5.3.1에서 주어진 n의 표현을 "**n의 기수 b 전개**"라 하고

$$n = (a_k a_{k-1} \cdots a_1 a_0)_b$$

을 n의 기수b 표현이라 한다. 정수의 기수 10 전개에서는 첨자 10을 생략하여

$$(a_k a_{k-1} \cdots a_1 a_0)_{10} = a_k a_{k-1} \cdots a_1 a_0$$

로 쓴다.

참고 기수b 표현을 b진법 표현이라고 하는데, 본 장에서는 b진법 대신에 기수b 표현을 사용한다.

기수 2 표현에서 자릿수는 0, 1이고, 기수 8 표현에서 자릿수는 0, 1, 2, $\cdots$, 7이다.

기수 16 표현에서 자릿수는 0, 1, 2, ⋯, 9, 10, ⋯, 15이다. 그런데 기수 16 표현에서는 자릿수와 기수의 구분을 위해서 A, B, C, D, E, F는 각각 10, 11, 12, 13, 14, 15를 뜻하는 것으로 사용한다.

기수 10으로 표현된 수를 10진수라 한다.

예제 5.3.1 $(1101)_2$를 기수 2 전개로 표현하고 10진수로 나타내라.

풀이 기수 2 전개를 하면 $(1101)_2 = 1 \cdot 2^3 + 1 \cdot 2^2 + 0 \cdot 2 + 1 = 13$ 이다. ■

예제 5.3.2 $(234)_8$를 기수 8 전개로 표현하고 10진수로 나타내라.

풀이 기수 8 전개를 하면 $(234)_8 = 2 \cdot 8^2 + 3 \cdot 8 + 4 = 156$이다. ■

예제 5.3.3 $(2A4)_{16}$를 기수 16 전개로 표현하고 10진수로 나타내라.

풀이 기수 8 전개를 하면 $(2A4)_{16} = 2 \cdot 16^2 + 10 \cdot 16 + 4 = 420$이다. ■

10진수의 기수 b 표현

주어진 10진수 n을 나눗셈 정리를 연속적으로 적용하여 다음과 같이 $0 < q_k < b$이 되면 정지한다.

$$\begin{aligned}
n &= bq_0 + r_0, \\
q_0 &= bq_1 + r_1, \\
&\vdots \\
q_{k-2} &= bq_{k-1} + r_{k-1}, \\
q_{k-1} &= bq_k + r_k.
\end{aligned}$$

그러면 $n = (r_k r_{k-1} \cdots r_1 r_0)_b$이다. 이것을 연속적인 나눗셈 연산으로 표시하면 그림과 같다. 여기에서 화살표 방향으로 r_i를 나열하면 $q_k r_k r_{k-1} \cdots r_1 r_0$가 기수 b 표현의 자릿수가 된다.

$$
\begin{array}{r|cl}
b & n & r_0 \\ \hline
b & q_0 & r_1 \\ \hline
 & q_1 & \\
 & \vdots & \\
b & q_{k-2} & r_{k-1} \\ \hline
b & q_{k-1} & r_k \\ \hline
 & q_k &
\end{array}
\quad \uparrow
$$

예제 5.3.4 다음 23을 기수 2 표현으로 나타내라.

풀이 $23 = (10111)_2$임을 아래 연산에서 알 수 있다.

$$
\begin{array}{r|cl}
2 & 23 & 1 \\ \hline
2 & 11 & 1 \\ \hline
2 & 5 & 1 \\ \hline
2 & 2 & 0 \\ \hline
 & 1 &
\end{array}
$$

■

예제 5.3.5 746을 기수 8 표현으로 나타내라.

풀이 $746 = (1352)_8$임을 아래 연산에서 알 수 있다.

$$
\begin{array}{r|cl}
8 & 746 & 2 \\ \hline
8 & 93 & 5 \\ \hline
8 & 11 & 3 \\ \hline
 & 1 &
\end{array}
$$

■

예제 5.3.6 895를 기수 16 표현으로 나타내라.

풀이 $895 = (37A)_{16}$임을 아래 연산에서 알 수 있다.

$$
\begin{array}{r|cl}
16 & 895 & 15 \\ \hline
16 & 55 & 7 \\ \hline
 & 3 &
\end{array}
$$

■

기수 b 표현을 기수 d 표현로 전환하는 경우, 먼저 기수 b 표현을 10진수로 나타내고 그다음에 십진수를 기수 d 표현으로 나타내면 된다. 그러나 기수 2 표현과 기수 8 표현 사이의 전환, 기수 2 표현과 기수 16 표현 사이의 전환은 좀 더 간단하다.

기수 2 표현과 기수 8 표현 사이의 변환

기수 8 표현에서 자릿수는 0, 1, …, 7이다. 최대 자릿수 7은 $7 = (111)_2$이다. 기수 8 표현에서 한 자릿수를 표현하는데 3비트가 필요하다. 따라서 기수 2 표현을 기수 8 표현으로 변환하려면 앞에서부터 3비트 블록으로 나누고 각 블록을 10진수로 나타내면 된다. 또 기수 8 표현을 기수 2 표현으로 변환하는 경우는 각 자릿수를 3비트의 기수 2 표현으로 나타내면 된다.

예제 5.3.7 $(11011101)_2$를 기수 8 표현으로 나타내라.

풀이 자릿수를 오른쪽 앞에서 3비트 블록을 만들면 다음과 같다. 3비트가 채워지지 않는 블록은 뒤를 0으로 채우면 된다.

011	011	101
a	b	c

a, b, c에 대응하는 10진수를 구하면 다음과 같다.

$$a = (011)_2 = 3, \quad b = (011)_2 = 3, \; c = (101)_2 = 5.$$

따라서 $(11011101)_2 = (335)_8$이다. ■

예제 5.3.8 $(724)_8$을 기수 2 표현으로 나타내라.

풀이 각 자릿수를 기수 2 표현으로 나타나면 다음과 같다.

$$7 = (111)_2, \quad 2 = (010)_2, \quad 4 = (100)_2.$$

따라서 $(724)_8 = (111010100)_2$이다. ■

기수 2 표현과 기수 16 표현 사이의 변환

기수 16 표현에서 자릿수는 0, 1, ⋯, 15이다. 최대 자릿수 15는 $15=(1111)_2$이다. 기수 16 표현에서 한 자릿수를 표현하는데 4비트가 필요하다. 따라서 기수 2 표현을 기수 16 표현으로 변환하려면 앞에서부터 4비트 블록으로 나누고 각 블록을 10진수로 나타내면 된다. 또 기수 16 표현을 기수 2 표현으로 변환하는 경우, 각 자릿수를 4비트의 기수 2 표현으로 타나내면 된다.

예제 5.3.9 $(101100101)_2$를 기수 16 표현으로 나타내라.

풀이 자릿수를 오른쪽 앞에서 3비트 블록을 만들면 다음과 같다. 4비트가 채워지지 않는 블록은 뒤를 0으로 채우면 된다.

0001	0110	0101
a	b	c

a, b, c에 대응하는 10진수를 구하면 다음과 같다.

$$a=(0001)_2=1,\quad b=(0110)_2=6,\quad c=(0101)_2=5.$$

따라서 $(101100101)_2=(165)_{16}$이다. ■

예제 5.3.10 $(2AC3)_{16}$을 기수 2 표현으로 나타내라.

풀이 자릿수를 기수 2 표현으로 나타내고 4비트를 채우면 다음과 같다.

$$2=(0010)_2,\ A=10=(1010)_2,\ C=12=(1100)_2,\ 3=(0011)_2.$$

2에서 앞 두 자릿수 00을 제거하여 주어진 자릿수를 차례로 배열하여 다음을 얻는다.

$$(2AC3)_{16}=(10101011000011)_2.$$ ■

기수 표현의 사칙연산

기수 b 표현으로 나타낸 수들의 연산은 주어진 수들을 10진수로 전환하여 연산한

다음에 다시 기수 b 표현으로 나타내면 된다. 그런데 기수 b 표현 그 자체로 연산을 하는 것이 더 효율적이다. 이 방법을 10진수 연산의 원리에서 찾아보자. 10진수 표현에서 상위 자릿수 1은 하위 자릿수 1의 10묶음이 되고, 또 하위 자릿수 1의 10묶음은 상위 자릿수 1이 된다. 10진수에서 1의 10묶음이 이동하여 사칙연산을 하듯이 기수 b 전개에서도 1의 b묶음이 이동하여 연산을 하면 된다.

예제 5.3.11 다음 기수 2 표현에 대하여 연산하라.

(1) $(1101)_2+(111)_2$　　　　(2) $(10100)_2-(1011)_2$

풀이 병립해서 풀이하면 편리하다.

```
  1 1 1 1                      1
    1 1 0 1              2   2 2
+     1 1 1            1̸ 0 1̸ 0 0
-----------          -  1 0 1 1
  1 0 1 0 0          -----------
                        1 0 0 1
```

$(1101)_2+(111)_2=(10100)_2$.　　$(10100)_2-(1011)_2=(1001)_2$. ■

예제 5.3.12 다음 기수 2 표현에 대하여 연산하라.

(1) $(1011)_2\times(11)_2$　　　　(2) $(11010)_2\div(11)_2$

풀이 나눗셈의 경우는 몫과 나머지를 구하면 된다.

```
                              1 1 1
    1 0 1 1            1 1 │1 0 1 1 0
×       1 1                  1 1
-----------                 ---------
    1 0 1 1                  1 0 1
  1 0 1 1                      1 1
-----------                 ---------
1 0 0 0 0 1                    1 0 0
                                 1 1
                            ---------
                                   1
```

$(1011)_2\times(11)_2=(100001)_2$. $(11010)_2\div(11)_2$은 몫은 $(111)_2$, 나머지 $(1)_2$. ■

예제 5.3.13 다음 기수 8 표현에 대하여 연산하라.

(1) $(243)_8+(67)_8$　　　　(2) $(753)_8-(564)_8$

풀이 8묶음 하나로 이동하면서 연산을 하면 된다.

$$\begin{array}{rrrr} & {\scriptstyle 1} & {\scriptstyle 1} & \\ & 2 & 4 & 3 \\ + & & 6 & 7 \\ \hline & 3 & 3 & 2 \end{array} \qquad \begin{array}{rrrr} & & {\scriptstyle 8} & \\ & {\scriptstyle 6} & {\scriptstyle 4} & {\scriptstyle 8} \\ & \not{7} & \not{5} & 3 \\ - & 5 & 6 & 4 \\ \hline & 1 & 6 & 7 \end{array}$$

$(243)_8+(67)_8=(332)_8$. $(753)_8-(564)_8=(167)_8$. ■

예제 5.3.14 다음 기수 8 표현에 대하여 연산하라.

(1) $(36)_8\times(24)_8$ (2) $(453)_8\div(26)_8$

풀이

$$\begin{array}{rrrrr} & & & 3 & 6 \\ \times & & & 2 & 4 \\ \hline & & 1 & 7 & 0 \\ + & & 7 & 4 & \\ \hline & 1 & 1 & 3 & 0 \end{array} \qquad \begin{array}{r|l} & \;\;\;1\;5 \\ \hline 2\;6 & 4\;5\;3 \\ & 2\;6 \\ \hline & 1\;7\;3 \\ & 1\;5\;6 \\ \hline & \;\;\;1\;5 \end{array}$$

$(36)_8\times(24)_8=(1130)_8$. $(453)_8\div(26)_8$의 몫 $(15)_8$, 나머지 $(15)_8$. ■

예제 5.3.15 다음 기수 16 표현에 대하여 연산하라.

(1) $(987)_{16}+(A6)_{16}$ (2) $(B2B)_{16}-(EF)_{16}$

풀이

$$\begin{array}{rrrr} & 9 & 8 & 7 \\ + & & A & 6 \\ \hline & A & 2 & D \end{array} \qquad \begin{array}{rrrr} & & {\scriptstyle 16} & \\ & {\scriptstyle A} & {\scriptstyle 1} & {\scriptstyle 16} \\ & \not{B} & \not{2} & B \\ - & & E & F \\ \hline & A & 3 & C \end{array}$$

$(987)_{16}+(A6)_{16}=(A2D)_{16}$. $(B2B)_{16}-(EF)_{16}=(A3C)_{16}$. ■

예제 5.3.16 다음 기수 16 표현에 대하여 연산하라.

(1) $(D38)_{16}\times(56)_{16}$ (2) $(ED4)_{16}\div(2B)_{16}$

풀이

$$\begin{array}{rrrrrr} & & & D & 3 & 8 \\ \times & & & & 5 & 6 \\ \hline & & 4 & F & 5 & 0 \\ & 4 & 2 & 1 & 8 & \\ \hline & 4 & 7 & 0 & D & 0 \end{array} \qquad \begin{array}{r|l} & \;\;\;5\;8 \\ \hline 2\;B & E\;D\;4 \\ & D\;7\;8 \\ \hline & 1\;6\;4 \\ & 1\;5\;8 \\ \hline & \;\;\;\;\;\;C \end{array}$$

$(D38)_{16} \times (56)_{16} = (470D0)_{16}$. $(ED4)_{16} \div (2B)_{16}$의 몫 $(58)_{16}$, 나머지 $(C)_{16}$. ■

실수의 소수 표현

양의 실수는 기수 b 전개에 의한 소수 표현을 가지고 또 이 표현은 유일하다. 이 사실은 실수의 완비성 공리(axiom of completeness)를 이용하여 증명되는 데 학습범위 넘어선다,

양의 실수 x의 기수 b전개의 소수 표현은

$$x = a_k \cdot b^k + a_{k-1} \cdot b^{k-1} + \cdots + a_1 b^1 + a_0 \cdot b^0 + a_{-1} \cdot b^{-1} + \cdots + a_{-l} \cdot b^{-l} + \cdots$$

이고, 여기서 모든 자릿수 a_i는 $0 \le a_i < b, a_k \ne 0$인 정수이다. 이때,

$$x = (a_k a_{k-1} \cdots a_1 a_0 . a_{-1} a_{-2} \cdots a_{-l} \cdots)_b$$

로 표시한다.

유한 소수의 경우는 소수점 이후에 유한 자릿수까지 수가 표시되지만, 무한 소수의 경우는 소수점 이후에 자릿수가 부한히 계속된다. 정수에서와 마찬가지로 기수 b가 10일 때는 10진수이고 첨자 10은 생략한다.

예제 5.3.17 $(101.011)_2$를 기수 2 전개하고 10진수를 구하라.

풀이 기수 2 전개하면

$$(101.011)_2 = 1 \cdot 2^2 + 0 \cdot 2^1 + 1 \cdot 2^0 + 0 \cdot 2^{-1} + 1 \cdot 2^{-2} + 1 \cdot 2^{-3}$$

이고, 우변의 전개식을 계산하면 5.375이다. 따라서 $(101.011)_2 = 5.375$이다. ■

$5 = (101)_2$임을 안다. 이제 $0.375 = (.011)_2$가 되는 과정은 다음과 같다. 0.375에 2를 곱한 결과에서 정수부분을 a_{-1}이라 하자. 이제 a_{-1}을 떼고 난 소수에 2를 곱해서 나온 결과에서 정수부분을 a_{-2}라 하자. 이 같은 과정을 소수부분이 모두 없어질 때까지 한다.

즉,

$$0.375 \times 2 = 0.75 \qquad a_{-1} = 0$$
$$0.75 \times 2 = 1.5 \qquad a_{-2} = 1$$
$$0.5 \times 2 = 1 \qquad a_{-3} = 1$$

로부터 $0.375 = (.011)_2$가 되어 $5.375 = (101.011)_2$이다.

모든 기수 b에 대하여 같은 방법을 적용하면 10진수 소수를 기수 b 전개에 의한 소수로 표현할 수 있다.

예제 5.3.18 5.3를 기수 2 표현으로 나타내라.

풀이 $5 = (101)_2$임을 안다. 이제 소수부분을 구하기 위해서 소수부분에 2를 곱하는 작용을 계속 진행한다.

$$0.3 \times 2 = 0.6;\ 0.6 \times 2 = 1.2;\ 0.2 \times 2 = 0.4;\ 0.4 \times 2 = 0.8;\ 0.8 \times 2 = 1.6$$
$$0.6 \times 2 = 1.2\ \cdots$$

로부터 같은 모양이 반복되어 $0.3 = (.0100110011\cdots)_2$인 무한 소수이고

$$5.3 = (101.010011001\cdots)_2$$

이다. ■

예제 5.3.19 12.125을 기수 8 표현으로 나타내라.

풀이 $12 = (14)_8$임을 안다. 이제 $0.125 \times 8 = 1.000$로부터 $0.125 = (.1)_8$이다. 따라서

$$12.125 = (14.1)_8$$

이다. ■

연습문제 5.3

01 다음 주어진 기수 표현을 십진수로 나타내라.

(1) $(1011011)_2$　　(2) $(245)_8$

(3) $(2A0E)_{16}$

02 다음에 알맞은 수를 구하라.

(1) $37 = (\quad)_2$　　(2) $1245 = (\qquad)_8$

(3) $100632 = (\qquad)_{16}$

03 다음에 알맞은 수를 구하라.

(1) $(111011)_2 = (\qquad)_8$　　(2) $(111101110)_2 = (\qquad)_{16}$

(3) $(735)_8 = (\qquad)_2$　　(4) $(AB08)_{16} = (\qquad)_2$

04 다음 연산의 해를 주어진 기수로 나타내라.

(1) $(101111)_2 - (11010)_2$　　(2) $(111010)_2 \times (101)_2$

05 다음 연산의 해를 주어진 기수로 나타내라.

(1) $(3572)_8 + (564)_8$　　(2) $(40416)_8 \div (35)_8$

06 다음 연산의 해를 주어진 기수로 나타내라.

(1) $(E01A)_{16} - (DC48)_{16}$　　(2) $(C1A)_{16} \div (B3)_{16}$

07 다음에 알맞은 수를 구하라.

(1) $(11011.0101)_2 = (\qquad)_{10}$　　(2) $254.25 = (\qquad)_2$

CHAPTER

06

셈의 원리

6.1 경우의 수

어떤 임무나 사건이 발생하는 가능한 방법의 수를 세는 것은 중요하다. 또 그것을 일일이 세지 않고 대수적인 법칙으로 알 수 있다면 매우 편리하다. 본 장에서는 이러한 수를 세는 것에 관한 기본적인 법칙을 소개한다.

합의 법칙

동시에 시행되지 않는 두 가지 임무가 있다. 임무가 시행되는 방법의 수가 각각 n_1과 n_2이라 하자. 그러면 두 임무 중 하나가 시행되는 방법의 수는 $n_1 + n_2$이다.

예제 6.1.1 수학과 학생은 40명이고 화학과 학생은 45명이다. 이때 한 명의 대표를 선발하는 방법의 수는 모두 몇 가지인가?

풀이 각 학과에서 대표가 선출되는 방법의 수가 각각 40, 45이므로 대표 1인이 뽑히는 방법의 수는 $40 + 45 = 85$이다. ■

합의 법칙은 2개 이상의 작업으로 확장될 수 있다. 어떤 두 가지 일도 동시에 발생하지 않는 작업 E_1, E_2, $\cdots$, E_k이 시행되는 방법의 수가 각각 n_1, n_2, $\cdots$, n_k이면 이 일들 중의 하나가 발생하는 방법의 수는 $n_1 + n_2 + \cdots + n_k$이다.

예제 6.1.2 책꽂이에 각기 다른 생물책 3권, 화학책 5권, 소설책 7권이 꽂혀있다. 이 중에서 1권을 빼는 방법의 수는 모두 몇 가지인가?

풀이 각 책을 빼는 방법의 수가 각각 3, 5, 7이므로 1권을 빼는 방법의 수는 모두 $3 + 5 + 7 = 15$이다. ■

곱의 법칙

두 개의 임무로 나누어지는 한 절차가 있다고 하자. 첫 번째 임무를 행하는 방법의 수는 n_1이고, 두 번째 임무를 하는 방법의 수는 n_2일 때, 이 절차를 행하는 방법의 수는 $n_1 \cdot n_2$이다.

예제 6.1.3 두 자리 정수를 만들려고 한다. 만들어지는 두 자리 정수의 개수를 구하라.

풀이 10의 자리 올 수 있는 수는 0을 제외한 1부터 9까지 9가지, 1의 자리에 올 수 있는 수는 0부터 9까지 10가지이다. 따라서 만들 수 있는 두 자리 정수의 개수는 $9 \cdot 10 = 90$가지이다. ■

곱의 법칙은 3가지 이상의 임무로 이루어진 절차에도 확장될 수 있다. 수행해야 할 임무가 T_1, T_2, $\cdots$, T_n인 절차가 있다고 하자. 임무 T_1, T_2, $\cdots$, T_{k-1}을 수행한 다음에 임무 T_k를 수행하는 방법의 수는 n_k이라 하면, 이 절차를 수행하는 방법의 수는 각 방법의 수를 차례로 곱한 $n_1 \cdot n_2 \cdot \cdots \cdot n_k$이다.

예제 6.1.4 위원 20명으로 구성되는 모임이 있다. 임원진으로 회장 1명, 총무 1명, 회계 1명을 선출하려고 한다. 임원진을 구성하는 방법의 수를 구하라.

풀이 회장을 뽑는 방법의 수는 20, 총무를 뽑는 방법의 수는 20−1=19, 회계를 뽑는 방법의 수는 20−1−1=18이다. 따라서 임원진을 구성하는 방법의 수는 다음과 같다.

$$20 \cdot 19 \cdot 18 = 6840.$$ ■

예제 6.1.5 m개의 원소를 가지는 집합에서 n개의 원소를 가지는 집합으로의 서로 다른 함수의 개수를 구하라.

풀이 정의역에 있는 각 원소가 공역에 있는 원소를 선택하는 방법의 수는 n이다. 정의역에는 원소가 m개 있으므로 구하는 함수의 개수는 $n \cdot n \cdot \cdots \cdot n = n^m$이다. ■

집합 $\{a, b, c\}$의 부분집합을 구할 때, 원소를 차례로 배열하고 각 원소에 0 또는 1을 배정하는 방식으로 구할 수 있다. 즉 예를 들어

a	b	c
0	1	1

은 부분집합 $\{b, c\}$을 나타내고,

a	b	c
0	1	0

은 부분집합 $\{b\}$를 나타낸다. 이를 일반화하면 유한집합에서 부분집합의 개수를 구할 수 있다.

예제 6.1.6 원소의 개수가 n인 유한집합 S의 부분집합의 개수를 구하라.

풀이 $S=\{x_1,\ x_2,\ \cdots,\ x_n\}$이라 하고 원소를 다음과 같이 차례로 나열해보자.

x_1	x_2	$\cdots$	x_i	$\cdots$	x_n

각 원소 x_i가 0 또는 1을 취함에 따라 어떤 부분집합에 속하거나 속하지 않게 된다. 따라서 각 원소가 택하는 방법은 2가지이다. n개의 원소가 있으므로 이 절차를 행하는 모든 방법의 수는 $2\times 2\times \cdots \times 2=2^n$이다. 따라서 S의 부분집합의 개수는 2^n이다. ■

합의 법칙 또는 곱의 법칙만을 이용해서 풀이하지 못하는 문제들이 많이 있다. 이런 경우에는 합의 법칙과 곱의 법칙 모두를 이용해서 풀이하면 된다.

예제 6.1.7 문자 $a,\ b,\ c,\ d,\ e,\ f$ 중에서 3개를 선택해서 문자열을 만들려고 한다. a가 반드시 포함되고 중복을 허락하지 않는다. 이때 만들어지는 문자열의 개수를 구하라.

풀이 주어진 문자 배열은 다음 3가지 방법으로 이루어지는 절차이다.

a		
	a	
		a

어느 경우든 첫 빈칸에는 a를 제외한 것 중에서 채우므로 5가지 방법이 있고, 두 번째 칸은 나머지 수에서 채우므로 4가지 방법이 있다. 즉, 각 경우는 곱의 법칙에 따라 $5 \times 4 = 20$가지 배열이 있다.
따라서 조건을 만족하는 총 문자열의 개수는 합의 법칙에 따라 $20 + 20 + 20 = 60$이다. ■

예제 6.1.8 1부터 1000까지의 수에서 6을 꼭 한 번만 포함하는 수의 개수를 구하라.

풀이 구하는 수를 6이 놓이는 위치로 분류하면 합의 법칙으로 다음과 같이 3가지이다.

1의 자리 위치	×	×	6
10의 자리 위치	×	6	×
100의 자리 위치	6	×	×

1의 자리에만 6이 위치하는 3자리 이하의 수는 나머지 자리에는 각각 9개의 수가 놓일 수 있다. 예를 들어, 006은 6을 나타내고, 026은 26을 나타낸다. 1의 자리에 6이 위치하는 경우의 수는 곱의 법칙에 따라 $9 \times 9 = 81$이다. 10의 자리와 100의 자리에 6이 한 번만 나타나는 경우도 마찬가지로 각각 $9 \times 9 = 81$이다. 결국 구하는 경우의 수는 $3 \times 9^2 = 243$. ■

합의 법칙과 곱의 법칙을 이용하여 문제를 풀이하다 보면, 합의 법칙에 중복으로 계산되는 경우가 발생한다. 이런 때에는 합의 법칙에 따른 합에서 중복된 것을 감하면 된다.

예제 6.1.9 0 또는 1을 사용하여 옆으로 8개를 나란히 배열하려고 한다. 1로 시작하거나 00으로 끝나는 배열의 수를 구하라.

풀이 1로 시작하는 배열은 다음과 같은 형태이다.

1							

각 빈칸은 0 또는 1 두 가지로 채울 수 있다. 곱의 법칙에 의하면 이 임무를 수행하는 방법의 수는 $2 \times 2 \cdots \times 2 = 2^7$.

00으로 끝나는 배열은 다음과 같다.

						0	0

각 빈칸은 0 또는 1 두 가지로 채울 수 있다. 곱의 법칙에 의하면 이 임무를 수행하는 방법의 수는 $2 \times 2 \cdots \times 2 = 2^6$.

그런데 다음과 같은 배열은 두 경우에 모두 포함된다.

1						0	0

이와 같은 배열의 수는 $2 \times 2 \cdots \times 2 = 2^5$이다. 이 수는 두 방법의 수에서 빼주어야 한다. 따라서 주어진 문제의 답은 $2^7 + 2^6 - 2^5 = 160$이다. ■

예제 6.1.10 사과 5개, 배 4개, 오렌지 3개가 있다. 일부 또는 전부를 한 개의 접시에 담으려고 한다. 놓인 과일로 구분이 되는 접시의 개수를 구하라. 단, 같은 종류의 과일은 구분이 되지 않는다.

풀이 한 접시에 놓이는 과일의 종류가 다음과 같다고 하자. 여기서 과일이 놓이는 순서는 어떠하든 관계없다.

사과	배	오렌지

그러면 사과는 0개에서 5개까지 놓일 수 있으므로 사과를 놓은 방법은 6가지다. 같은 이유로 배를 놓은 방법은 5가지, 오렌지를 놓은 방법은 4가지다. 그러면 곱의 법칙으로부터 접시에 담는 방법은 $6 \times 5 \times 4 = 120$이다. 그런데 이 방법에는 과일이 어떤 종류도 담기지 않은

사과	배	오렌지
0	0	0

이 포함된다. 이 경우는 빼주어야 한다. 따라서 구하는 답은 $120 - 1 = 119$이다. ■

연습문제 6.1

01 수학 전공자 25명과 80명의 컴퓨터 전공자가 있다. 다음에 답하라.

(1) 1명의 대표를 두 전공자 중에서 뽑는 방법의 수를 구하라.

(2) 2명의 대표자를 수학 전공자에서 1명, 컴퓨터 전공자에서 1명 뽑는 방법의 수를 구하라.

02 4지 선다형 10개의 문항으로 구성된 시험문제가 있다. 다음에 답하라.

(1) 각 문항에 반드시 답을 해야 할 때, 한 학생이 답안지를 작성하는 방법의 수를 구하라.

(2) 각 문항에 반드시 답을 해야 할 필요가 없을 때, 한 학생이 답안지를 작성하는 방법의 수를 구하라.

03 A지점에서 B지점으로 가는 서로 다른 자동차 길이 4가지 길이 있고, B지점에서 C지점으로는 서로 다른 자동차 길이 3가지가 있다. A지점에서 C지점으로 자동차 길을 택하는 방법의 수를 구하라.

04 a, b, c, d 네 개의 문자열에서 a와 b가 인접하지 않는 문자열의 개수를 구하라. 단, 중복문자는 없다.

05 아래와 같이 네자릿수를 만드는 방법의 수를 말하라.

(1) 같은 숫자는 중복으로 사용하지 않는 경우.

(2) 7이 세 번 나타나는 경우.

06 n개의 원소를 가지는 집합에서 m개의 원소를 가지는 집합으로 함수를 생각할 때, 일대일 함수의 개수를 말하라. 단 $n < m$이다.

07 100 이하의 양의 정수 중에서 4 또는 6으로 나누어지는 수의 개수를 구하라.

08 9명의 회원이 있는 위원회에서 7명을 택해서 일렬로 세우려고 한다. 회장과 부회장이 반드시 포함되는 경우의 수를 구하라.

09 10개의 원소를 가지는 집합에서 적어도 하나의 원소를 가지는 부분집합의 개수를 구하라.

10 0 또는 1을 옆으로 나란히 10개를 나열한다. 2개의 0으로 시작하거나 3개의 1로 끝나는 나열의 개수를 구하라.

6.2 순열과 조합

7명으로 구성된 탁구팀이 있다. 코치는 5명의 선수를 선발해서 경기에 출전해야 한다. 경기에서는 3개의 단식 경기를 위해서 3명의 출전자를 순서를 정하여 제출해야 한다. 이때 최종적으로 3명의 출전선수 명단을 만드는 방법의 수는 몇 가지일까?

먼저 7명의 선수에서 순서와 관계없이 5명의 선수를 선발하는 방법의 수를 구해야 한다. 그다음에 선발된 5명의 선수 중에서 순서를 생각하여 3명을 배열하는 방법의 수를 구해야 한다. 그러면 곱의 법칙을 따라 이 두 방법의 수를 곱하면 된다.

본 장에서는 서로 다른 대상에 대하여 순서를 고려하지 않는 선발방법의 수와 순서를 고려한 배열의 방법의 수를 찾는 원리에 대하여 알아본다.

정의 6.2.1

서로 다른 r개의 대상들을 순서를 생각하여 배열하는 것을 $r-$순열이라 한다. 또 n개의 원소를 가지는 집합에서 $r-$순열의 개수를 ${}_nP_r$ 또는 $P(n,r)$로 나타낸다. 이때, $P(n,0)=1$, $r>n$인 경우에는 $P(n,r)=0$이다.

예제 6.2.1 집합 $S=\{A, B, C\}$에서 $P(3, 1)$, $P(3, 2)$, $P(3, 3)$을 구하라.

풀이 $1-$순열은

$$A, B, C$$

이므로 $P(3, 1)=3$이다. $2-$순열은

$$AB, BA, AC, CA, BC, CB$$

이므로 $P(3, 2)=6$이고, $3-$순열은

$$ABC, ACB, BAC, BCA, CAB, CBA$$

이므로 $P(3, 3)=6$이다. ■

$P(n, r)$을 계산하는 것에 대하여는 다음이 성립한다. 증명은 곱의 법칙을 이용한다.

정리 6.2.1

$$P(n, r) = n(n-1)\cdots(n-r+1) = \frac{n!}{(n-r)!}$$

증명 r개를 나열했을 때 i번째 위치하는 대상을 p_i라 하자. 그러면 p_1의 대상은 n가지가 있다. p_2의 대상은 p_1에 선택된 1개를 제외한 $n-1$가지가 있다. 같은 이유로 p_i은 $n-(i-1)$가지가 있다. 그러므로 곱의 법칙에 따라 r-순열의 수 $P(n, r)$은

$$P(n, r) = n(n-1)\cdots(n-r+1) = \frac{n!}{(n-r)!}$$

이다.

주목 $0! = 1$, $P(n, n) = n!$

예제 6.2.2 숫자 1, 2, 3, 4를 한 번씩만 사용해서 만들어지는 3자리 수의 개수를 구하라.

풀이 이 문제는 4개의 원소가 있는 집합에서 3-순열의 개수 $P(4, 3)$을 구하는 문제이다. $P(4, 3) = 4 \times 3 \times 2 = 24$이다. ■

예제 6.2.3 다섯 사람을 일렬로 세우는 방법의 수를 구하라.

풀이 5-순열의 개수 $P(5, 5)$를 구하는 문제이므로 방법의 수는

$$P(5, 5) = 5! = 5 \times 4 \times 3 \times 2 \times 1 = 120$$

이다. ■

예제 6.2.4 숫자 1, 2, 3, 4, 5를 한 번씩 사용하여 3자리 수를 만들 때, 2와 3이 이웃하지 않도록 하는 방법의 수를 구하라.

풀이 전체 배열의 수 $P(5, 3)$에서 2, 3이 인접하는 배열의 수를 빼면 된다. 2와 3 이 이웃하는 경우는 2와 3을 한 묶음으로 놓고, 나머지 수 1, 4, 5에서 한 개를 택해서 2, 3묶음과 같이 배열하면 된다. 그러면 2, 3묶음을 오른쪽에 배열하는 방법은 세 가지, 즉

$$1(23),\ 4(23),\ 5(23)$$

이다. 이때 각 경우에 나열하는 방법은 2가지인데 묶음을 왼쪽에 두는 경우를 생각하면 모두 2×2이다. 3가지 경우를 모두 합하면 2, 3이 인접하는 배열의 방법의 수는 $3\times 2\times 2=12$이다. $P(5,\ 3)=60$이므로 구하는 배열의 수는 $60-12=48$이다. ■

반복을 허용하는 순열

한 워드가 4비트로 이루어진 2진 컴퓨터에서 서로 다른 워드는 모두 몇 종류나 되는지를 생각해보자. 예를 들어, 4비트로 이루어진 한 워드를 만들어 본다면 다음과 같다.

0	1	0	1

각 비트에 들어가는 숫자는 0 또는 1 두 가지이고, 4개의 비트가 있으므로 곱의 법칙으로 $2\times 2\times 2\times 2=2^4$개의 워드가 만들어진다.

일반적으로 n개의 서로 다른 대상에서 같은 것의 반복을 허용하는 $r-$순열은 다음과 같이 주어진다.

정리 6.2.2

n개의 서로 다른 대상에서 같은 것의 반복을 허용하는 r-순열은 n^r이다.

증명 $r-$순열의 각각의 배열에는 r개의 위치가 있고, 각 위치에 대상이 들어가는 방법은 n가지이다. 따라서 모든 배열의 방법의 수는 곱의 법칙으로 $n\times n\times\cdots\times n=n^r$이다.

예제 6.2.5 반복이 허용될 때, 4개의 숫자 3, 5, 7, 8을 이용하여 만들어질 수 있는 3자리 수의 개수를 구하라.

풀이 4개의 다른 대상에서 반복을 허용하는 $3-$순열이므로 가능한 3자리 수의 개수는 $4^3=64$이다. ■

구분할 수 없는 대상들이 포함된 경우의 배열

같은 숫자가 있는 1, 1, 1, 2, 3의 5−순열을 생각해보자. 3개의 1은 구분이 되지 않기 때문에 a_1, a_2, a_3로 구분하자. 그러면 a_1, a_2, a_3, 2, 3의 5−순열의 수는 $P(5, 5) = 120$이다.

이제 120개의 배열 중의 하나 $2a_1 3a_2 a_3$를 택하고 2와 3의 위치는 고정하고 다른 원소들의 배열을 생각하면

$$2a_1 3a_2 a_3,\ \ 2a_1 3a_3 a_2,\ \ 2a_2 3a_1 a_3,\ \ 2a_2 3a_3 a_1,\ \ 2a_3 3a_1 a_2,\ \ 2a_3 3a_2 a_1$$

에서 3!개의 서로 다른 배열이 있지만 결국 같은 하나의 배열이다. 이제 1, 1, 1, 2, 3의 5−순열의 수를 x라 하면 이 순열 각각은 위와 같은 3!의 구분되는 배열을 가지므로 $x \cdot 3! = P(5, 5)$가 되어 구하는 배열의 수는

$$x = \frac{P(5,5)}{3!} = \frac{5!}{3!} = 20$$

이 된다. 이를 일반화하면 다음과 같은 결과를 얻는다.

정리 6.2.3

서로 같은 대상들의 수가 각각 n_1, n_2, $\cdots$, n_r 이고 $n_1 + n_2 + \cdots + n_r = n$일 때, 이 대상들의 n−순열의 수는

$$\frac{n!}{n_1! \cdot n_2! \cdot \cdots \cdot n_r!}$$

이다.

예제 6.2.6 숫자 1, 1, 1, 2, 2, 3을 모두 한 줄로 배열하는 방법의 수를 구하라.

풀이 숫자 1, 2, 3의 개수를 각각 n_1, n_2, n_3라 하면 $n_1 = 3$, $n_2 = 2$, $n_3 = 1$ 이므로 구하는 배열의 수는

$$\frac{6!}{3!2!1!} = 60$$

이다. ■

예제 6.2.7 COFFEE를 사용하는 6-순열의 수를 구하라.

풀이 C, O, F, E의 개수는 각각 1, 1, 2, 2이다. 6-순열의 수는

$$\frac{6!}{2!2!1!1!} = 180$$

이다. ■

예제 6.2.8 같은 모양의 빨간 깃발 4개, 노랑 깃발 3개, 흰 깃발 2개 모두를 배열하여 신호를 보내려고 한다. 이때 만들어지는 신호의 수를 구하라.

풀이 같은 모양의 깃발의 수가 각각 4, 3, 2이므로 구하는 신호의 수는

$$\frac{9!}{4!3!2!} = 1260$$

이다. ■

정의 6.2.2

서로 다른 n개의 대상으로부터 순서를 고려하지 않고 r개를 선택하는 것을 r-조합이라 하고, r조합의 수를 $C(n, r)$ 또는 ${}_nC_r$로 나타낸다. 이때, $C(n, 0) = 1$, $r > n$이면 $C(n, r) = 0$이다.

참고 $C(n, r)$은 n개의 원소를 가지는 집합에서 r개의 원소로 구성된 부분집합의 개수와 같다.

예를 들면, $S = \{1, 2, 3, 4\}$일 때, S의 조합을 살펴보면

4-조합은 $\{1, 2, 3, 4\}$

3-조합은 $\{1, 2, 3\}$, $\{1, 3, 4\}$, $\{2, 3, 4\}$, $\{1, 2, 4\}$

2-조합은 $\{1, 2\}$, $\{1, 3\}$, $\{1, 4\}$, $\{2, 3\}$, $\{2, 4\}$, $\{3, 4\}$

1-조합은 $\{1\}$, $\{2\}$, $\{3\}$, $\{4\}$

이다.

한 집합에서 $r-$순열의 수를 구하는 공식을 이용하여 n개의 원소를 가지는 집합의 $r-$조합의 수를 결정할 수 있다.

정리 6.2.4

양의 정수 n, 음이 아닌 정수 $r(\leq n)$에 대하여

$$C(n, r) = \frac{n!}{r!(n-r)!}$$

이다.

증명 $r-$조합의 수 $C(n,r)$에 속하는 임의의 $r-$조합에 대한 $r-$순열의 수는 $P(r,r)$이다. 따라서 이 집합에서 $r-$순열의 수 $P(n,r)$은 $C(n,r)$에 $P(r,r)$을 곱한 것과 같다. 즉

$$P(n, r) = C(n, r) \cdot P(r, r)$$

이다. 따라서

$$C(n, r) = \frac{P(n, r)}{P(r, r)} = \frac{n!/(n-r)!}{r!/(r-r)!} = \frac{n!}{r!(n-r)!}$$

이다.

참고 $C(n, r) = C(n, n-r)$

예제 6.2.9 한 단체는 회원 6명으로 구성되어 있다. 이 단체에서 4명을 대표로 선택하는 방법의 수를 모두 구하라.

풀이 $4-$조합의 수 $C(6, 4)$를 구하는 것과 같으므로

$$C(6, 4) = \frac{6!}{4!(6-4)!} = 15$$

이다. ■

예제 6.2.10 두 그룹 A, B 가 있다. A그룹에는 10명, B그룹에는 12명의 회원이 있다. A에서 3명, B에서 4명으로 이루어지는 대의원을 구성하는 방법의 수는?

풀이 A그룹에서 대표를 선출하는 방법의 수는 $C(10, 3)$이고, B에서 대표를 선출하는 방법의 수는 $C(12, 4)$이다. 곱의 법칙에 따라 대의원을 구성하는 방법의 수는

$$C(10, 3) \cdot C(12, 4) = \frac{10!}{3!7!} \cdot \frac{12!}{4!8!} = 59400$$

이다. ■

정리 6.2.5 이항정리

n은 양의 정수이고, x와 y는 변수일 때, 다음이 성립한다.

$$(x+y)^n = \sum_{k=0}^{n} C(n, k)x^{n-k}y^k$$
$$= C(n, 0)x^n + C(n, 1)xy^{n-1} + \cdots + C(n, n-1)xy^{n-1} + C(n, n)y^n$$

증명 $(x+y)^n$은 $x+y$를 n번 곱한 $(x+y)(x+y)\cdots(x+y)(x+y)$이다. 여기서 $x^{n-k}y^k$항의 수는 곱의 전개로부터 n개의 x에서 $n-k$개를 선택하는 방법의 수와 같다. 또는 n개의 y에서 k개를 택하는 방법의 수와 같다. 따라서 $x^{n-k}y^k$항의 개수는 $C(n, n-k) = C(n, k)$이다.

참고 $C(n, k)$은 이항전개 $(x+y)^n$에서 $x^{n-k}y^k$의 계수를 나타낸다. 이로부터 $C(n, r)$은 **이항계수**라고 불리고 $\binom{n}{r}$로 나타내기도 한다.

예제 6.2.11 $(3x-2y)^7$에서 x^2y^5의 계수를 구하라.

풀이 일반항 $C(7, k)(3x)^{7-k}(-2y)^k$에서 $k=5$일 때

$$C(7, 2)(3x)^2(-2y)^5 = C(7, 2)3^2(-2)^5x^2y^5$$

이다. 따라서 x^2y^5의 계수는 $C(7, 2)3^2(-2)^5 = -6048$이다. ■

이항계수는 이웃하는 이항계수에 대하여 다음 관계가 성립한다. 활용이 많은 정리이고 증명은 간결하므로 증명도 해보기로 한다.

정리 6.2.6 파스칼의 정리

음이 아닌 정수 $k \le n$에 대하여 다음이 성립한다.

$$C(n+1,\, k) = C(n,\, k) + C(n,\, k-1)$$

증명 두 가지 방법이 있다. 첫째는 좌변과 우변의 값을 계산하여 같은 것을 보이는 것이다. 계산은 생략한다. 다른 방법은 조합적인 사고방식이다. 즉 $n+1$의 대상에서 k개를 선택하는 방법의 수는 특정한 1개를 포함하지 않고 k개를 선택하거나, 특정한 1개를 포함하여 k개를 선택하는 것이다. 전자의 조합의 수는 $C(n,\, k)$이고 후자의 조합의 수는 $C(n,\, k-1)$이다. 그러면 합의 법칙에 의하면

$$C(n+1,\, k) = C(n,\, k) + C(n,\, k-1)$$

이 성립한다.

중복을 허락하는 조합

숫자 2, 3, 4, 5에서 중복을 허락하여 2개를 뽑는 조합의 수를 생각해보자. 다음과 같은 숫자가 담긴 상자를 생각하자.

2	3	4	5

만약 2를 두 번 선택하였다면 숫자의 통을 구분하는 세 개의 막대기를 사용하여

$$22|||$$

가 되고, 2를 한번, 3을 한번 선택했다면

$$2|3||$$

이 되고, 2를 한번 4를 한번 선택했다면

$$2||4|$$

이 되고, 3을 한번 5를 한 번 선택했다면

$$|3||5$$

가 된다. 이와 같은 방법을 계속한다면, 만들어지는 조합의 수는 숫자 사이의 칸막이의 수 $4-1=3$와 선택할 숫자의 수 2개로 만들어지는 총 5개의 공간에서

○○○○○

칸막이 3개의 위치

○ | | ○ |

를 택하는 것과 같으므로 구하는 총 조합의 수는

$$C(4-1+2,\ 4-1)=C(5,\ 3)=10$$

가 되는 것을 알 수 있다.

이를 일반화하면 다음 정리가 성립함을 알 수 있다.

정리 6.2.7 중복조합

n개의 서로 다른 대상에서 중복을 허락하여 r개를 선택하는 조합의 수를 ${}_nH_r$ 이라 하고

$${}_nH_r=C(n-1+r,\ n-1)=C(n+r-1,\ r)$$

이다.

예제 6.2.12 한 상점에서 4종류의 과자를 판매한다. 이 중에서 6개를 선택하는 방법의 수를 구하라.

풀이 4개 중에서 중복으로 6개를 택하는 방법이다. 따라서 구하는 해는 ${}_4H_6$ 이므로

$$C(4-1+6,\ 6)=C(9,\ 6)=C(9,\ 3)=84$$

이다. ■

예제 6.2.13 방정식 $x_1 + x_2 + x_3 = 7$을 만족하는 음이 아닌 정수인 해의 개수를 구하라.

풀이 미지수 x_1, x_2, x_3개를 중복하여 7개를 택하는 방법이다. 따라서 구하는 해는 3개에서 7개를 택하는 방법이므로 ${}_3H_7$이고 이를 계산하면

$$ {}_3H_7 = C(9,\ 7) = C(9,\ 2) = 36 $$

이므로 구하는 해의 개수는 36임을 알 수 있다. ■

연습문제 6.2

01 $S = \{1,\ 2,\ 3,\ 4,\ 5\}$에 대하여 다음에 답하라.

(1) 3-순열의 수를 구하라.

(2) 3-조합의 수를 구하라.

02 남학생 10명, 여학생 10명을 일렬로 세우는데 남학생과 여학생이 교대로 위치하도록 세우는 방법의 수를 구하라.

03 한 모임에는 20명의 회원이 있다. 다음에 답하라.

(1) 4명의 임원을 뽑는 방법의 수를 말하라.

(2) 회장, 부회장, 총무, 회계를 뽑는 방법의 수를 말하라.

04 여섯 개의 숫자 2, 3, 5, 6, 7, 9를 이용하여 자릿수가 모두 다른 3자리 수를 만든다. 다음에 답하라.

(1) 400보다 작은 수의 개수를 구하라.

(2) 홀수의 개수를 구하라.

05 문자 a, b, c를 각각 1개 이상은 사용하여 문자열을 만든다. 길이 5인 문자열의 수를 구하라.

06 7명이 원탁 테이블 의자에 자리하는 방법의 수를 구하라.

07 A에서 오른쪽 또는 위쪽으로 한 칸씩 움직여서 B로 옮겨가는 방법의 수를 구하라.

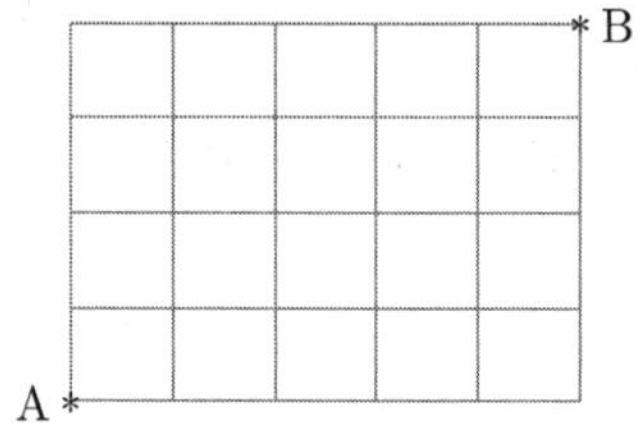

08 어느 세 점도 한 직선 위에 있지 않은 25개의 점이 평면 위에 있다. 이 점들로 만들어지는 직선과 삼각형이 수를 구하라.

09 $(2-x)^{10}$의 전개식에서 x^7의 계수를 구하라.

10 MISSISSIPPI를 배열할 때, S가 연속해서 나오지 않도록 배열하는 방법의 수를 구하라.

11 방정식 $x_1+x_2+x_3+x_4=10$의 해에 관하여 다음에 답하라.

(1) 음이 아닌 정수해의 개수를 구하라.

(2) 양의 정수해의 개수를 구하라.

12 10000원을 가지고 500원씩 하는 A, B, C 재료와 2000원하는 D 재료를 사는 방법의 수를 구하라.

6.3 점화관계

한 실험실에 있는 박테리아 수는 한 시간마다 그 수가 두 배가 된다고 가정하자. 이 실험실이 3개의 박테리아로 시작한다면 n시간 후에 나타나는 박테리아의 수는 얼마나 될까? 이 문제를 해결하기 위해서, a_n을 n시간이 지난 후에 박테리아의 수라고 하자. 매시간 박테리아의 수가 두 배가 되므로 $a_n = 2a_{n-1}$ 이 성립한다. 이 관계와 초기조건 $a_0 = 3$이 모든 자연수 n에 대하여 a_n을 유일하게 결정한다.

이런 종류의 문제는 앞 절에서 배운 기술로는 해결이 되지 않는다. 본 절에서는 이웃하는 항 사이의 관계를 이용하여 이런 종류의 문제를 해결하는 방법을 알아보도록 한다.

정의 6.3.1 점화관계

n_0를 음이 아닌 정수라 하자. 주어진 수열 $\{a_n\}$에 대한 **점화관계**는 모든 $n \geq n_0$에 대하여 a_n을 이 수열의 하나 또는 둘 이상의 이전 항들에 대한 관계식으로 나타낸 방정식이다. 또한 주어진 점화관계를 만족하는 수열이 있다면 그 수열은 **점화관계의 해**가 된다.

예제 6.3.1 수열 $\{a_n\}$이 $n = 2, 3, \cdots$에 대하여 점화관계 $a_n = a_{n-1} - a_{n-2}$를 만족한다고 하자. $a_0 = 2$, $a_1 = 4$일 때, a_2, a_3을 구하라.

풀이 주어진 점화관계로부터 $a_2 = a_1 - a_0 = 4 - 2 = 2$ 이고 $a_3 = a_2 - a_1 = 2 - 4 = -2$이다. ■

예제 6.3.2 다음과 같이 주어진 점화관계에 대하여 주어진 수열이 해가 되는지 판단하라.

$$a_n = 2a_{n-1} - a_{n-2}, \quad n = 2, 3, 4, \cdots$$

(1) $a_n = 3n$, $n = 0, 1, 2, \cdots$

(2) $a_n = 2^n$, $n = 0, 1, 2, \cdots$

풀이 (1) $n \geq 2$일 때, $2a_{n-1} - a_{n-2} = 2[3(n-1)] - 3(n-2) = 3n = a_n$이다. 따라서 주어진 수열은 점화관계의 해가 된다.

(2) $a_n = 2^n$을 점화관계의 식에 대입하여 좌변과 우변을 비교하면

$$좌변=2^n, \quad 우변= 3 \cdot 2^{n-2}$$

이 되어 좌변과 우변이 다르다. 따라서 $a_n = 2^n$은 점화관계의 해가 아니다. ■

재귀관계가 유효한 첫째 항 이전의 항들을 구체적으로 명시하는 것을 한 수열에 대한 **초기조건**이라 한다. 예를 들어, 예제 6.3.1에서 $a_0 = 2$, $a_1 = 4$는 초기조건이다. 재귀관계와 초기조건은 유일한 수열을 결정한다. 재귀관계와 초기조건으로 정의된 특별한 종류의 수열을 결정하는 방법들은 많이 있다. 본 장에서는 몇 가지 모델을 예제로 하여 그 방법을 알아본다.

다음은 복리이자로 저축했을 때 일정한 기간이 지난 후에 받을 총액이 재귀관계를 이용하여 구해지는 것을 보여주는 예이다.

예제 6.3.3 어떤 사람이 연초에 360만 원을 이자율 4%의 복리로 은행에 저축한다면 30년 후 계좌에 있는 금액을 구하라.

풀이 P_n을 n년 후 계좌에 있는 금액이라 하자. 그러면 수열 $\{P_n\}$은 다음 재귀관계가 성립한다.

$$P_n = P_{n-1} + (0.04)P_{n-1} = (1.04)P_{n-1}$$

이고 초기조건은 $P_0 = 360$(만원)이다. 이 재귀관계의 해 P_n을 찾기 위해서 항을 나열해 보면 다음의 결과를 얻는다.

$$P_1 = (1.04)P_0$$

$$P_2 = (1.04)P_1 = (1.04)^2 P_0$$

$$P_3 = (1.04)P_2 = (1.04)^3 P_0$$

$$\vdots$$

$$P_n = (1.04)P_{n-1} = (1.04)^n P_0$$

초기조건을 대입하면 $P_n = 360(1.04)^n$ 임을 알 수 있다. 모든 자연수 n에 대하여 이 공식이 성립하는 것을 보이기 위해서는 수학적 귀납법을 이용하면

된다. 주어진 문제의 해는 $n = 30$을 대입하여 다음 금액을 얻는다.

$$P_{30} = (1.04)^{30} \cdot 360 \fallingdotseq 1167(\text{만원}).$$ ■

예제 6.3.4 하나의 미립자가 수평 선상에서 움직이고 있을 때, 매 1초간에 움직인 거리는 그 바로 1초 전에 움직인 거리의 2배다. a_n을 n초 동안 움직인 거리의 위치라 할 때 다음에 답하라.

(1) a_n을 재귀관계로 나타내라.

(2) $a_0 = 3$, $a_3 = 10$일 때, a_1과 a_2를 구하라.

풀이 (1) n초 후 미립자가 움직인 위치 a_n은 이전의 위치 a_{n-1}에 이전에 움직인 거리의 2배인 $2(a_{n-1} - a_{n-2})$의 합으로 표시된다. 따라서 $a_n = a_{n-1} + 2(a_{n-1} - a_{n-2})$이고 이를 정리하면 $a_n = 3a_{n-1} - 2a_{n-2}$이다.

(2) 위에서 구한 점화관계에 $n = 2$, $n = 3$을 대입하면 다음 방정식을 얻는다.

$$\begin{cases} a_2 = 3a_1 - 2a_0 \\ a_3 = 3a_2 - 2a_1 \end{cases}$$

초기조건을 이용하여 해를 구하면 $a_1 = 4$, $a_2 = 6$이다. ■

예제 6.3.5 **하노이 탑 수수께끼**

중심에 구멍이 있는 지름이 다른 n개의 원판을 생각한다. 이 원판들은 그림과 같이 큰 원판이 밑으로 가게 하여 크기 순서로 1번 말뚝에 놓여있다.

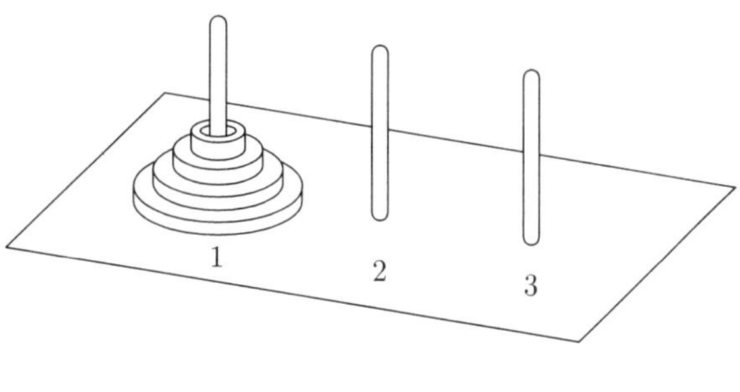

원판은 한 번에 하나씩 옮겨지고 큰 원판을 작은 원판 위에 놓지 못한다. 어떤 말뚝도 원판을 옮기는 데 사용될 수 있다. 목표는 가장 큰 원판을 바닥에 놓이게 하여 모든 원판을 크기순으로 2번 말뚝으로 옮기는 것이다. H_n을 n개의 원판을 가졌을 때 이 원칙으로 2번 말뚝으로 원판을 이동한 횟수라 하자. 수열 $\{H_n\}$을 구하기 위한 점화관계를 구하여라.

풀이 1번 말뚝에 있는 n개의 원판 중에서 $n-1$개의 원판은 이동법칙에 H_{n-1}의 이동을 이용하여 3번 말뚝에 이동시킬 수 있다. 이때 가장 바닥에 있는 가장 큰 원판은 움직이지 않은 상태로 있다. 이제 가장 큰 원판을 2번 말뚝으로 이동한다. 이 원판 위에 3번 말뚝에 있는 $n-1$개의 원판은 다시 H_{n-1}의 이동을 이용하여 2번 말뚝에 이동시킬 수 있다. 이 과정을 통하여 재귀관계는

$$H_n = 2H_{n-1} + 1, \quad H_1 = 1$$

이다. 초기조건 H_1은 $n = 1$일 때 1번 말뚝에 있는 원판을 2번 말뚝으로 이동하는 횟수이므로 $H_1 = 1$이다. 반복적으로 재귀관계의 해를 구하면

$$\begin{aligned}
H_n &= 2H_{n-1} + 1 \\
&= 2(2H_{n-2} + 1) + 1 = 2^2 H_{n-2} + 2 + 1 \\
&= 2^2(2H_{n-3} + 1) + 2 + 1 = 2^3 H_{n-3} + 2^2 + 2 + 1 \\
&\ \ \vdots \\
&= 2^{n-1} H_1 + 2^{n-2} + 2^{n-3} + \cdots + 2^2 + 2 + 1 \\
&= 2^{n-1} + 2^{n-2} + 2^{n-3} + \cdots + 2^2 + 2 + 1 \\
&= 2^n - 1.
\end{aligned}$$

■

참고 고대 신화에 의하면 하노이에 있는 탑에서는 승려들이 64개의 원판을 이 법칙에 따라 한 말뚝에서 다른 말뚝으로 옮기고 있다고 한다. 그리고 이 원판을 옮기는 작업이 끝나면 이 세상의 종말이라고 한다. 원판을 옮기는 데 1초 걸린다면 64의 원판을 옮기는데

$$2^{64} - 1 = 18{,}446{,}744{,}073{,}709{,}551{,}615$$

초 걸리고 연으로 치면 5000억 년이 더 된다. 지구의 나이를 45억 년으로 추정할 때, 이는 지내 온 시간보다 훨씬 많은 세월이다.

예제 6.3.6 연속해서 두 개의 1을 가지지 않는 길이가 n인 비트열의 수를 나타내는 점화관계와 초기조건을 구하라.

풀이 a_n을 연속해서 두 개의 1을 가지지 않는 길이가 n인 비트열의 수라고 하자.

그러면 a_n은 다음 두 가지 유형의 비트열의 합으로 표시된다. 즉,

연속해서 두 개의 1을 가지지 않는 $n-1$ 비트열	0

연속해서 두 개의 1을 가지지 않는 $n-2$ 비트열	0	1

에서 각각의 유형의 비트열의 수는 a_{n-1} 과 a_{n-2}이다. 따라서 재귀관계는 $n \geq 3$에 대하여

$$a_n = a_{n-1} + a_{n-2}$$

이다. 초기조건을 구해보자. 길이 1인 비트열은 0 또는 1이므로 $a_1 = 2$이고, 길이 2인 비트열은 $00, 01, 10$ 이므로 $a_2 = 3$이다.

참고로 재귀관계를 이용하여 a_3, a_4, a_5를 구해보면 다음과 같다.

$$a_3 = a_2 + a_1 = 2 + 3 = 5,$$
$$a_4 = a_3 + a_2 = 5 + 3 = 8,$$
$$a_5 = a_4 + a_3 = 8 + 5 = 13.$$

■

연습문제 6.3

01 다음 주어진 수열이 점화관계 $a_n = 8a_{n-1} - 16a_{n-2}$의 해가 되는지 판단하라.

(1) $a_n = 2^n$ (2) $a_n = n \cdot 4^n$

02 반복된 계산으로 다음 주어진 점화관계와 초기조건에 대한 해를 구하라.

(1) $a_n = a_{n-1} + 2,\ a_0 = 3$ (2) $a_n = a_{n-1} + 2n + 3,\ a_0 = 4$

03 n-순열의 수를 a_n이라 할 때, a_n에 관한 점화관계를 구하고 반복된 계산으로 a_n을 구하라.

04 n개의 서로 다른 물건을 5개 상자에 분배하려고 한다. 서로 다른 방법의 수를 a_n이라 할 때, a_n에 대한 점화관계를 나타내라.

05 연속해서 두 개의 0을 가지지 않는 길이가 n인 비트열의 수를 a_n이라 할 때, a_n에 대한 점화관계와 초기조건을 구하라.

06 한 계단 또는 2계단을 택해서 n개의 계단을 올라간다. n개의 계단을 올라가는 방법의 수를 a_n이라 할 때, 다음에 답하라.

(1) a_n에 대한 점화관계를 구하라.

(2) 7개의 계단을 올라가는 방법의 수를 구하라.

07 어떤 두 개의 직선도 평행하지 않고, 어떤 세 개의 직선도 한 점에서 만나지 않는다고 하자. 한 평면이 n개의 직선으로 나누어지는 영역을 R_n이라 할 때, 다음에 답하라.

(1) R_n에 대한 점화식을 구하라.

(2) 반복 적용으로 R_n을 구하라.

6.4 비둘기집의 원리

비둘기가 비둘기 집으로 들어갈 때, 비둘기 집 보다 비둘기의 수가 많으면 적어도 한 집에는 두 마리 이상의 비둘기가 들어가게 된다. 이를 일반화하면 다음 정리가 성립한다.

정리 6.4.1 비둘기집의 원리

만약 $k+1$마리의 비둘기가 k개의 비둘기 집에 들어간다면, 적어도 한 집에는 두 마리 이상의 비둘기가 들어간다.

증명 모순증명법을 이용하여 증명하자. $k+1$마리의 비둘기가 k개의 비둘기 집에 들어가는데, 어떤 비둘기 집에도 두 마리 이상이 들어가지 않는다고 가정하자. 그러면 비둘기 집에 들어있는 모든 비둘기의 수는 기껏해야 k마리가 된다. 이는 전체 비둘기 수가 $k+1$이라는 것에 모순이 된다. 따라서 정리는 성립한다.

10마리의 비둘기가 9개의 비둘기 집에 들어가는 경우를 그림으로 나타내보면 비둘기 집의 원리가 의미하는 바를 쉽게 이해할 수 있다. 여기서 0은 비둘기를 의미한다.

0	0	0
0	0	00
00		0

0	0	0
0	0	00
0	0	0

0		000
00	00	
0		0

여기서 주목할 점은 어떤 집에 1마리 이상이 들어 있는지는 알 수가 없다는 것이다.

비둘기 집의 원리는 비둘기와 비둘기 집이 아닌 대상에 적용될 수 있다. 어떤 것을 비둘기로 보고, 어떤 것을 비둘기집으로 보는가 하는 것이 문제 풀이의 관건이 된다.

이제 다양한 예제를 통하여 비둘기 집의 원리가 문제 풀이에 어떻게 적용이 되는지 알아보도록 하자.

예제 6.4.1 8명의 학생이 있을 때, 그중에는 생일이 같은 요일의 학생이 적어도 두 명이 있음을 보여라.

풀이 1주일의 날 수를 비둘기 집이라 생각하면 비둘기 집은 7이고, 사람을 비둘기라 하면 비둘기 수는 8이다. 비둘기 집의 원리에 의하여 2마리 이상의 비둘기를 포함하는 집이 적어도 하나 있다. 즉 생일이 같은 요일의 학생이 적어도 두 명은 있다. ■

예제 6.4.2 한 반에 40개의 의자가 있다. 2명 이상이 앉게 되는 의자가 적어도 1개 있게 된다면 이 학급에는 최소 몇 명의 학생이 있는가?

풀이 의자를 비둘기 집이라 생각하고, 학생을 비둘기라 하면 한 비둘기 집에 두 마리 이상의 비둘기가 있으려면 비둘기의 수는 최소 41이 되어야 한다. 따라서 학생의 수는 최소 41명이다. ■

예제 6.4.3 가로와 세로의 길이가 2 cm 인 정사각형 판에 5개의 핀을 꽂으면, 핀 사이의 거리가 $\sqrt{2}$ cm 이하인 두 핀이 존재하는 것을 보여라.

풀이 정사각형을 한 변의 길이가 1*cm* 인 네 개의 정사각형으로 나누고 각 내부에 핀을 한 개씩 꽂아보자. 여기서 점은 핀이 꽂힌 위치이다.

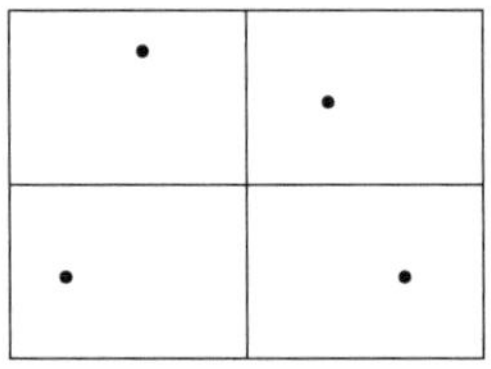

나머지 한 개의 핀은 길이 1 cm 인 정사각형 네 개 중의 하나에 꽂혀야 한다. 그런데 대각선의 길이는 $\sqrt{2}$ cm 이다. 따라서 핀 사이의 거리가 $\sqrt{2}$ cm 이하인 두 핀이 존재한다. ■

다음 예제를 이해하기 위해서 모든 정수를 양수 n 로 나누면 나머지는 0, 1, 2, ⋯, $n-1$ 중의 하나가 됨을 상기하자. 예를 들어 정수를 2로 나누면 나머지는 0, 1 중의 하나이고, 3으로 나누면 나머지는 0, 1, 2 중의 하나이다.

예제 6.4.4 $n+1$개의 서로 다른 정수 중에는 두 수의 차가 n으로 나누어지는 두 수가 존재함을 보여라.

풀이 $n+1$개의 서로 다른 정수를 $a_1, a_2, \cdots, a_{n+1}$ 이라 하고 비둘기라고 생각하자. 이들 수를 n으로 나눈 나머지를 r 이라 하면 r은 $0, 1, \cdots, n-1$ 중의 하나가 된다. 이제 $0, 1, \cdots, n-1$을 비둘기 집이라 생각하자. 비둘기는 $n+1$ 마리이고 비둘기 집은 n개다. 비둘기를 비둘기 집에 넣으면 적어도 두 마리는 같은 집에 들어간다. 이제 이 두 비둘기를 a_k, a_l 이라 하면 적당한 두 정수 q_1, q_2에 대하여

$$a_k = nq_1 + r_1, \quad a_l = nq_2 + r_2, \quad r_1 = r_2$$

가 성립하고

$$a_k - a_l = n(q_1 - q_2)$$

가 되어 두 수의 차는 n으로 나누어진다. 따라서 두 수의 차가 n으로 나누어지는 두 정수가 존재한다. ■

예제 6.4.5 1부터 8까지의 수 중에서 서로 다른 5개의 수를 택하면 그중에는 합이 9가 되는 두 수가 있다.

풀이 1부터 8까지 합이 9가 되는 두 수의 집합을 생각하면 다음과 같이 4개가 있다.

$$\{1, 8\}, \ \{2, 7\}, \ \{3, 6\}, \ \{4, 5\}$$

이제 이것을 비둘기 집으로 생각하자. 이제 비둘기집에 들어가는 대신 비둘기 집에서 나오는 것으로 생각해보자. 각 집에서 한 개씩 4개를 꺼내고 5번째 수를 택하여 5개의 수를 만들면 같은 집에 들어가는 두 수가 존재한다. 따라서 1부터 8까지의 수 중에서 5개를 택하면 합이 9가 되는 두 수가 있다. ■

좀 더 일반화된 비둘기 집의 원리는 알아보자. 이를 위해 천정 함수의 정의를 상기할 필요가 있다. $\lceil x \rceil$ 는 x보다 작지 않은 최소의 정수이다. 예를 들면,

$$\lceil 3.2 \rceil = 4, \ \lceil 2 \rceil = 2, \ \lceil -5.7 \rceil = -5$$

이다.

정리 6.4.2 일반화된 비둘기집의 원리

만약 N개의 물건이 k개의 상자에 놓인다고 하면, 적어도 한 상자에는 $\left\lceil \frac{N}{k} \right\rceil$ 개의 물건이 놓인다.

증명 모순증명법을 이용하자. 먼저 $\left\lceil \frac{N}{k} \right\rceil < \frac{N}{k} + 1$임을 알자. 이제 만약 k개의 상자에 $\left\lceil \frac{N}{k} \right\rceil - 1$개 이하의 물건이 놓인다면 물건의 개수는 $k\left(\left\lceil \frac{N}{k} \right\rceil - 1\right)$ 이하이고

$$k\left(\left\lceil \frac{N}{k} \right\rceil - 1\right) < k\left(\frac{N}{k} + 1 - 1\right) = N$$

이 되어 물건의 수가 N보다 적다. 이것은 물건의 수가 N이라는 사실에 모순이다. 따라서 정리는 성립한다.

예제 6.4.6 40명 중에서 같은 달에 생일이 있는 사람은 최소 몇 명이나 될까?

풀이 $N = 40$이고 $k = 12$이므로 $\left\lceil \frac{N}{k} \right\rceil = \left\lceil \frac{40}{12} \right\rceil = 4$이다.

따라서 같은 달에 생일이 있는 사람은 최소한 4명이다. ■

예제 6.4.7 통계학 시험에서 학점은 A, B, C, D, F로 주어진다. 적어도 7명의 학생이 같은 학점을 받는다면 학생의 수는 최소 몇 명이라 할 수 있는가?

풀이 최소의 학생의 수를 N 이라 하자. 그러면 주어진 조건으로부터

$$\left\lceil \frac{N}{5} \right\rceil = 7 < \frac{N}{5} + 1,$$

$$30 < N$$

이므로 학생의 수는 최소한 31명이라 할 수 있다. ■

예제 6.4.8 50명의 단체 관광단이 한 지역을 방문하여 A, B, C 3개의 명소를 방문한다고 한다. 각 사람은 적어도 한 곳 이상은 반드시 방문해야 하고 최대 두 곳을 방문한다고 하자. 이때 같은 곳을 방문한 사람의 수는 최소한 몇 명이 되는가?

풀이 장소를 방문하면 1, 방문하지 않으면 0으로 표시하면 각 사람이 방문하는 유형은 다음과 같다. 각 경우에 차례로 A, B, C 장소이다.

$$(1,\ 0,\ 0),\ (0,\ 1,\ 0),\ (0,\ 0,\ 1),\ (1,\ 1,\ 0),\ (1,\ 0,\ 1),\ (0,\ 1,\ 1)$$

각 경우를 비둘기 집이라 생각하면 비둘기 집은 6개인데 50마리가 비둘기 집에 들어가는 경우다. 이때 어떤 한 집에는 최소한 $\left\lceil \frac{50}{6} \right\rceil = 9$ 마리의 비둘기가 들어간다. 따라서 최소한 9명은 같은 장소를 방문하게 된다. ■

연습문제 6.4

01 13명 중에는 띠가 같은 사람이 최소 두 사람이 있음을 보여라.

02 짝이 지워지지 않은 검은색 양말 8쪽과 밤색 양말 8쪽이 서랍에 섞여 있다. 어둠 속에서 임의로 양말을 꺼낸다. 다음에 답하라.

(1) 색이 같은 양말을 최소 2쪽을 가지기 위해서는 몇 쪽의 양말을 꺼내야 하는가?

(2) 검은색 양말 2쪽을 가지기 위해서 몇 쪽의 양말을 꺼내야 하는가?

03 서로 다른 5개의 정수 중에는 4로 나누어 나머지가 같은 두 수가 있음을 보여라.

04 1부터 10까지 6개의 수를 선택하면 합이 11이 되는 두 수가 있음을 보여라.

05 1년을 365일이라 하자. 400명 중에서 생일이 같은 사람은 최소 몇 명인가?

06 20개의 동으로 이루어진 시에서 시민대학 신청을 받고 있다. 신청자 중에서 같은 동 출신이 최소한 4명이 되게 하려면 몇 명이 신청해야 하는가?

07 100명이 A, B, C 세 곳을 구경한다. 최소한 한 곳은 구경해야 한다면, 같은 곳을 구경한 사람은 최소 몇 명이라 할 수 있는가?

CHAPTER

07

행렬

7.1 행렬과 행렬의 연산

수나 문자를 직사각형 모양으로 배열하여 ( ) 또는 [ ]로 묶은 것을 **행렬**이라 하고, 배열의 가로줄을 **행**, 배열의 세로줄을 **열**이라 한다.

1열 $\quad$ j열

$$\begin{matrix} 1\text{행} \rightarrow \\ \\ \\ i\text{행} \rightarrow \\ \\ \\ \end{matrix} \begin{pmatrix} a_{11} & a_{12} & \cdots & a_{1j} & \cdots & a_{1n} \\ a_{21} & a_{22} & \cdots & a_{2j} & \cdots & a_{2n} \\ \vdots & \vdots & \vdots & \vdots & \vdots & \vdots \\ a_{i1} & a_{i2} & \cdots & a_{ij} & \cdots & a_{in} \\ \vdots & \vdots & \vdots & \vdots & \vdots & \vdots \\ a_{m1} & a_{m2} & \cdots & a_{mj} & \cdots & a_{mn} \end{pmatrix}$$

행의 수가 m이고 열의 수가 n인 행렬을 $m \times n$ 행렬이라 하고 **행렬의 크기**라 한다. 행렬은 보통 영문 대문자 $A, B, P, \cdots$ 등을 사용하여

$$A = (a_{ij}), 1 \le i \le m, 1 \le j \le n$$

또는

$$A = (a_{ij})_{m \times n}, \quad A = (a_{ij}): m \times n$$

으로 나타내는데, a_{ij}를 i행j열의 **원소** 또는 "ij-원소"라 한다. 본 장에서는 행렬의 원소 a_{ij}이 실수인 경우에 대해서 다룬다. 예를 들어,

$$B = \begin{pmatrix} -2 & 0 & 3 \\ 4 & 1 & -8 \\ 6 & -7 & 5 \end{pmatrix} = (b_{ij})_{3 \times 3}$$

라 하면, B의 크기는 3×3 이고 $b_{23} = -8$, $b_{31} = 6$, $b_{12} = 0$ 이다. 행렬을 문자로 표현하는 때에 원소는 일반적으로 그에 상응하는 소문자를 사용한다. 예를 들면,

$$C = (c_{ij})_{l \times m}, \quad D = (d_{ij})_{k \times s}, \quad G = (g_{ij})_{p \times q}$$

이다.

행렬의 형태

모든 요소가 0인 행렬을 **영행렬**이라 하고 O 또는 $O_{m\times n}$으로 나타낸다. 행의 수와 열의 수가 같은 행렬을 **정방행렬**이라 한다. 행과 열의 수가 n개인 행렬을 n정방행렬이라 한다. 정방행렬에서 a_{ii}를 주 **대각요소**라 한다. 대각요소 외의 모든 원소가 0인 행렬을 **대각행렬**이라 한다. n정방 대각행렬 중에서 대각요소가 모두 1인 행렬을 **단위행렬**이라 부르며 I_n으로 나타낸다. 예를 들면, 다음과 같다.

$$\text{영행렬}\quad \begin{pmatrix}0&0\\0&0\end{pmatrix},\ \begin{pmatrix}0&0\\0&0\\0&0\end{pmatrix},\ \begin{pmatrix}0&0&0\\0&0&0\\0&0&0\end{pmatrix},\ \cdots$$

$$\text{대각행렬}\quad \begin{pmatrix}4&0\\0&0\end{pmatrix},\ \begin{pmatrix}0&0\\0&0\end{pmatrix},\ \begin{pmatrix}2&0&0\\0&0&0\\0&0&1\end{pmatrix},\ \begin{pmatrix}-3&0&0\\0&5&0\\0&0&4\end{pmatrix},\ \cdots$$

$$\text{단위행렬}\quad I_2=\begin{pmatrix}1&0\\0&1\end{pmatrix},\ I_3=\begin{pmatrix}1&0&0\\0&1&0\\0&0&1\end{pmatrix},\ \cdots$$

행렬 A에서 행과 열의 원소의 위치를 바꾼 행렬을 A의 **전치행렬**이라 하고 A^t로 나타낸다. 특히 정방행렬에서 $A=A^t$일 때 A를 **대칭행렬**이라 한다.

예를 들어,

$$A=\begin{pmatrix}2&4&7\\3&5&8\end{pmatrix}\text{일 때 } A^t=\begin{pmatrix}2&3\\4&5\\7&8\end{pmatrix}$$

이다. 따라서

$$A=(a_{ij})_{m\times n}\text{ 일 때 } A^t=(a_{ij}^t)_{n\times m}\text{이면 } a_{ij}^t=a_{ji}$$

이다. 또 $A=\begin{pmatrix}1&1&0\\1&0&1\\0&1&0\end{pmatrix}$에서 $A=A^t$이므로 A는 대칭행렬이다.

정방행렬에서 대각선 아래 원소가 모두 0인 행렬을 **상삼각행렬**이라 하고, 대각선 위의 모든 원소가 0인 행렬을 **하삼각행렬**이라 한다. 상삼각행렬 또는 하삼각행렬을 삼각행렬이라 한다. 예를 들면, 다음과 같다.

상삼각행렬 $\begin{pmatrix} 2 & 5 \\ 0 & -3 \end{pmatrix}$, $\begin{pmatrix} 2 & -7 & 8 \\ 0 & 0 & 6 \\ 0 & 0 & -4 \end{pmatrix}$, $\begin{pmatrix} 0 & 1 & 8 \\ 0 & 0 & -2 \\ 0 & 0 & 0 \end{pmatrix}$, $\cdots$

하삼각행렬 $\begin{pmatrix} 3 & 0 \\ 1 & -2 \end{pmatrix}$, $\begin{pmatrix} 1 & 0 & 0 \\ 4 & -8 & 0 \\ -2 & 5 & 0 \end{pmatrix}$, $\begin{pmatrix} 0 & 0 & 0 \\ -5 & 9 & 0 \\ 7 & 2 & 0 \end{pmatrix}$, $\cdots$

정의 7.1.1 행렬의 상등

크기가 같은 두 행렬 $A = (a_{ij})$, $B = (b_{ij})$에 대하여 두 행렬의 모든 요소가 같으면 두 행렬은 "같다" 라 하고 $A = B$로 나타낸다. 즉, 모든 i, j에서 $a_{ij} = b_{ij}$이면 $A = B$이다.

적어도 한 요소가 다르면 두 행렬은 서로 다른 행렬이다. 두 행렬

$$A = \begin{pmatrix} 3 & 1 & -2 \\ -2 & x & 4 \\ 0 & -6 & 8 \end{pmatrix}, \quad B = \begin{pmatrix} 3 & y & -2 \\ -2 & 5 & 4 \\ 0 & -6 & w \end{pmatrix}$$

에서 $A = B$일 때, $x = 5$, $y = 1$, $w = 8$이다.

정의 7.1.2 상수의 곱

행렬 $A = (a_{ij})$와 실수 r에 대하여 rA는 A와 크기가 같고 $ij-$원소가 a_{ij}에 r를 곱한 행렬

$$rA = (ra_{ij})$$

이고, $-A = (-1)A$이다.

예를 들어,

$$A = \begin{pmatrix} 2 & -5 \\ -3 & 4 \end{pmatrix}\text{일 때 } 3A = \begin{pmatrix} 6 & -15 \\ -9 & 12 \end{pmatrix}$$

이다.

정의 7.1.3 합과 차

크기가 같은 두 행렬 $A=(a_{ij})$, $B=(b_{ij})$에 대하여 합과 차는 각각 다음과 같다.

$$A+B=(a_{ij}+b_{ij}),$$

$$A-B=A+(-1)B.$$

참고 행렬의 상수 곱과 행렬의 합의 정의에 두 행렬의 차 $A-B$는 다음과 같다.

$$A-B=(a_{ij}-b_{ij})$$

예를 들어,

$$A=\begin{pmatrix} 2 & -5 \\ -3 & 4 \end{pmatrix},\quad B=\begin{pmatrix} -1 & 3 \\ 5 & -4 \end{pmatrix}$$

일 때,

$$A+B=\begin{pmatrix} 1 & -2 \\ 2 & 0 \end{pmatrix},\quad A-B=\begin{pmatrix} 3 & -8 \\ -8 & 8 \end{pmatrix}$$

이다.

예제 7.1.1 두 행렬 $A=\begin{pmatrix} -2 & 1 & 3 \\ 4 & -5 & 0 \end{pmatrix}$와 $B=\begin{pmatrix} 3 & 2 & -4 \\ -7 & 6 & 1 \end{pmatrix}$에 대하여 다음을 구하라.

(1) $3A$ (2) $2A-3B$

풀이 (1) $3A=\begin{pmatrix} 3\times(-2) & 3\times 1 & 3\times 3 \\ 3\times 4 & 3\times(-5) & 3\times 0 \end{pmatrix}=\begin{pmatrix} -6 & 3 & 9 \\ 12 & -15 & 0 \end{pmatrix}.$

(2) $2A-3B=\begin{pmatrix} -4-9 & 2-6 & 6+12 \\ 8+21 & -10-18 & 0-3 \end{pmatrix}=\begin{pmatrix} -13 & -4 & 18 \\ 29 & -28 & -3 \end{pmatrix}.$ ■

행렬의 연산은 실수의 연산에서 성립했던 교환법칙과 결합법칙이 성립하고 또 합에 대한 항등원과 역원을 가지는 것을 알 수 있다.

정리 7.1.1 행렬 연산의 성질

행렬 A, B, C의 크기가 모두 같고 α, β가 실수 일 때, 다음이 성립한다.

(1) $A+B=B+A$

(2) $(A+B)+C=A+(B+C)$

(3) $A+O=O+A=A$

(4) $A-A=O$

(5) $(\alpha+\beta)A=\alpha A+\beta A$

(6) $(\alpha\beta)A=\alpha(\beta A)$

(7) $\alpha(A+B)=\alpha A+\alpha B$

예제 7.1.2 두 행렬 $A=\begin{pmatrix}0 & -2\\3 & 1\end{pmatrix}$와 $B=\begin{pmatrix}2 & -4\\3 & 5\end{pmatrix}$에 대하여, $A+2X=B$를 만족하는 행렬 X를 구하라.

풀이 행렬의 성질로부터

$$-A+A+2X=-A+B$$

$$O+2X=-A+B$$

$$2X=-A+B$$

$$X=\frac{1}{2}(-A+B)$$

이고, 따라서

$$X=\frac{1}{2}\begin{pmatrix}2 & -2\\0 & 4\end{pmatrix}=\begin{pmatrix}1 & -1\\0 & 2\end{pmatrix}.$$ ■

예제 7.1.3 두 행렬 $A=\begin{pmatrix}2 & -3\\1 & 5\end{pmatrix}$와 $B=\begin{pmatrix}-4 & 1\\3 & -3\end{pmatrix}$에 대하여 다음을 만족하는 행렬 X와 Y를 구하라.

$$X+Y=A,\ X-Y=B$$

풀이 두 식을 더하면 $2X=A+B$가 되어

$$X=\frac{1}{2}(A+B)=\frac{1}{2}\begin{pmatrix}-2 & -2\\4 & 2\end{pmatrix}=\begin{pmatrix}-1 & -1\\2 & 1\end{pmatrix}$$

이고, 두 식을 빼면 $2Y=A-B$

$$Y=\frac{1}{2}(A-B)=\frac{1}{2}\begin{pmatrix}6 & -4\\-2 & 8\end{pmatrix}=\begin{pmatrix}3 & -2\\-1 & 4\end{pmatrix}.$$ ■

정의 7.1.4 행렬의 곱

두 행렬 $A=(a_{ij})_{m\times l}$, $B=(b_{ij})_{l\times n}$에 대하여 두 행렬의 곱 AB는 다음과 같이 정의된다.

$$AB=(c_{ij})_{m\times n},$$

$$c_{ij}=\sum_{k=1}^{l} a_{ik}b_{kj}=a_{i1}b_{1j}+a_{i2}b_{2j}+\cdots+a_{il}b_{lj}.$$

정방행렬 A와 자연수 n에 대하여 $A^n=\overbrace{AA\cdots A}^{n\text{개}}$로서 A를 n번 곱한 것이다. 즉

$$A^2=AA,\ A^3=A^2A,\ A^4=A^3A,\ \cdots$$

이다.

예제 7.1.4 다음 행렬의 곱을 계산하라.

(1) $\begin{pmatrix}4 & 2\\ 1 & 8\end{pmatrix}\begin{pmatrix}3\\ 5\end{pmatrix}$ (2) $\begin{pmatrix}2 & 3 & 1\\ 0 & 4 & 5\end{pmatrix}\begin{pmatrix}8 & 0\\ 6 & 1\\ 7 & 9\end{pmatrix}$

풀이 곱의 연산의 정의에 의하여 풀이하면 다음과 같다.

(1) $\begin{pmatrix}4 & 2\\ 1 & 8\end{pmatrix}\begin{pmatrix}3\\ 5\end{pmatrix}=\begin{pmatrix}4\times3+2\times5\\ 1\times3+8\times5\end{pmatrix}=\begin{pmatrix}22\\ 43\end{pmatrix}.$

(2) $\begin{pmatrix}2 & 3 & 1\\ 0 & 4 & 5\end{pmatrix}\begin{pmatrix}8 & 0\\ 6 & 1\\ 7 & 9\end{pmatrix}=\begin{pmatrix}2\times8+3\times6+1\times7 & 2\times0+3\times1+1\times9\\ 0\times8+4\times6+5\times7 & 0\times0+4\times1+5\times9\end{pmatrix}$

$=\begin{pmatrix}41 & 12\\ 59 & 49\end{pmatrix}.$ ■

주의 AB가 정의되었다고 해서 BA가 정의되는 것은 아니며, 일반적으로 $AB\neq BA$이다.

예를 들어,

$$A=\begin{pmatrix}2 & -5\\ -3 & 4\end{pmatrix},\quad B=\begin{pmatrix}-1 & 3\\ 5 & -4\end{pmatrix}$$

일 때,

$$A^2 = AA = \begin{pmatrix} 4+15 & -10-20 \\ -6-12 & 15+16 \end{pmatrix} = \begin{pmatrix} 19 & -30 \\ -18 & 31 \end{pmatrix},$$

$$AB = \begin{pmatrix} -2-25 & 6+20 \\ 3+20 & -9-16 \end{pmatrix} = \begin{pmatrix} -27 & 26 \\ 23 & -25 \end{pmatrix},$$

$$BA = \begin{pmatrix} -2-9 & 5+12 \\ 10+12 & -25-16 \end{pmatrix} = \begin{pmatrix} -11 & 17 \\ 22 & -41 \end{pmatrix}.$$

행렬의 곱과 덧셈에 관하여 다음과 같이 결합법칙과 배분법칙이 성립한다.

정리 7.1.2 행렬의 덧셈과 곱셈의 성질

곱과 합이 정의되는 행렬 A, B, C와 실수 k에 대하여 다음이 성립한다.

(1) $(AB)C = A(BC)$ (결합법칙)

(2) $A(B+C) = AB + AC$, $(A+B)C = AC + BC$ (분배법칙)

(3) $k(AB) = (kA)B = A(kB)$

예제 7.1.1 $A = \begin{pmatrix} -1 & 2 \\ 1 & 1 \end{pmatrix}$, $B = \begin{pmatrix} 1 & 1 \\ 3 & -1 \end{pmatrix}$, $C = \begin{pmatrix} 4 & 0 \\ -1 & 3 \end{pmatrix}$일 때 다음을 구하고 결과를 비교하라.

(1) $A(BC)$ (2) $(AB)C$ (3) $(AB)^t$ (4) B^tA^t

풀이 연산의 순서는 괄호로 묶은 것을 우선하여 연산한다.

(1) $BC = \begin{pmatrix} 3 & 3 \\ 13 & -3 \end{pmatrix}$이므로

$$A(BC) = \begin{pmatrix} -1 & 2 \\ 1 & 1 \end{pmatrix}\begin{pmatrix} 3 & 3 \\ 13 & -3 \end{pmatrix} = \begin{pmatrix} 23 & -9 \\ 16 & 0 \end{pmatrix}.$$

(2) $AB = \begin{pmatrix} 5 & -3 \\ 4 & 0 \end{pmatrix}$이므로

$$(AB)C = \begin{pmatrix} 5 & -3 \\ 4 & 0 \end{pmatrix}\begin{pmatrix} 4 & 0 \\ -1 & 3 \end{pmatrix} = \begin{pmatrix} 23 & -9 \\ 16 & 0 \end{pmatrix}$$

이고 (1)과 연산의 결과는 같다.

(3) (2)에서 $AB = \begin{pmatrix} 5 & -3 \\ 4 & 0 \end{pmatrix}$이므로 $(AB)^t = \begin{pmatrix} 5 & 4 \\ -3 & 0 \end{pmatrix}$.

(4) $B^tA^t = \begin{pmatrix} 1 & 3 \\ 1 & -1 \end{pmatrix}\begin{pmatrix} -1 & 1 \\ 2 & 1 \end{pmatrix} = \begin{pmatrix} 5 & 4 \\ -3 & 0 \end{pmatrix}$이고 (3)과 연산의 결과가 같다. ■

정의 7.1.5 부울 행렬

원소가 0 또는 1로 되어있는 행렬을 **부울 행렬**이라 한다. 이 행렬은 이산구조를 표현하는 데 자주 사용된다. 연산기호 $\vee$ 와 $\wedge$ 를 다음과 같이 정의한다.

$$b_1 \vee b_2 = \begin{cases} 1, & b_1 = 1 \text{ 또는 } b_2 = 1 \\ 0, & b_1 = 0 = b_2. \end{cases}$$

$$b_1 \wedge b_2 = \begin{cases} 1, & b_1 = b_2 = 1 \\ 0, & b_1 \neq b_2. \end{cases}$$

정의 7.1.6

$A = (a_{ij})_{m \times n}$와 $B = (b_{ij})_{m \times n}$는 부울 행렬이라 하자. 이때 $A \vee B$와 $A \wedge B$를 각각 A와 B의 **접합**과 **교합**이라 하고 다음과 같이 정의가 되는 $m \times n$ 행렬이다.

$$A \vee B = (c_{ij}),\ c_{ij} = a_{ij} \vee b_{ij}$$

$$A \wedge B = (d_{ij}),\ d_{ij} = a_{ij} \wedge b_{ij}$$

예제 7.1.6 주어진 행렬에 대하여 $A \vee B$과 $A \wedge B$를 구하라.

$$A = \begin{pmatrix} 0 & 1 & 1 \\ 1 & 0 & 0 \end{pmatrix}, \quad B = \begin{pmatrix} 1 & 0 & 1 \\ 0 & 0 & 1 \end{pmatrix}.$$

풀이 정의에 따라 요소들을 구하면 다음과 같다.

$$A \vee B = \begin{pmatrix} 0 \vee 1 & 1 \vee 0 & 1 \vee 1 \\ 1 \vee 0 & 0 \vee 0 & 0 \vee 1 \end{pmatrix} = \begin{pmatrix} 1 & 1 & 1 \\ 1 & 0 & 1 \end{pmatrix}.$$

$$A \wedge B = \begin{pmatrix} 0 \wedge 1 & 1 \wedge 0 & 1 \wedge 1 \\ 1 \wedge 0 & 0 \wedge 0 & 0 \wedge 1 \end{pmatrix} = \begin{pmatrix} 0 & 0 & 1 \\ 0 & 0 & 0 \end{pmatrix}.$$

■

정의 7.1.7 부울곱

부울 행렬인 두 행렬 $A = (a_{ij})_{m \times k}$와 $B = (b_{ij})_{k \times n}$에 대하여 $A \odot B = (c_{ij})_{m \times n}$를 A와 B의 **부울곱**이라 한다. 여기서 c_{ij}는 다음과 같다.

$$c_{ij} = (a_{i1} \wedge b_{1j}) \vee (a_{i2} \wedge b_{2j}) \vee \cdots \vee (a_{ik} \wedge b_{kj}).$$

참고 두 부울 행렬의 부울곱은 일반적인 두 행렬의 곱에서 +은 ∨, 또 ×은 ∧로 바꾼 것으로 생각하면 된다.

예제 7.1.7 주어진 두 행렬 A, B에 대하여 부울곱 $A \odot B$를 구하라.

$$A = \begin{pmatrix} 1 & 0 \\ 0 & 1 \\ 0 & 1 \end{pmatrix}, \quad B = \begin{pmatrix} 1 & 0 & 1 \\ 0 & 1 & 0 \end{pmatrix}.$$

풀이 행렬의 곱을 하는 것과 같은 방법으로 하면 부울곱은 다음과 같다.

$$\begin{aligned} A \odot B &= \begin{pmatrix} (1\wedge 1)\vee(0\wedge 0) & (1\wedge 0)\vee(0\wedge 1) & (1\wedge 1)\vee(0\wedge 0) \\ (0\wedge 1)\vee(1\wedge 0) & (0\wedge 0)\vee(1\wedge 1) & (0\wedge 1)\vee(1\wedge 0) \\ (0\wedge 1)\vee(1\wedge 0) & (0\wedge 0)\vee(1\wedge 1) & (0\wedge 1)\vee(1\wedge 0) \end{pmatrix} \\ &= \begin{pmatrix} 1\vee 0 & 0\vee 0 & 1\vee 0 \\ 0\vee 0 & 0\vee 1 & 0\vee 0 \\ 0\vee 0 & 0\vee 1 & 0\vee 0 \end{pmatrix} \\ &= \begin{pmatrix} 1 & 0 & 1 \\ 0 & 1 & 0 \\ 0 & 1 & 0 \end{pmatrix}. \end{aligned}$$

■

연습문제 7.1

01 다음 등식이 성립하도록 x와 y의 값을 구하라.

(1) $\begin{pmatrix} x+2y \\ 2x-y \end{pmatrix} = \begin{pmatrix} 2 \\ 5 \end{pmatrix}$　　(2) $\begin{pmatrix} 0 & x+y \\ x-y & 0 \end{pmatrix} = \begin{pmatrix} 0 & -2 \\ 4 & 0 \end{pmatrix}$

02 $A = \begin{pmatrix} 2 & 3 & 1 \\ 3 & 2 & 1 \end{pmatrix}$, $B = \begin{pmatrix} -1 & 2 & 0 \\ 3 & -2 & 4 \end{pmatrix}$에 대하여 다음을 구하여라.

(1) $3A - 2B$　　(2) $-2A + 3B$

03 $A = \begin{pmatrix} 3 & -1 \\ -4 & 0 \end{pmatrix}$, $B = \begin{pmatrix} -1 & 2 \\ 4 & 3 \end{pmatrix}$일 때, 다음 등식을 만족하는 행렬 X를 구하라.

(1) $3X + 2A = 2X + 3B$　　(2) $\frac{1}{2}(X - 4A) = 2(X + B)$

04 $A=\begin{pmatrix}1 & -6\\ 3 & -2\end{pmatrix}$, $B=\begin{pmatrix}3 & -4\\ 1 & 2\end{pmatrix}$에 대하여 다음을 만족하는 X, Y를 구하여라.

(1) $\begin{cases} X+Y=A \\ X-Y=B \end{cases}$

(2) $\begin{cases} 2X+Y=A \\ X-2Y=-B \end{cases}$

05 A, B는 5×4행렬, C, D, E는 각각 4×3, 3×5, 5×3 행렬이라 할 때, 다음 중 정의되는 것을 판단하고, 그 결과에 대한 행렬의 크기를 말하여라.

(1) $AC+E$

(2) $(A+B)C$

(3) $(BC)D$

(4) $CD-AC$

(5) $DE-C$

(6) $D(A-B)$

06 $A=\begin{pmatrix}2 & 1\\ 7 & 4\end{pmatrix}$, $B=\begin{pmatrix}1 & -2\\ 5 & 3\end{pmatrix}$ 일 때, 다음을 구하여라.

(1) AB

(2) BA

(3) B^tA^t

(4) $(AB)^t$

07 $A=\begin{pmatrix}2 & -2\\ 1 & 0\end{pmatrix}$, $B=\begin{pmatrix}a & -2\\ 1 & 1\end{pmatrix}$에 대하여 $AB=BA$가 성립하도록 a의 값을 구하여라.

08 두 행렬 A와 B에 대하여 다음이 성립할 때, A^2+B^2을 구하라.

$$A+B=\begin{pmatrix}2 & 1\\ 0 & 3\end{pmatrix},\quad AB+BA=\begin{pmatrix}3 & 1\\ 2 & -1\end{pmatrix}.$$

09 다음을 만족하는 두 행렬 A와 B에 대하여 A^2-B^2을 구하라.

$$A+B=\begin{pmatrix}1 & 2\\ 4 & 0\end{pmatrix},\quad A-B=\begin{pmatrix}3 & 4\\ 0 & 2\end{pmatrix}.$$

10 영행렬이 아닌 2×2행렬 중에서 $A^2=O$이 되는 행렬 A를 구하라.

11 두 행렬 A와 B에 대하여 부울곱 $A\odot B$를 구하라.

$$A=\begin{pmatrix}1 & 0 & 1\\ 0 & 1 & 1\\ 1 & 0 & 0\end{pmatrix},\quad B=\begin{pmatrix}0 & 1 & 1\\ 1 & 0 & 0\\ 1 & 0 & 1\end{pmatrix}.$$

7.2 행렬과 연립일차방정식

연립일차방정식 또는 연립 선형방정식을 행렬을 이용하여 나타내고, 행렬을 이용하여 해를 구하는 방법에 대하여 알아보자.

예를 들어, 두 개의 미지수와 두 개의 방정식을 포함하는 다음 연립일차방정식

$$\begin{cases} 2x+3y=5 \\ -x+7y=-1 \end{cases}$$

은 행렬의 곱, 행렬의 상등에 관한 정의에 따라

$$A=\begin{pmatrix} 2 & 3 \\ -1 & 7 \end{pmatrix},\ X=\begin{pmatrix} x \\ y \end{pmatrix},\ B=\begin{pmatrix} 5 \\ -1 \end{pmatrix}$$

일 때, 행렬방정식

$$AX=B$$

로 표현된다. 이때 A는 **계수행렬**, X는 **미지수 행렬**, B는 **상수행렬**이라 한다.

일반적으로 m개의 방정식과 n개의 미지수를 포함하는 연립일차방정식, 즉

$$\begin{cases} a_{11}x_1 + a_{12}x_2 + \cdots + a_{1j}x_j + \cdots + a_{1n}x_n = b_1 \\ a_{21}x_1 + a_{22}x_2 + \cdots + a_{2j}x_j + \cdots + a_{2n}x_n = b_2 \\ \vdots \qquad \vdots \qquad\qquad\qquad\qquad \vdots \qquad \vdots \\ a_{i1}x_1 + a_{i2}x_2 + \cdots + a_{ij}x_j + \cdots + a_{in}x_n = b_i \\ \vdots \qquad \vdots \qquad\qquad\qquad\qquad \vdots \qquad \vdots \\ a_{m1}x_1 + a_{m2}x_2 + \cdots + a_{mj}x_j + \cdots + a_{mn}x_n = b_m \end{cases}$$

은 다음 행렬

$$A=(a_{ij})_{m\times n},\quad X=\begin{pmatrix} x_1 \\ \vdots \\ x_n \end{pmatrix},\quad B=\begin{pmatrix} b_1 \\ \vdots \\ b_m \end{pmatrix}$$

에 대하여

$$AX=B$$

로 표시된다. 역으로 연립일차방정식이 행렬식방정식 $AX=B$로 나타내어지고

$$A=(a_{ij})_{m\times n}$$

이면 이 연립일차방정식의 방정식과 미지수의 개수는 m과 n이다.

m개의 방정식을 만족하는 n개의 미지수 $x_1, x_2, \cdots, x_n$을 찾는 것을 **연립방정식의 해**를 구한다고 한다. 해를 구하는 원리는 모두 같지만 $n \geq 4$인 경우에는 해를 손으로 직접 구하는데 시간이 매우 소요된다. 일반적으로는 해를 구하는 원리를 컴퓨터프로그램에 적용하여 기계적인 계산으로 풀이를 한다. 본 장에서는 해를 구하는 원리를 설명하고 $n \leq 3$인 경우에 대하여 직접 해를 구해보도록 한다.

기본 행연산

주어진 행렬에서 행에 대한 다음 작용을 기본 행연산이라 한다.

(1) 두 행을 서로 교환한다.
(2) 한 행 전체를 상수 배 한다.
(3) 한 행 전체에 상수를 곱하여 다른 행에 더한다.

기본 행연산은 그 작용이 어디에서 왔는지를 알면 그 작용의 의미를 쉽게 이해할 수 있다. 예를 들어, 연립일차방정식

$$\begin{cases} 2x + y = 4 \\ x - 3y = -5 \end{cases} \qquad ①$$

의 해를 구하기 위해서 다음 중 어떤 작용을 가해도 구하는 해는 같다. 즉,

(1) 두 연립방정식의 순서를 교환한다.
(2) 주어진 연립방정식의 한 방정식에 0이 아닌 상수를 곱한다.
(3) 미지수 x를 소거하기 위해서 두 번째 식에 -2를 곱하여 첫 번째 식에 더한

$$\begin{cases} 7y = 14 \\ x - 3y = -5 \end{cases}$$

의 해는 연립방정식 ①의 해와 같다.

기본 행연산은 지금까지 언급한 연립일차방정식의 해를 구하는 과정을 상기하면 된다. 단 빼는 연산이 없다는 점과 나누는 연산이 없다는 것에 주의해야 한다. 빼는 연산은 "-1을 곱하여 더하는 것"이고, 나누는 연산은 "역수를 곱하는 것"으로 한다.

행제형 행렬

주어진 행렬에서 각 행에서 처음으로 0이 아닌 원소를 그 행의 **선두요소**라 한다. 주어진 행렬 A가 기본행연산을 이용하여 아래의 (1), (2), (3)을 모두 만족하는 행렬이 되면 이 행렬을 A의 **기약행제형**이라 하고 A_R로 나타낸다. 여기서 (1), (2)만 만족하고 선두요소의 아래에 있는 열의 요소가 모두 0인 행렬을 **행제형**이라 한다.

> (1) 각 행의 선두요소는 1이다.
>
> (2) 위에 있는 행의 선두요소는 아래에 있는 행의 선두요소보다 앞쪽(왼쪽)에 위치한다.
>
> (3) 각 행의 선두요소의 위에 있는 행의 요소와 아래에 있는 행의 요소는 모두 0이다.

예를 들어, 다음 행렬들은 기약행제형과 행제형의 예이다.

기약 행제형 $\begin{pmatrix} 1 & 0 \\ 0 & 1 \end{pmatrix}$, $\begin{pmatrix} 1 & 0 & 0 \\ 0 & 1 & 0 \\ 0 & 0 & 1 \end{pmatrix}$, $\begin{pmatrix} 1 & 0 & 0 & 4 \\ 0 & 1 & 0 & 7 \\ 0 & 0 & 1 & -1 \end{pmatrix}$, $\begin{pmatrix} 0 & 1 & -2 & 0 & 1 \\ 0 & 0 & 0 & 1 & 3 \\ 0 & 0 & 0 & 0 & 0 \\ 0 & 0 & 0 & 0 & 0 \end{pmatrix}$, $\cdots$

행제형 $\begin{pmatrix} 1 & 2 \\ 0 & 1 \end{pmatrix}$, $\begin{pmatrix} 1 & 1 & 0 \\ 0 & 1 & 0 \\ 0 & 0 & 0 \end{pmatrix}$, $\begin{pmatrix} 1 & 4 & 3 & 7 \\ 0 & 1 & 6 & 2 \\ 0 & 0 & 1 & 5 \end{pmatrix}$, $\begin{pmatrix} 0 & 1 & 2 & 6 & 0 \\ 0 & 0 & 1 & -1 & 0 \\ 0 & 0 & 0 & 0 & 1 \end{pmatrix}$, $\cdots$

이제 행렬 $A = \begin{pmatrix} 2 & 1 \\ -1 & 3 \end{pmatrix}$를 기약행제형으로 만들어 보자. 1행의 선두요소는 2이고 이것을 1로 만들기 위해 1행에 $\frac{1}{2}$을 곱하면

$$\begin{pmatrix} 1 & \frac{1}{2} \\ -1 & 3 \end{pmatrix}$$

이다. 1행의 선두요소 1아래에 있는 요소를 0으로 만들기 위해 1행을 2행에 더하면

$$\begin{pmatrix} 1 & \frac{1}{2} \\ 0 & \frac{7}{2} \end{pmatrix}$$

이다. 2행의 선두요소를 1로 만들기 위해 2행에 $\frac{2}{7}$를 곱하면

$$\begin{pmatrix} 1 & \frac{1}{2} \\ 0 & 1 \end{pmatrix}$$

이다. 이 행렬은 형제형이다. 2행의 선두요소가 1이 되었으므로 위에 있는 요소를 0으로 만들기 위해 2행에 $-\frac{1}{2}$을 곱하여 1행에 더하면

$$\begin{pmatrix} 1 & 0 \\ 0 & 1 \end{pmatrix}$$

이다. 이것이 A의 기약행제형 행렬 A_R 이다. 즉,

$$A_R = \begin{pmatrix} 1 & 0 \\ 0 & 1 \end{pmatrix}.$$

기본 행연산을 수행할 때 다음 기호를 사용하도록 한다. 즉,

- $R_1 \leftrightarrow R_2$: 1행과 2행을 교환한다. 이때, 다른 행에는 변함이 없다.
- kR_1 : 1행에 상수 k를 곱한다. 이때, 다른 행에는 변함이 없다.
- $\alpha R_1 + R_2$: 1행에 α를 곱하여 2행에 더한다. 이때, 1행에 변함이 없고 2행만 변한다.

예제 7.2.1 다음 주어진 행렬의 기약행제형을 구하라.

(1) $A = \begin{pmatrix} 2 & -1 & 4 \\ 1 & 2 & 3 \end{pmatrix}$ (2) $B = \begin{pmatrix} 2 & 0 & -3 \\ -1 & 2 & 1 \\ 3 & 2 & 4 \end{pmatrix}$

풀이 기본 행 연산을 적용하는 순서는 각자 다를 수 있으나 결과는 같아야 한다.

(1) $\xrightarrow{R_1 \leftrightarrow R_2} \begin{pmatrix} 1 & 2 & 3 \\ 2 & -1 & 4 \end{pmatrix} \xrightarrow{-2R_1 + R_2} \begin{pmatrix} 1 & 2 & 3 \\ 0 & -5 & -2 \end{pmatrix}$

$$\xrightarrow{-\frac{1}{5}R_2} \begin{pmatrix} 1 & 2 & 3 \\ 0 & 1 & \frac{2}{5} \end{pmatrix} \xrightarrow{-2R_2 + R_1} \begin{pmatrix} 1 & 0 & \frac{11}{5} \\ 0 & 1 & \frac{2}{5} \end{pmatrix} = A_R$$

$$\text{(2)} \xrightarrow{\frac{1}{2}R_1} \begin{pmatrix} 1 & 0 & -\frac{3}{2} \\ -1 & 2 & 1 \\ 3 & 2 & 4 \end{pmatrix} \xrightarrow[-3R_1+R_3]{R_1+R_2} \begin{pmatrix} 1 & 0 & -\frac{3}{2} \\ 0 & 2 & -\frac{1}{2} \\ 0 & 2 & \frac{17}{2} \end{pmatrix} \xrightarrow{\frac{1}{2}R_2} \begin{pmatrix} 1 & 0 & -\frac{3}{2} \\ 0 & 1 & -\frac{1}{4} \\ 0 & 2 & \frac{17}{2} \end{pmatrix}$$

$$\xrightarrow{-2R_2+R_3} \begin{pmatrix} 1 & 0 & -\frac{3}{2} \\ 0 & 1 & -\frac{1}{4} \\ 0 & 0 & 9 \end{pmatrix} \xrightarrow{\frac{1}{9}R_3} \begin{pmatrix} 1 & 0 & -\frac{3}{2} \\ 0 & 1 & -\frac{1}{4} \\ 0 & 0 & 1 \end{pmatrix} \xrightarrow[\frac{3}{2}R_3+R_1]{\frac{1}{4}R_3+R_2} \begin{pmatrix} 1 & 0 & 0 \\ 0 & 1 & 0 \\ 0 & 0 & 1 \end{pmatrix} = B_R.$$ ■

가우스-조단(Gauss-Jordan) 소거법

연립일차방정식 $AX=B$에서 계수행렬에 상수행렬을 추가한 행렬

$$(A \,\vdots\, B)$$

를 **확대계수행렬**이라 한다. 가우스-조단 소거법으로 연립일차방정식의 해를 구하는 절차는 다음과 같다.

(1) 확대계수행렬을 작성한다.

(2) 확대계수행렬을 기본행연산을 이용하여 기약행제형으로 만든다.

$$(A \,\vdots\, B) \to \cdots \to (A_R \,\vdots\, C)_R$$

(3) 기약행제형으로부터 연립방정식을 유도하여 해를 구한다. 즉,

$$A_R X = C$$

로부터 해를 구한다.

예제 7.2.2 다음 연립방정식의 해를 가우스-조단 소거법으로 구하라.

$$\begin{cases} 2x+y=4 \\ x-3y=-5 \end{cases}$$

풀이 확대계수행렬로부터 기약행제형을 만들어 보면

$$\begin{pmatrix} 2 & 1 & 4 \\ 1 & -3 & -5 \end{pmatrix} \xrightarrow{R_1 \leftrightarrow R_2} \begin{pmatrix} 1 & -3 & -5 \\ 2 & 1 & 4 \end{pmatrix} \xrightarrow{-2R_1 + R_2} \begin{pmatrix} 1 & -3 & -5 \\ 0 & 7 & 14 \end{pmatrix}$$

$$\xrightarrow{\frac{1}{7}R_2} \begin{pmatrix} 1 & -3 & -5 \\ 0 & 1 & 2 \end{pmatrix} \xrightarrow{3R_2 + R_1} \begin{pmatrix} 1 & 0 & 1 \\ 0 & 1 & 2 \end{pmatrix}$$

이고

$$\begin{pmatrix} 1 & 0 \\ 0 & 1 \end{pmatrix}\begin{pmatrix} x \\ y \end{pmatrix} = \begin{pmatrix} 1 \\ 2 \end{pmatrix},$$

$$\begin{pmatrix} x \\ y \end{pmatrix} = \begin{pmatrix} 1 \\ 2 \end{pmatrix}$$

로부터 구하는 해는 $x=1,\ y=2$이다. ■

참고 확대계수행렬을 행제형 상태에서 방정식을 유도하여 해를 구할 수 있다. 이를 **가우스 소거법**이라 한다.

예제 7.2.2에서

$$\begin{pmatrix} 1 & -3 & -5 \\ 0 & 1 & 2 \end{pmatrix}$$

로부터

$$\begin{pmatrix} 1 & -3 \\ 0 & 1 \end{pmatrix}\begin{pmatrix} x \\ y \end{pmatrix} = \begin{pmatrix} -5 \\ 2 \end{pmatrix},$$

$$\begin{pmatrix} x-3y \\ y \end{pmatrix} = \begin{pmatrix} -5 \\ 2 \end{pmatrix}$$

가 되므로

$$x-3y=-5,\ y=2$$

가 되어 구하는 해는 $x=1,\ y=2$이다.

예제 7.2.3 연립방정식의 해를 가우스-조단 소거법으로 구하라.

$$\begin{cases} x+2y-3z=1 \\ -2x-3y+z=3 \end{cases}$$

풀이 확대계수행렬로부터 기약행제형을 만들면

$$\begin{pmatrix} 1 & 2 & -3 & 1 \\ -2 & -3 & 1 & 3 \end{pmatrix} \xrightarrow{2R_1+R_2} \begin{pmatrix} 1 & 2 & -3 & 1 \\ 0 & 1 & -5 & 5 \end{pmatrix} \xrightarrow{-2R_2+R_1} \begin{pmatrix} 1 & 0 & 7 & -9 \\ 0 & 1 & -5 & 5 \end{pmatrix}$$

이고

$$\begin{pmatrix} 1 & 0 & 7 \\ 0 & 1 & -5 \end{pmatrix}\begin{pmatrix} x \\ y \\ z \end{pmatrix} = \begin{pmatrix} -9 \\ 5 \end{pmatrix},$$

$$\begin{pmatrix} x+7z \\ y-5z \end{pmatrix} = \begin{pmatrix} -9 \\ 5 \end{pmatrix}$$

로부터 구하는 해는 $x=-9-7z$, $y=5+5z$, z는 임의 실수이다. 따라서 무수히 많은 해를 가진다. ■

예제 7.2.4 다음 연립일차방정식의 해를 가우스-조던 소거법으로 구하라.

$$\begin{cases} 2x+4y+z=-1 \\ x+3y-2z=2 \\ 3x+7y-z=0 \end{cases}$$

풀이

$$\begin{pmatrix} 2 & 4 & 1 & -1 \\ 1 & 3 & -2 & 2 \\ 3 & 7 & -1 & 0 \end{pmatrix} \xrightarrow{R_1 \leftrightarrow R_2} \begin{pmatrix} 1 & 3 & -2 & 2 \\ 2 & 4 & 1 & -1 \\ 3 & 7 & -1 & 0 \end{pmatrix} \xrightarrow[-3R_1+R_3]{-2R_1+R_2} \begin{pmatrix} 1 & 3 & -2 & 2 \\ 0 & -2 & 5 & -5 \\ 0 & -2 & 5 & -6 \end{pmatrix}$$

$$\xrightarrow{-\frac{1}{2}R_2} \begin{pmatrix} 1 & 3 & -2 & 2 \\ 0 & 1 & -\frac{5}{2} & \frac{5}{2} \\ 0 & -2 & 5 & -6 \end{pmatrix} \xrightarrow[2R_2+R_3]{-3R_2+R_1} \begin{pmatrix} 1 & 0 & \frac{11}{2} & -\frac{11}{2} \\ 0 & 1 & -\frac{5}{2} & \frac{5}{2} \\ 0 & 0 & 0 & -1 \end{pmatrix}$$

$$\xrightarrow{R_3 \times (-1)} \begin{pmatrix} 1 & 0 & \frac{11}{2} & -\frac{11}{2} \\ 0 & 1 & -\frac{5}{2} & \frac{5}{2} \\ 0 & 0 & 0 & 1 \end{pmatrix} \xrightarrow[R_3 \times \left(-\frac{5}{2}\right)+R_2]{R_3 \times \frac{11}{2}+R_1} \begin{pmatrix} 1 & 0 & \frac{11}{2} & 0 \\ 0 & 1 & -\frac{5}{2} & 0 \\ 0 & 0 & 0 & 1 \end{pmatrix}$$

로부터

$$\begin{pmatrix} 1 & 0 & \frac{11}{2} \\ 0 & 1 & -\frac{5}{2} \\ 0 & 0 & 0 \end{pmatrix}\begin{pmatrix} x \\ y \\ z \end{pmatrix} = \begin{pmatrix} 0 \\ 0 \\ 1 \end{pmatrix}$$

이고 $x+\frac{11}{2}z=0,\ y-\frac{5}{2}z=0,\ 0=1$이 되어 모순이다.

따라서 해는 존재하지 않는다. ■

예제 7.2.5 다음 연립일차방정식의 해를 가우스-조던 소거법으로 구하라.

$$\begin{cases} 2x-y-z=3 \\ x+y+2z=1 \\ -2x+y+z=-3 \end{cases}$$

풀이 $\begin{pmatrix} 2 & -1 & -1 & 3 \\ 1 & 1 & 2 & 1 \\ -2 & 1 & 1 & -3 \end{pmatrix} \xrightarrow{R_1 \leftrightarrow R_2} \begin{pmatrix} 1 & 1 & 2 & 1 \\ 2 & -1 & -1 & 3 \\ -2 & 1 & 1 & -3 \end{pmatrix} \xrightarrow[2R_1+R_3]{-2R_1+R_2}$

$$\begin{pmatrix} 1 & 1 & 2 & 1 \\ 0 & -3 & -5 & 1 \\ 0 & 3 & 5 & -1 \end{pmatrix} \xrightarrow{-\frac{1}{3}R_2} \begin{pmatrix} 1 & 1 & 2 & 1 \\ 0 & 1 & \frac{5}{3} & -\frac{1}{3} \\ 0 & 3 & 5 & -1 \end{pmatrix} \xrightarrow[-3R_2+R_3]{(-1)R_2+R_1} \begin{pmatrix} 1 & 0 & \frac{1}{3} & \frac{4}{3} \\ 0 & 1 & \frac{5}{3} & -\frac{1}{3} \\ 0 & 0 & 0 & 0 \end{pmatrix}$$

로부터

$$\begin{pmatrix} 1 & 0 & \frac{1}{3} \\ 0 & 1 & \frac{5}{3} \\ 0 & 0 & 0 \end{pmatrix} \begin{pmatrix} x \\ y \\ z \end{pmatrix} = \begin{pmatrix} \frac{4}{3} \\ -\frac{1}{3} \\ 0 \end{pmatrix}$$

이고

$$x+\frac{1}{3}z=\frac{4}{3},\ y+\frac{5}{3}z=-\frac{1}{3},\ 0=0,$$

구하는 해는 $x=\frac{4}{3}-\frac{1}{3}z,\ y=-\frac{1}{3}-\frac{5}{3}z,\ z=$ 임의 상수 이다. 따라서 해는 무수히 많다. ■

정의 7.2.1 행렬의 위수

행렬 A를 행제형 또는 기약행제형으로 나타내었을 때, 행의 모든 요소가 0이 아닌 행의 수를 그 행렬의 위수(rank)라 하고, rank(A)로 쓴다.

예제 7.2.6 다음 행렬의 위수를 구하라.

$$A = \begin{pmatrix} -2 & -3 & -1 \\ 0 & 1 & 7 \\ 1 & 2 & 4 \end{pmatrix}$$

풀이 A를 행제형으로 바꾸면

$$\begin{pmatrix} -2 & -3 & -1 \\ 0 & 1 & 7 \\ 1 & 2 & 4 \end{pmatrix} \xrightarrow{R_1 \leftrightarrow R_3} \begin{pmatrix} 1 & 2 & 4 \\ 0 & 1 & 7 \\ -2 & -3 & -1 \end{pmatrix}$$

$$\xrightarrow{2R_1 + R_3} \begin{pmatrix} 1 & 2 & 4 \\ 0 & 1 & 7 \\ 0 & 1 & 7 \end{pmatrix} \xrightarrow{(-1)R_2 + R_3} \begin{pmatrix} 1 & 2 & 4 \\ 0 & 1 & 7 \\ 0 & 0 & 0 \end{pmatrix}$$

이고 1행과 2행은 모든 요소가 0은 아니다. 따라서 $\text{rank}(A) = 2$. ■

여러 예에서 보았듯이 연립일차방정식은 해가 존재하지 않는 경우도 있고, 해가 존재하는 경우에는 여러 개의 해가 존재하는 경우도 있다. 연립방정식의 해의 존재성을 계수행렬의 위수와 계수확대행렬의 위수를 써서 표현하면 다음과 같다.

정리 7.2.1

n개의 미지수와 m개의 방정식으로 된 연립일차방정식의 계수행렬을 A, 계수확대행렬을 C라 할 때, 다음이 성립한다.

(1) 해를 가질 필요충분조건은 $\text{rank}(A) = \text{rank}(C)$이다

(2) $\text{rank}(A) = \text{rank}(C) = n$이면 유일한 해를 가진다.

(3) $\text{rank}(A) = \text{rank}(C) = r < n$이면 r개의 변수가 나머지 $n - r$개의 변수로 표시되어 해는 무수히 많다.

예제 7.2.7 다음 연립방정식의 해의 존재성에 대하여 논하라.

$$\begin{cases} x + 2y + 3z = 14 \\ 2x - 3y + 2z = 2 \\ 3x + y - z = 2 \end{cases}$$

풀이 방정식을 $AX = B$로 놓고, 확대행렬 $(A : B)$을 행제형으로 고쳐서 $(A^* : B^*)$가 되었을 때 $\text{rank}(A) = \text{rank}(A^*)$이다. 실제로

$$\begin{pmatrix} 1 & 2 & 3 & 14 \\ 2 & -3 & 2 & 2 \\ 3 & 1 & -1 & 2 \end{pmatrix} -- \cdots \rightarrow \begin{pmatrix} 1 & 2 & 3 & 14 \\ 0 & 1 & 2 & 8 \\ 0 & 0 & 1 & 3 \end{pmatrix}$$

이 되어 $\text{rank}(A) = \text{rank}(A \vdots B) = 3$이므로 유일한 해를 가진다. ■

예제 7.2.8 다음 연립방정식의 해의 존재성을 논하라.

$$\begin{cases} -x + y + 3z = -2 \\ \quad\quad y + 2z = 4 \end{cases}$$

풀이 연립방정식을 $AX = B$라 하면

$$\begin{pmatrix} -1 & 1 & 3 & -2 \\ 0 & 1 & 2 & 4 \end{pmatrix} -- \cdots \rightarrow \begin{pmatrix} 1 & 0 & -1 & 6 \\ 0 & 1 & 2 & 4 \end{pmatrix}$$

이므로 $\text{rank}(A) = \text{rank}(A \vdots B) = 2$이므로 해는 존재한다. 미지수의 개수는 3이고 $3 - 2 = 1$에서 두 개의 변수가 임의의 한 변수로 표시되므로 해는 무수히 많다.

실제로, $x = z + 6$, $y = -2z + 4$, $z = c$, c는 임의의 실수. ■

예제 7.2.9 다음 연립방정식의 해의 존재성을 논하라.

$$\begin{cases} \quad x - 2y = 1 \\ -2x + 4y = 3 \end{cases}$$

풀이 주어진 방정식을 $AX = B$라 하면

$$\begin{pmatrix} 1 & -2 & 1 \\ -2 & 4 & 3 \end{pmatrix} -- \cdots \rightarrow \begin{pmatrix} 1 & -2 & 1 \\ 0 & 0 & 5 \end{pmatrix}$$

로부터 $\text{rank}(A) = 1 \neq 2 = \text{rank}(A \vdots B)$이다. 따라서 연립방정식의 해는 존재하지 않는다. ■

연습문제 7.2

01 다음 연립일차방정식을 행렬을 이용하여 $AX = B$로 나타낼 때, A, X, B를 구하라.

(1) $\begin{cases} 4x - 2y = 8 \\ x - 2y = 5 \end{cases}$ (2) $\begin{cases} 7x + 4y - 2z = -6 \\ 16x + 2y + z = 3 \end{cases}$

(3) $\begin{cases} x - 2y + 3z \quad = -4 \\ 4x + y - 2z \quad = 7 \\ -5x - 2y + 4z = 1 \end{cases}$ (4) $\begin{cases} 2y - z \quad = 0 \\ x + 3z \quad = 4 \\ -3x - y = -2 \end{cases}$

02 가우스-조단 소거법에 의하여 다음 연립일차방정식의 해를 구하라.

(1) $\begin{cases} 2x - y = 1 \\ \qquad y = 3 \end{cases}$ (2) $\begin{cases} 2x - y = 4 \\ -x + 3z = 1 \end{cases}$

(3) $\begin{cases} x + y = 5 \\ 2x + 2y = 6 \end{cases}$ (4) $\begin{cases} 2x - y = 1 \\ 4x - 2y = 2 \end{cases}$

03 가우스 소거법으로 다음 연립일차방정식의 해를 구하라.

(1) $\begin{cases} x + y + z = -1 \\ \quad 4y + 6z = 6 \\ \quad\ y + z = 1 \end{cases}$ (2) $\begin{cases} x + 2y + 3x = -1 \\ 2x + 3y - 2z = 2 \\ 3x - y - z = 0 \end{cases}$

04 가우스 - 조단 소거법으로 다음 연립일차방정식의 해를 구하라.

(1) $\begin{cases} x + 2y + 3z = 14 \\ 2x - 3y + 2z = 2 \\ 3x + y - z = 2 \end{cases}$ (2) $\begin{cases} 2x + 3y + 8z = 0 \\ x + y + 2z = 0 \\ 5x + y - 6z = 0 \end{cases}$

(3) $\begin{cases} 2x - y + z = 4 \\ x + 3y - z = -2 \end{cases}$ (4) $\begin{cases} 2x + 3y \quad = 1 \\ x + y + 2z = -2 \\ \quad y - 6z = 3 \end{cases}$

05 다음 행렬의 위수를 구하라.

(1) $\begin{pmatrix} 2 & 3 \\ 4 & 4 \end{pmatrix}$ (2) $\begin{pmatrix} 1 & 5 \\ 5 & 1 \end{pmatrix}$

(3) $\begin{pmatrix} 0 & 1 & 0 \\ 1 & 0 & 0 \\ 0 & 0 & 1 \end{pmatrix}$ (4) $\begin{pmatrix} 3 & -3 & 0 \\ 1 & 4 & 5 \\ 4 & 4 & 8 \end{pmatrix}$

(5) $\begin{pmatrix} 6 & 1 & 8 & 3 \\ 2 & 3 & 0 & 2 \\ 4 & -1 & -8 & -3 \end{pmatrix}$ (6) $\begin{pmatrix} 3 & 0 & 2 & 2 \\ -6 & 42 & 24 & 54 \\ 21 & -21 & 0 & -15 \end{pmatrix}$

06 문제 5의 결과를 이용하여 다음 연립일차방정식의 해의 존재성에 대하여 말하라.

(1) $\begin{cases} 3x-3y=0 \\ x+4y=5 \\ 4x+4y=8 \end{cases}$ (2) $\begin{cases} 6x+y+8z=3 \\ 2x+3y=5 \\ 4x-y-8z=-3 \end{cases}$

07 다음 방정식의 해의 존재성에 대하여 말하라.

(1) $\begin{cases} -2x-y+2z=0 \\ x-y=0 \\ x+y=0 \end{cases}$ (2) $\begin{cases} 3x-2y+z=6 \\ x+10y-z=2 \\ -3x-2y+z=10 \end{cases}$

7.3 행렬식

본 장에서는 주어진 정방행렬에 실수를 하나 대응시키는 방법에 대하여 알아보고 이들의 성질에 대하여 공부한다.

정의 7.3.1

주어진 정방행렬 A에서 i행과 j열을 제거하고 남은 행렬을 $ij-$**소행렬**이라 하고 $M_{ij}(A)$ 또는 간단히 M_{ij}로 나타낸다.

예제 7.3.1 다음 행렬 A에서 M_{23}, M_{12}, M_{33}을 구하라.

$$A = \begin{pmatrix} 3 & -2 & 4 \\ 0 & 4 & -5 \\ -7 & 1 & 6 \end{pmatrix}$$

풀이 이 행렬에서 M_{23}는 2행과 3열을 제거하고 남은 2×2행렬인

$$M_{23} = \begin{pmatrix} 3 & -2 \\ -7 & 1 \end{pmatrix}$$

이다. 같은 방법으로

$$M_{12} = \begin{pmatrix} 0 & -5 \\ -7 & 6 \end{pmatrix}, \quad M_{33} = \begin{pmatrix} 3 & -2 \\ 0 & 4 \end{pmatrix}$$

이다. ■

정의 7.3.2 행렬식

n정방행렬 $A = (a_{ij})$에 다음과 같은 정의에 의하여 대응하는 실수 $|A|$ 또는 $\det(A)$를 A의 **행렬식**이라 한다.

(1) $n = 1$일 때, $|A| = a_{11}$.

(2) $n \geq 2$일 때,

$$\begin{aligned} |A| &= \sum_{j=1}^{n} (-1)^{1+j} a_{1j} |M_{1j}| \\ &= a_{11}|M_{11}| - a_{12}|M_{12}| + \cdots + (-1)^{1+n} a_{1n}|M_{1n}| \end{aligned}$$

참고 이것은 1행에 대한 소행렬식 전개이다. 그러나 임의의 행을 택하여 전개하여도 $|A|$는 같은 값을 가진다.

예제 7.3.2 다음 행렬의 행렬식을 구하라.

$$A = \begin{pmatrix} 1 & -2 \\ 4 & 3 \end{pmatrix}$$

풀이 $|A| = \sum_{j=1}^{2} (-1)^{1+j} |a_{1j}||M_{1j}||A| = \sum_{j=1}^{2} (-1)^{1+j} |a_{1j}||M_{1j}|$

$$= (-1)^{1+1} a_{11} |M_{11}| + (-1)^{1+2} a_{12} |M_{12}| + (-1)^{1+3} a_{13} |M_{13}|$$

$$= 1|(3)| - (-2)|(4)| = 1 \times 3 + 2 \times 4 = 11.$$

■

표현의 간편성을 위해서 행렬식 내부의 행렬 기호인 괄호는 생략한다. 즉 $|(\ )| = |\ |$.

참고 행렬식을 구하기 위해서는 정의에 따라 소행렬식을 전개하는 일련의 과정을 거쳐야 하지만 $n = 2$ 인 경우는 다음과 같은 사실이 알려져 있다.

$A = \begin{pmatrix} a_{11} & a_{12} \\ a_{21} & a_{22} \end{pmatrix}$일 때,

$$|A| = \begin{vmatrix} a_{11} & a_{12} \\ a_{21} & a_{22} \end{vmatrix} = a_{11}a_{22} - a_{21}a_{12}$$

이 방법을 이용하면 예제 7.3.2의 행렬식은 $|A| = 3 - (-8) = 11$임을 알 수 있다.

예제 7.3.3 다음 행렬의 행렬식을 구하라.

$$A = \begin{pmatrix} 1 & 0 & 1 \\ 2 & 1 & 2 \\ 0 & 4 & 6 \end{pmatrix}$$

풀이 1행에 대한 소행렬식 전개를 하고 참고의 방법을 이용하여 행렬식을 구하면

$$|A| = 1 \bullet \begin{vmatrix} 1 & 2 \\ 4 & 6 \end{vmatrix} - 0 \bullet \begin{vmatrix} 2 & 2 \\ 0 & 6 \end{vmatrix} + 1 \bullet \begin{vmatrix} 2 & 1 \\ 0 & 4 \end{vmatrix}$$

$$= (6 - 8) + (8 - 0) = 6$$

이다.

■

참고 $n=3$인 경우에도 행렬식 계산에 다음과 같은 사실이 알려져 있다.

$A=\begin{pmatrix} a_{11} & a_{12} & a_{13} \\ a_{21} & a_{22} & a_{23} \\ a_{31} & a_{32} & a_{33} \end{pmatrix}$일 때,

$$|A| = \begin{vmatrix} a_{11} & a_{12} & a_{13} \\ a_{21} & a_{22} & a_{23} \\ a_{31} & a_{32} & a_{33} \end{vmatrix} \begin{matrix} a_{11} & a_{12} \\ a_{21} & \\ a_{31} & a_{32} \end{matrix} = (\text{실선의 곱들의 합}) - (\text{점선의 곱들의 합})$$

$n=2,\ 3$인 경우에 이같이 행렬식을 계산하는 방법을 Sarrus 방법이라 한다. 그러나 $n \ge 4$인 경우에는 행렬식을 구하는데 적용할 수 없음을 유의해야 한다.

예제 7.3.4 다음 행렬식을 구하라.

$$\begin{vmatrix} -2 & 3 & 0 \\ 0 & 4 & -5 \\ 1 & 6 & 8 \end{vmatrix}$$

풀이 소행렬식 전개 대신에 Sarrus 방법을 이용하면 간단하다.

$$\begin{vmatrix} -2 & 3 & 0 \\ 0 & 4 & -5 \\ 1 & 6 & 8 \end{vmatrix} = (-64-15)-(0+60) = -139.$$ ■

예제 7.3.5 다음 행렬식을 구하라.

(1) $\begin{vmatrix} 2 & 0 & 0 & 4 \\ 5 & -1 & 6 & 8 \\ -4 & 7 & 0 & 1 \\ -1 & 5 & 0 & 3 \end{vmatrix}$ (2) $\begin{vmatrix} 2 & 3 & -1 & 5 \\ 1 & 0 & 4 & 0 \\ -2 & -3 & 1 & 5 \\ 3 & 6 & 0 & 0 \end{vmatrix}$

풀이 Sarrus 방법은 3이하의 정방행렬에서만 가능하므로 먼저 1행에 대한 소행렬식 전개를 한 다음에 소행렬식에 Sarrus 방법을 적용하면 계산이 간단하다.

(1) $2\begin{vmatrix} -1 & 6 & 8 \\ 7 & 0 & 1 \\ 5 & 0 & 3 \end{vmatrix} - 0\begin{vmatrix} 5 & 6 & 8 \\ -4 & 0 & 1 \\ -1 & 0 & 3 \end{vmatrix} + 0\begin{vmatrix} 5 & -1 & 8 \\ -4 & 7 & 1 \\ -1 & 5 & 3 \end{vmatrix} - 4\begin{vmatrix} 5 & -1 & 6 \\ -4 & 7 & 0 \\ -1 & 5 & 0 \end{vmatrix}$

$= 2(30-126)-4[(-120)-(-42)] = 120.$

(2) $2\begin{vmatrix} 0 & 4 & 0 \\ -3 & 1 & 5 \\ 6 & 0 & 0 \end{vmatrix} - 3\begin{vmatrix} 1 & 4 & 0 \\ -2 & 1 & 5 \\ 3 & 0 & 0 \end{vmatrix} + (-1)\begin{vmatrix} 1 & 0 & 0 \\ -2 & -3 & 5 \\ 3 & 6 & 0 \end{vmatrix} - 5\begin{vmatrix} 1 & 0 & 4 \\ -2 & -3 & 1 \\ 3 & 6 & 0 \end{vmatrix}$

$= 2\times 120 - 3\times 60 - (-30) - 5(-18) = 180.$ ■

참고 1행의 요소에 0이 많을수록 행렬식의 계산이 간단하다는 것을 알 수 있다.

행렬식을 구할 때는 구하고자 하는 행렬이 행렬식을 이미 알고 있는 다른 행렬과 특별한 관계가 있거나, 구하고자 하는 행렬이 특별한 형태의 행렬이면 복잡한 계산을 하지 않고 간단하게 그 값을 구할 수 있다.

정리 7.3.1 행렬식의 성질

(1) $|A| = |A^t|$

(2) B가 A의 한 행을 k배하여 얻은 행렬이면 $|B| = k|A|$이다.

(3) $B = kA$이면 $|B| = k^n|A|$이다.

(4) B가 A의 임의의 두 행을 교환하여 얻은 행렬이면 $|B| = -|A|$이다.

(5) B가 A의 한 행을 상수배 하여 다른 행에 더하여 얻은 행렬이면 $|B| = |A|$이다.

(6) 어느 한 행의 원소가 모두 0인 행렬의 행렬식은 0이다.

(7) 어느 두 행이 같거나, 두 행이 비례하면 그 행렬의 행렬식은 0이다.

(8) 삼각행렬의 행렬식은 대각에 있는 원소들의 곱이다.

(9) $|AB| = |A||B|$

참고 행렬식의 성질에서 행에 관하여 성립하는 성질은 열에 관하여 적용해도 같은 결과를 얻는다.

이제 이 성질들이 어떻게 행렬식의 계산을 간단하게 하는지 차례대로 알아보도록 하자. 예를 들어서

$$A = \begin{pmatrix} 5 & 3 \\ 2 & -1 \end{pmatrix} \text{일 때, } |A| = -11$$

이다. 이때 다음 행렬식은 행렬식 $|A|$를 이용하여 구할 수 있다.

(1) $\begin{vmatrix} 5 & 2 \\ 3 & -1 \end{vmatrix} = |A^t| = |A| = -11.$

(2) $\begin{vmatrix} 5 & 3 \\ 4 & -2 \end{vmatrix} = 2|A| = -22.$ (A의 2행에 2를 곱한 행렬)

(3) $\begin{vmatrix} -10 & -6 \\ -4 & 2 \end{vmatrix} = (-2)^2|A| = -44.$ (주어진 행렬식은 $|2A|$와 같다)

(4) $\begin{vmatrix} 2 & -1 \\ 5 & 3 \end{vmatrix} = -|A| = 11.$ (A의 1행과 2행을 교환)

(5) $\begin{vmatrix} 1 & 5 \\ 2 & -1 \end{vmatrix} = |A| = -11.$ (A의 2행에 -2를 곱해서 1행에 더한 행렬)

(6) $\begin{vmatrix} 0 & 0 \\ -3 & 8 \end{vmatrix} = 0.$ (1행의 원소가 모두 0)

(7) $\begin{vmatrix} 2 & 1 \\ 6 & 3 \end{vmatrix} = 0.$ (2행은 1행의 3배)

(8) $\begin{vmatrix} 2 & -3 & 0 \\ 0 & 1 & 5 \\ 0 & 0 & -4 \end{vmatrix} = 2 \times 1 \times (-4) = -8.$ (삼각행렬의 행렬식은 주대각요소의 곱)

(9) $B = \begin{pmatrix} 3 & 2 \\ 5 & 6 \end{pmatrix}$일 때, $|AB| = |A||B| = (-11) \times 8 = -88.$

참고 1. 성질(4)를 이용하여 가능한 0을 많이 포함하는 행을 1열로 놓고 소행렬식 전개하면 행렬식을 구하는 것이 간편하다.

2. 성질(5)를 이용하여 가능한 많은 원소가 0이 되게 한 다음에 행렬식을 구하면 행렬식을 구하는 것이 간편하다.

예제 7.3.6 다음 행렬식을 구하라.

(1) $\begin{vmatrix} 3 & 5 & -4 \\ -6 & 1 & 7 \\ 0 & 0 & 2 \end{vmatrix}$ (2) $\begin{vmatrix} 2 & -1 & -4 \\ 0 & 3 & 5 \\ 2 & 2 & 3 \end{vmatrix}$

풀이 (1) 일행과 삼행을 교환하면

$$\begin{vmatrix} 3 & 5 & -4 \\ -6 & 1 & 7 \\ 0 & 0 & 2 \end{vmatrix} = -\begin{vmatrix} 0 & 0 & 2 \\ -6 & 1 & 7 \\ 3 & 5 & -4 \end{vmatrix} = -2\begin{vmatrix} -6 & 1 \\ 3 & 5 \end{vmatrix} = 66.$$

(2) 1행에 -1을 곱하여 3행에 더하면

$$\begin{vmatrix} 2 & -1 & -4 \\ 0 & 3 & 5 \\ 2 & 2 & 3 \end{vmatrix} = \begin{vmatrix} 2 & -1 & 4 \\ 0 & 3 & 5 \\ 0 & 3 & 7 \end{vmatrix}$$

이고 우변의 행과 열을 바꾸면

$$= \begin{vmatrix} 2 & 0 & 0 \\ -1 & 3 & 3 \\ 4 & 5 & 7 \end{vmatrix} = 2\begin{vmatrix} 3 & 3 \\ 5 & 7 \end{vmatrix} = 12.$$ ■

예제 7.3.7 다음 방정식의 해를 구하라.

$$\begin{vmatrix} 5 & -4 & 1 \\ 4 & 6 & 3 \\ 3-2x & 1+x & 3x \end{vmatrix} = 0$$

풀이 행에 관한 성질을 열에 적용한다. 셋째 열에 -5를 곱하여 첫째 열에 더하고, 셋째 열에 4를 곱하여 둘째 열에 더하면,

$$\begin{vmatrix} 5 & -4 & 1 \\ 4 & 6 & 3 \\ 3-2x & 1+x & 3x \end{vmatrix} = \begin{vmatrix} 0 & 0 & 1 \\ -11 & 18 & 3 \\ 3-17x & 1+13x & 3x \end{vmatrix}$$

$$= \begin{vmatrix} -11 & 18 \\ 3-17x & 1+13x \end{vmatrix} \quad \text{(1행에 대한 전개)}$$

$$= -65 + 163x = 0$$

이므로 구하는 해는 $x = \dfrac{65}{163}$이다. ■

연습문제 7.3

01 다음 행렬식을 계산하라.

(1) $\begin{vmatrix} 1 & -2 \\ 3 & 1 \end{vmatrix}$

(2) $\begin{vmatrix} 1 & 3 \\ -2 & 1 \end{vmatrix}$

(3) $\begin{vmatrix} 5 & 8 & -4 \\ -2 & 1 & 3 \\ 0 & 0 & 1 \end{vmatrix}$

(4) $\begin{vmatrix} 5 & -2 & 0 \\ 8 & 1 & 0 \\ -4 & 0 & 1 \end{vmatrix}$

02 다음 행렬식을 계산하라.

(1) $\begin{vmatrix} 1 & 3 & 1 & 2 \\ 2 & 0 & -2 & -4 \\ -1 & 1 & 0 & 1 \\ 2 & 5 & 3 & 6 \end{vmatrix}$ (2) $\begin{vmatrix} 3 & 2 & 0 & 0 \\ 6 & 8 & 0 & 0 \\ 0 & 0 & 4 & 7 \\ 0 & 0 & 2 & 5 \end{vmatrix}$

03 다음에서 a의 값을 구하라.

(1) $\begin{vmatrix} a-1 & 0 & 0 \\ 0 & a-2 & 0 \\ 0 & 0 & a-3 \end{vmatrix} = 0$ (2) $\begin{vmatrix} 1 & a & a \\ a & 1 & 0 \\ a & 0 & 1 \end{vmatrix} = 0$

04 A가 임의의 3×3행렬일 때, 실수 k에 대하여 $\det(kA) = k^3\det(A)$임을 보여라.

05 $\det(A) = -2$, $\det(B) = 3$일 때 다음 식의 값을 구하라. 단 A, B는 3×3행렬이다.

(1) $\det(-A^t)$ (2) $\det(-3A)$

(3) $\det(AB^t)$ (4) $\det(A^2B^2)$

(5) $\det(AA^t)$ (6) $\det(2AB)$

06 $\begin{vmatrix} a & b & c \\ x & y & z \\ 1 & 2 & 3 \end{vmatrix} = 5$일 때, 다음 행렬식을 구하라.

(1) $\begin{vmatrix} a & 1 & x \\ b & 2 & y \\ c & 3 & z \end{vmatrix}$ (2) $\begin{vmatrix} x & y & z \\ 2 & 4 & 6 \\ a & b & c \end{vmatrix}$

(3) $\begin{vmatrix} 1 & 2 & 3 \\ x-2 & y-4 & z-6 \\ a & b & c \end{vmatrix}$ (4) $\begin{vmatrix} 2a & 2b & 2c \\ 1 & 2 & 3 \\ 1+x & 2+y & 3+z \end{vmatrix}$

7.4 역행렬과 크래머 법칙

본 절에서는 연립 선형방정식의 계수행렬이 정방행렬이고 행렬식이 0이 아닌 경우에서 연립일차방정식의 해를 구하는 새로운 방법을 알아본다.

정의 7.4.1

(1) n정방행렬 A에 대하여, n정방행렬 B가 존재하여

$$AB = BA = I_n$$

일 때, A를 **가역행렬**이라 하고, B를 A의 **역행렬**이라 부르며 $B = A^{-1}$로 나타낸다.

(2) 가역이 아닌 행렬을 **비가역행렬**이라 한다.

정리 7.4.1

가역행렬 A의 역행렬은 오직 한 개 존재한다.

증명 행렬 B와 C를 행렬 A의 역행렬이라 하자. 그러면 행렬의 곱에 관한 결합법칙과 역함수의 정의에 따라

$$B = BI = B(AC) = (BA)C = IC = C$$

이므로 $B = C$이다. 따라서 A의 역행렬은 오직 한 개 존재한다.

예제 7.4.1 행렬 $A = \begin{pmatrix} -2 & 1 \\ 5 & -3 \end{pmatrix}$에 대하여 $B = \begin{pmatrix} -3 & -1 \\ -5 & -2 \end{pmatrix}$는 $B = A^{-1}$임을 보여라.

풀이 $AB = BA = I$임을 보이면 된다. 실제로

$$AB = \begin{pmatrix} 1 & 0 \\ 0 & 1 \end{pmatrix} = BA$$

가 되어 $B = A^{-1}$이고 $A = B^{-1}$이다. 역행렬의 존재 여부에 대해서는 다음과 같은 사실이 있다. ■

정리 7.4.2

정방행렬 A와 B의 역행렬을 각각 A^{-1}, B^{-1}라고 하면 다음이 성립한다.

(1) $(A^{-1})^{-1} = A$ (2) $(AB)^{-1} = B^{-1}A^{-1}$

증명 A가 n정방행렬이라 하자.

(1) A^{-1}가 A의 역행렬이므로

$$AA^{-1} = A^{-1}A = I_n$$

이다. A^{-1}의 관점에서 보면 A는 A^{-1}의 역행렬이므로 다음과 같다.

$$(A^{-1})^{-1} = A.$$

(2) 곱셈에 관한 결합법칙에 따라

$$\begin{aligned}(AB)(B^{-1}A^{-1}) &= (ABB^{-1})A^{-1}\\ &= A(BB^{-1})A^{-1} = AI_nA^{-1}\\ &= AA^{-1} = I_n,\\ (B^{-1}A^{-1})(AB) &= (B^{-1}A^{-1}A)B\\ &= B^{-1}(A^{-1}A)B = B^{-1}I_nB\\ &= B^{-1}B = I_n\end{aligned}$$

이다. 따라서 $(AB)^{-1} = B^{-1}A^{-1}$.

예제 7.4.2 두 행렬 $A = \begin{pmatrix} 0 & -1 \\ 1 & 2 \end{pmatrix}$, $B = \begin{pmatrix} 1 & 2 \\ 0 & 1 \end{pmatrix}$에 대하여 역행렬의 정의를 이용하여 A^{-1}, B^{-1}를 구하고 이를 이용하여 $(AB)^{-1}$를 구하라.

풀이 $A^{-1} = \begin{pmatrix} a & b \\ c & d \end{pmatrix}$, $B^{-1} = \begin{pmatrix} x & y \\ w & z \end{pmatrix}$라하고 방정식을 풀면 $A^{-1} = \begin{pmatrix} 2 & 1 \\ -1 & 0 \end{pmatrix}$이고 정리 7.4.2에 의하여

$$(AB)^{-1} = B^{-1}A^{-1} = \begin{pmatrix} 1 & -2 \\ 0 & 1 \end{pmatrix}\begin{pmatrix} 2 & 1 \\ -1 & 0 \end{pmatrix} = \begin{pmatrix} 4 & 1 \\ -1 & 0 \end{pmatrix}.$$ ■

정의 7.4.2

정방행렬 $A = (a_{ij})$에서 A_{ij}를 a_{ij}의 **여인수**라 하고 다음과 같이 정의한다.

$$A_{ij} = (-1)^{i+j}|M_{ij}|\ .$$

예제 7.4.3 다음 행렬에서 A_{23}, A_{31}을 구하라.

$$A = \begin{pmatrix} 2 & -1 & 3 \\ 1 & 4 & 2 \\ 0 & 2 & 1 \end{pmatrix}$$

풀이 $A_{23} = (-1)^{2+3}\begin{vmatrix} 2 & -1 \\ 0 & 2 \end{vmatrix} = (-1) \times 4 = -4.$

$A_{31} = (-1)^{3+1}\begin{vmatrix} -1 & 3 \\ 4 & 2 \end{vmatrix} = -14.$ ■

정리 7.4.3

$A = (a_{ij})$가 정방행렬일 때 다음이 성립한다.

(1) A가 가역일 필요충분조건은 $|A| \neq 0$이다.

(2) A가 가역일 때, A의 역행렬 A^{-1}은 다음과 같이 주어진다.

$$A^{-1} = \frac{1}{|A|}(A_{ij})^t, \quad i, j = 1, 2, \cdots, n$$

이제 가역행렬의 역행렬을 구하여 보자.

예제 7.4.4 정리 7.4.3을 이용하여 $A = \begin{pmatrix} 2 & 1 \\ 4 & 3 \end{pmatrix}$의 역행렬을 구하라.

풀이 $|A| = 2$이므로 A의 역행렬이 존재한다.

$$A_{11} = 3,\ A_{12} = -4,\ A_{21} = -1,\ A_{22} = 2$$

이므로

$$A^{-1}=\frac{1}{2}\begin{pmatrix} 3 & -4 \\ -1 & 2 \end{pmatrix}^t=\frac{1}{2}\begin{pmatrix} 3 & -1 \\ -4 & 2 \end{pmatrix}=\begin{pmatrix} \frac{3}{2} & -\frac{1}{2} \\ -2 & 1 \end{pmatrix}.$$ ■

예제 7.4.5 정리 7.4.3를 이용하여 다음 행렬의 역행렬을 구하라.

$$B=\begin{pmatrix} 3 & -2 & 4 \\ 1 & 1 & 3 \\ -1 & 2 & -1 \end{pmatrix}$$

풀이 $|B|=-5$이므로 B의 역행렬은 존재한다.

$$B_{11}=-7,\ B_{12}=-2,\ B_{13}=3$$

$$B_{21}=-6,\ B_{22}=1,\ B_{23}=-4$$

$$B_{31}=-10,\ B_{32}=-5,\ B_{33}=5$$

이므로

$$B^{-1}=-\frac{1}{5}\begin{pmatrix} -7 & -2 & 3 \\ -6 & 1 & -4 \\ -10 & -5 & 5 \end{pmatrix}^t=\begin{pmatrix} \frac{7}{5} & \frac{6}{5} & 2 \\ \frac{2}{5} & -\frac{1}{5} & 1 \\ -\frac{3}{5} & \frac{4}{5} & -1 \end{pmatrix}.$$

■

참고 행렬 A가 2정방행렬 $A=\begin{pmatrix} a_{11} & a_{12} \\ a_{21} & a_{22} \end{pmatrix}$인 경우는 다음 사실이 알려져 있다.

$$|A|=a_{11}a_{22}-a_{21}a_{12}\neq 0$$

이면,

$$A^{-1}=\frac{1}{|A|}\begin{pmatrix} a_{22} & -a_{12} \\ -a_{21} & a_{11} \end{pmatrix}.$$

예제 7.4.6 $A=\begin{pmatrix} 2 & -3 \\ 1 & 2 \end{pmatrix}$의 역행렬을 구하라.

풀이 2×2행렬의 행렬식은 공식을 이용하면 간편하다.

$$|A|=7\text{이므로 } A^{-1}=\frac{1}{7}\begin{pmatrix} 2 & 3 \\ -1 & 2 \end{pmatrix}.$$ ■

참고 주어진 행렬 $A=(a_{ij})_{n\times n}$의 역행렬은 기본 행 연산을 이용하여 다음과 같이 구할 수 있다.

$$(A \,\vdots\, I_n) \to (\text{기본 행 연산}) \to (I_n \,\vdots\, B) \Rightarrow B=A^{-1}.$$

예를 들어, $\begin{pmatrix} 2 & 1 \\ -1 & 3 \end{pmatrix}$의 역행렬은

$$\left(\begin{matrix} 2 & 1 \\ -1 & 3 \end{matrix} \,\vdots\, \begin{matrix} 1 & 0 \\ 0 & 1 \end{matrix}\right) \to (\text{기본 행 연산}) \to \left(\begin{matrix} 1 & 0 \\ 0 & 1 \end{matrix} \,\vdots\, \begin{matrix} \frac{3}{7} & -\frac{1}{7} \\ \frac{1}{7} & \frac{2}{7} \end{matrix}\right)\text{에서}$$

$$\begin{pmatrix} 2 & 1 \\ -1 & 3 \end{pmatrix}^{-1}=\begin{pmatrix} \frac{3}{7} & -\frac{1}{7} \\ \frac{1}{7} & \frac{2}{7} \end{pmatrix}.$$

역행렬과 연립방정식의 해

연립일차방정식이 정방행렬 $A=(a_{ij})$에 대하여 $|A|\neq 0$일 때, 연립일차방정식의 $AX=B$의 해는 X는

$$A^{-1}AX=A^{-1}B$$

$$X=A^{-1}B$$

이다.

예제 7.4.7 다음 연립방정식의 해를 역행렬을 이용하여 구하라.

$$\begin{cases} 2x+y=4 \\ 4x+3y=2 \end{cases}$$

풀이 주어진 연립방정식을 $AX=B$라 하면

$$X=\begin{pmatrix} x \\ y \end{pmatrix}=A^{-1}B=\begin{pmatrix} \frac{3}{2} & -\frac{1}{2} \\ -2 & 1 \end{pmatrix}\begin{pmatrix} 4 \\ 2 \end{pmatrix}=\begin{pmatrix} 5 \\ -6 \end{pmatrix}$$

이므로 $x=5,\ y=-6$이다. ■

예제 7.4.8 주어진 역행렬을 이용하여 다음 연립일차방정식의 해를 구하라.

$$\begin{cases} -2x+2y-3z=1 \\ x+z \qquad\quad =-2, \\ -4x+3y-5z=0 \end{cases} \quad \begin{pmatrix} -2 & 2 & -3 \\ 1 & 0 & 1 \\ -4 & 3 & -5 \end{pmatrix}^{-1} = \begin{pmatrix} 3 & -1 & -2 \\ -1 & 2 & 1 \\ -3 & 2 & 2 \end{pmatrix}$$

풀이 연립방정식을 $AX=B$라 하면

$$X=\begin{pmatrix} x \\ y \\ z \end{pmatrix} = \begin{pmatrix} -2 & 2 & -3 \\ 1 & 0 & 1 \\ -4 & 3 & -5 \end{pmatrix}^{-1} \begin{pmatrix} 1 \\ -2 \\ 0 \end{pmatrix}$$

$$= \begin{pmatrix} 3 & -1 & -2 \\ -1 & 2 & 1 \\ -3 & 2 & 2 \end{pmatrix} \begin{pmatrix} 1 \\ -2 \\ 0 \end{pmatrix} = \begin{pmatrix} 5 \\ -5 \\ -7 \end{pmatrix}$$

이므로 $x=5, y=-5, z=-7$ 이다. ■

정리 7.4.4 크레머(cramer)의 법칙

연립일차방정식 $AX=B$에서 $|A|\neq 0$일 때, A_j는 계수행렬 A에서 j열의 원소가 B의 원소로 바뀐 행렬이라 하자. 그러면 구하는 해는

$$x_j=\frac{|A_j|}{|A|},\quad j=1,2,\cdots,n$$

이다.

예제 7.4.9 크래머의 법칙을 이용하여 다음 연립일차방정식의 해를 구하라.

$$\begin{cases} 2x+y \ \ =4 \\ 4x+3y=2 \end{cases}$$

풀이 주어진 연립방정식을 $AX=B$ 라 하면 $|A|=2$이고

$$A_1=\begin{pmatrix} 4 & 1 \\ 2 & 3 \end{pmatrix},\ |A_1|=10$$

$$A_2=\begin{pmatrix} 2 & 4 \\ 4 & 2 \end{pmatrix},\ |A_2|=-12$$

이므로

$$x = x_1 = \frac{10}{2} = 5, \quad y = x_2 = \frac{-12}{2} = -6$$

이다. ■

예제 7.4.10 다음 연립일차방정식의 해에서 x, y, z의 값을 구하라.

$$\begin{cases} x + y + z = 1 \\ x + 3y + 6z = 1 \\ x + 2y + 3z = 0 \end{cases}$$

풀이 연립일차방정식을 $AX = B$로 나타내면

$$A = \begin{pmatrix} 1 & 1 & 1 \\ 1 & 3 & 6 \\ 1 & 2 & 3 \end{pmatrix}, \quad |A| = -1$$

이고 크래머의 법칙에 의하여

$$x = (-1)\begin{vmatrix} 1 & 1 & 1 \\ 1 & 3 & 6 \\ 0 & 2 & 3 \end{vmatrix} = 4,$$

$$y = (-1)\begin{vmatrix} 1 & 1 & 1 \\ 1 & 1 & 6 \\ 1 & 0 & 3 \end{vmatrix} = -5,$$

$$z = (-1)\begin{vmatrix} 1 & 1 & 1 \\ 1 & 3 & 1 \\ 1 & 2 & 0 \end{vmatrix} = 2.$$

■

연습문제 7.4

01 다음 행렬이 가역행렬인지를 결정하고, 가역이면 역행렬을 구하라.

(1) $\begin{pmatrix} -1 & 5 \\ 2 & 3 \end{pmatrix}$

(2) $\begin{pmatrix} 1 & -2 \\ 2 & 4 \end{pmatrix}$

(3) $\begin{pmatrix} 3 & 2 & 1 \\ 0 & 2 & 2 \\ 0 & -1 & -1 \end{pmatrix}$

(4) $\begin{pmatrix} 2 & 0 & 0 \\ 1 & 4 & 0 \\ 5 & 4 & 0 \end{pmatrix}$

(5) $\begin{pmatrix} 2 & 0 & -1 \\ 5 & 1 & 0 \\ 0 & 1 & 3 \end{pmatrix}$

(6) $\begin{pmatrix} 2 & -1 & 3 \\ 1 & 0 & -2 \\ -1 & 1 & 2 \end{pmatrix}$

02 행렬 $\begin{pmatrix} \alpha+4 & 4 \\ 3 & \alpha \end{pmatrix}$가 가역이기 위한 α의 값을 구하라.

03 다음에 답하라.

(1) 다음 사실을 이용하여 주어진 연립방정식의 해를 구하라.

$$\begin{cases} x+2y=4 \\ 3x+4y=-2 \end{cases}, \quad \begin{pmatrix} 1 & 2 \\ 2 & 4 \end{pmatrix}^{-1} = \begin{pmatrix} -2 & 1 \\ \frac{3}{2} & -\frac{1}{2} \end{pmatrix}$$

(2) 다음 사실을 이용하여 다음 연립방정식의 해를 구하여라.

$$\begin{cases} -x+3z-2 \\ 7x+y-z=-1 \\ 2x+3y=3 \end{cases}, \quad \begin{pmatrix} -1 & 0 & 3 \\ 7 & 1 & -1 \\ 2 & 3 & 0 \end{pmatrix}^{-1} = \frac{1}{54}\begin{pmatrix} 2 & 9 & -3 \\ -2 & -6 & 20 \\ 9 & 3 & -1 \end{pmatrix}$$

04 문제 1의 (5), (6)의 결과를 이용하여 다음 연립방정식의 해를 구하라.

(1) $\begin{cases} 2x-z=2 \\ 5x+y=-1 \\ y+3z=3 \end{cases}$

(2) $\begin{cases} 2x-y+3z=1 \\ x \quad -2z=0 \\ -x+y+2z=-3 \end{cases}$

05 크래머의 법칙을 이용하여 연립방정식의 해를 구하라.

(1) $\begin{cases} x+2y=5 \\ 5x+4y=1 \end{cases}$

(2) $\begin{cases} x-3y=10 \\ 2x-y=0 \end{cases}$

(3) $\begin{cases} x+4y=13 \\ 2x+y=5 \end{cases}$

(4) $\begin{cases} 6x+2y=-7 \\ 2x-3y=5 \end{cases}$

06 크래머의 법칙

을 이용하여 y의 값을 구하라.

(1) $\begin{cases} 2x+2y+z=7 \\ x+y-z=0 \\ -x+y+3x=1 \end{cases}$ (2) $\begin{cases} 2x+y+2z=-1 \\ x+z=-1 \\ -x+3y-2z=7 \end{cases}$

07 크래머의 법칙을 이용하여 z의 값을 구하라.

(1) $\begin{cases} x+3z=3 \\ 2x+4y+z=-1 \\ x+3y+z=8 \end{cases}$ (2) $\begin{cases} x-2y+2z=2 \\ 3x+y-z=3 \\ 2x+2y-3z=1 \end{cases}$

CHAPTER

08

관계

8.1 관계와 성질

두 집합 사이의 관계를 나타내는 가장 직접적인 방법은 관련된 두 원소로 구성되는 순서쌍을 이용하는 것이다.

정의 8.1.1

두 집합 A와 B에서 곱집합 $A \times B$의 부분집합을 A에서 B로의 **이항관계**라고 한다.

다시 말하자면, 집합 $R = \{(a, b) \mid a \in A,\ b \in B\}$는 A에서 B로의 이항관계이다. $(a, b) \in R$일 때, aRb로 나타내고 a와 b는 R에 의하여 관련되어있다고 한다. 또 $(a, b) \notin R$일 때 $a \not R b$로 나타낸다. R에 속한 순서쌍에서 첫 번째 원소의 집합이 R의 **정의역**이고, 두 번째 원소들의 집합이 R의 **치역**이다.

두 개 이상의 집합 사이의 관계를 정의할 수 있으나 본 절에서는 혼동이 없는 한 이항관계를 간단히 관계라고 부른다. 또한 집합은 특별한 언급이 없는 한 공집합이 아닌 것으로 한다.

예제 8.1.1 $A = \{1, 2, 3\}$, $B = \{a, b\}$일 때, $R = \{(1, a), (1, b), (2, b), (3, a)\}$는 A에서 B로의 관계이다. $(1, a) \in R$이므로 $1Ra$이고 $(3, b) \notin R$이므로 $3 \not R b$이다. ■

예제 8.1.2 집합 A에서 B로의 함수 f에 대하여 함수 f의 그래프 $\{(a, f(a)) \mid a \in A\}$는 A에서 B로의 관계이다. ■

이때 함수의 그래프에서 주목할 점은 A의 모든 원소가 순서쌍의 첫 번째 원소로 꼭 한 번 나타난다. 역으로 R이 A에서 B로의 관계이고, A의 모든 원소가 순서쌍의 첫 번째 원소로 꼭 한 번 나타난다면 이 관계는 R을 함수의 그래프로 하는 함수가 정의될 수 있다.

예제 8.1.3 $|A|=m$, $|B|=n$일 때, A에서 B로의 서로 다른 관계의 개수를 구하라.

풀이 R이 A에서 B로의 서로 관계이면 $R \subseteq A \times B$이므로 서로 다른 R의 종류는 $A \times B$의 멱집합 $P(A \times B)$의 개수와 같다. $|A \times B| = |A||B| = mn$이므로 $|P(A \times B)| = 2^{mn}$이 되어 서로 다른 R의 개수는 2^{mn}이다. ■

두 집합 사이의 이항관계를 생각할 때, 두 집합이 반드시 다를 필요는 없다. 같은 집합에서의 이항관계는 특별한 관심거리이다.

정의 8.1.2

집합 A에서 A로의 이항관계를 집합 A 위에서의 관계라고 한다. 즉 $A \times A$의 부분집합은 A 위에서의 관계이다.

참고로, 예제 8.1.3을 이용하면 $|A|=n$인 집합에서 서로 다른 관계의 개수는 2^{n^2}임을 알 수 있다.

예제 8.1.4 $A=\{1, 2, 3, 4\}$이고 $R \subseteq A \times A$에서

$$(a, b) \in R \Leftrightarrow b\text{는 } a\text{의 배수}$$

로 정의할 때 R을 구하라.

풀이 순서쌍에서 첫 번째 원소에 대한 배수가 두 번째 원소로 온다. 따라서 관계 R의 원소를 구하면

$$R=\{(1, 1), (1, 2), (1, 3), (1, 4), (2, 2), (2, 4), (3, 3), (4, 4)\}$$

이다. ■

관계의 성질

한 집합 위에서의 관계를 분류하는 데 사용되는 여러 성질이 있다. 여기서는 그러한 성질 중에서 가장 중요한 것들에 대하여 알아본다.

정의 8.1.3

R이 집합 A 위에서의 관계라 하자. 모든 $a \in A$에 대하여 $(a, a) \in R$일 때 이 관계를 반사적이라 한다.

예제 8.1.5 $A = \{1, 2, 3, 4\}$ 위에서의 관계 R_1과 R_2가

$$R_1 = \{(1, 1), (1, 3), (2, 1), (2, 2), (3, 3), (3, 4), (4, 4)\}$$

$$R_2 = \{(1, 1), (2, 1), (2, 2), (3, 4), (4, 1), (4, 4)\}$$

일 때, R_1은 모든 $a \in A$에서 $(a, a) \in R_1$이므로 반사적이다.
그러나 $(3, 3) \notin R_2$이므로 R_2는 반사적이 아니다. ■

예제 8.1.6 N은 자연수 집합이고, N 위에서의 관계 R을 $x, y \in N$에 대하여

$$(x, y) \in R \Leftrightarrow x \mid y \ (x\text{는 } y\text{의 약수})$$

로 정의하면, 모든 $x \in N$에 대하여 $x \mid x$이므로 $(x, x) \in R$이 되어 이 관계는 반사적이다. ■

정의 8.1.4

R을 집합 A 위에서의 관계라 하자. $a, b \in A$에 대하여 $(a, b) \in R$일 때 $(b, a) \in R$이면 R은 **대칭적**이라 한다. 또 $(a, b) \in R$이고 $(b, a) \in R$일 때 $a = b$이면 R은 **반대칭적**이라 한다.

여기서 반대칭적이 대칭적의 부정 "대칭적이 아니다"가 아니라는 것에 유념해야 한다. 반대칭적일 필요충분조건은 서로 다른 두 원소 a, b에 대하여 (a, b)와 (b, a)가 동시에 관계의 원소가 되지 않는 것이다.

예제 8.1.7 $A = \{1, 2, 3, 4\}$ 위에서의 관계 R_1, R_2, R_3가

$$R_1 = \{(1, 1), (1, 2), (2, 1)\}$$

$$R_2 = \{(1, 1), (2, 1), (2, 2), (3, 4), (4, 4)\}$$

$$R_3 = \{(1, 1), (1, 3), (2, 1), (2, 2), (3, 3), (4, 4)\}$$

일 때, 대칭적인지 또는 반대칭적인지 말하라.

풀이 $(1, 2), (2, 1) \in R_1$이므로 R_1 대칭적이다. $(1, 2), (2, 1) \in R_1$이지만 $1 \neq 2$이므로 R_1은 반대칭적이 아니다.
$(2, 1), (3, 4) \in R_2$이지만 $(1, 2), (4, 3) \notin R_2$ 이므로 R_2는 대칭적이 아니다. 같은 이유로 R_3도 대칭적이 아니다. R_2와 R_3에서는 (a, b)와 (b, a)를 동시에 원소로 포함하지 않으므로 반대칭적이다. ■

예제 8.1.8 N은 자연수 집합이고, N 위에서의 관계 R을 $x, y \in N$에 대하여

$$(x, y) \in R \Leftrightarrow x \mid y$$

로 정의하면, 이 관계는 반대칭적임을 보여라.

풀이 $x, y \in N$에 대하여 $(x, y), (y, x) \in R$라 하면 $x \mid y$이고 $y \mid x$이므로 $x = y$가 된다. 따라서 관계 R은 반대칭적이다. 즉 자연수 집합 위에서 약수 관계는 반대칭적이다. ■

정의 8.1.5

R을 집합 A 위에서의 관계라 하자. $a, b, c \in A$에 대하여 $(a, b) \in R$이고 $(b, c) \in R$일 때, $(a, c) \in R$이면 R은 **추이적**이라 한다.

예제 8.1.9 $A = \{1, 2, 3, 4\}$ 위에서의 관계 R_1, R_2, R_3가

$$R_1 = \{(2, 1), (3, 1), (3, 2), (4, 1), (4, 2), (4, 3)\}$$

$$R_2 = \{(2, 4), (3, 1)\}$$

$$R_3 = \{(1, 1), (1, 2), (1, 4), (2, 1), (3, 2), (3, 3), (4, 1), (4, 4)\}$$

일 때, 이 관계들이 추이적인지를 말하라.

풀이 R_1은 추이적이다. R_2는 추이적 정의에 어긋나는 것이 없으므로 추이적이다. R_3에서 $(3, 2), (2, 1) \in R_3$이지만 $(3, 1) \notin R_3$이므로 R_3는 추이적이 아니다. ■

예제 8.1.10 N은 자연수 집합이고, N 위에서의 관계 R을 $x, y \in N$에 대하여

$$(x, y) \in R \Leftrightarrow x \mid y$$

로 정의하면, 이 관계는 추이적임을 보여라.

풀이 $(x, y), (y, z) \in R$이라 하자. 그러면 $x \mid y$이고 $y \mid z$이므로 적당한 자연수 m, n에 대하여 $y = mx$이고 $z = yn$이다. 따라서 $z = mnx$가 되어 $x \mid z$이다. 즉 $(x, z) \in R$이다. 따라서 R은 추이적이다. ■

정의 8.1.6

R은 집합 A에서 집합 B로의 관계이고, S는 집합 B에서 집합 C로의 관계라고 하자. 이때 $S \circ R$을 R과 S의 **합성관계**라 하고 다음과 같이 정의되는 A에서 C로의 관계이다.

$$S \circ R = \{(a, c) \in A \times C \mid (a, b) \in R, (b, c) \in S\}$$

다시 말하자면, 원소 $b \in B$가 존재하여 $(a, b) \in R$이고 $(b, c) \in S$일 때, $(a, c) \in S \circ R$이다.

예제 8.1.11 $A = \{1, 2, 3\}$, $B = \{a, b, c, d\}$, $C = \{x, y, w\}$일 때, 관계 R, S를

$$R = \{(1, a), (1, b), (2, d), (3, a), (3, c)\}$$
$$S = \{(a, x), (b, y), (b, w), (c, w), (d, y)\}$$

라 할 때, $S \circ R$을 구하라.

풀이 R의 원소에서 두 번째 요소와 S의 원소에서 첫 번째 요소가 같은 것을 택하여 공통원소를 제거하고 순서쌍의 집합을 구하면

$$S \circ R = \{(1, x), (1, y), (1, w), (2, y), (3, x), (3, w)\}$$

이다. ■

정의 8.1.7

R을 A위에서의 관계라 하자. 자연수 n에 대하여 R^n은

$$R^1 = R, \quad R^{n+1} = R^n \circ R$$

로 정의되는 합성관계이다.

정의에 따르면 $R^2 = R \circ R$, $R^3 = R^2 \circ R = (R \circ R) \circ R$임을 알 수 있다.

예제 8.1.12 $A = \{1, 2, 3, 4\}$위에서의 관계 R이

$$R = \{(1, 2), (2, 1), (3, 2), (4, 3)\}$$

이라 할 때, R^2, R^3, R^4를 구하라.

풀이 $R^2 = R \circ R = \{(1, 1), (2, 2), (3, 1), (4, 2)\}$,
$R^3 = R^2 \circ R = \{(1, 2), (2, 1), (3, 2), (4, 1)\}$,
$R^4 = R^3 \circ R = \{(1, 1), (2, 2), (3, 1), (4, 2)\}$. ■

정리 8.1.1

A위에서의 관계 R이 추이적일 필요충분조건은 모든 자연수 n에 대하여 $R^n \subseteq R$이다.

증명 먼저 R이 추이적이라고 하고 수학적 귀납법을 이용하자. $n = 1$이면 $R^1 = R \subseteq R$이 성립한다. 이제 $R^n \subseteq R$이라고 가정하고 $(a, b) \in R^{n+1}$라 하자. 그러면 $R^{n+1} = R^n \circ R$이므로, $(a, c) \in R$, $(c, b) \in R^n$인 원소 $c \in A$가 존재한다. 가정에 의하여 $R^n \subseteq R$이므로 $(c, b) \in R$이다. R이 추이적이므로 $(a, b) \in R$이고, 따라서 $R^{n+1} \subseteq R$이다.

이제 모든 자연수 n에 대하여 $R^n \subseteq R$이라고 가정하자.

이제 $(a, b) \in R$, $(b, c) \in R$이라 하자. 그러면 $(a, c) \in R^2$이고 $R^2 \subseteq R$이므로 $(a, c) \in R$이다. 따라서 R은 추이적이다.

정의 8.1.8 역관계와 여관계

R을 A에서 B로의 관계라 하자.

(1) R^{-1}을 R의 **역관계**라하고 B에서 A의 관계로서 다음과 같이 정의된다.

$$R^{-1}=\{(b, a) \mid (a, b) \in R\}$$

(2) $\overline{R}$을 R의 **여관계**라하고 다음과 같이 정의된다.

$$\overline{R}=\{(a, b) \in A \times B \mid (a, b) \notin R\}$$

즉 $\overline{R}=A \times B-R$이다.

정의에 따라 $aR^{-1}b$는 bRa와 동치이고 $a\overline{R}b$는 $a \not{R} b$와 동치임을 알 수 있다. 또 R^{-1}의 정의역은 R의 치역이고, R^{-1}의 치역은 R의 정의역이다.

예제 8.1.13 $A=\{1, 2, 3\}$, $B=\{a, b, c, d\}$일 때, A에서 B로의 관계 R과 S에 대하여 R^{-1}, $\overline{S}$를 구하라.

$$R=\{1, a), (2, b), (3, c)\}, \quad S=\{(1, a), (1, b), (1, c), (1, d)\}.$$

풀이 $R^{-1}=\{(a, 1), (b, 2), (c, 3)\}$이고, $\overline{S}$를 구하기 위해서 $A \times B$를 구하면

$$\begin{aligned} A \times B = \{&(1, a), (1, b), (1, c), (1, d), (2, a), (2, b), \\ &(2, c), (2, d), (3, a), (3, b), (3, c), (3, d)\} \end{aligned}$$

이므로 $\overline{S}=A \times B-S$에서 다음을 얻는다.

$$\overline{S}=\{(2, a), (2, b), (2, c), (2, d), (3, a), (3, b), (3, c), (3, d)\}.$$

■

연습문제 8.1

01 $A=\{0, 1, 2, 3\}$, $B=\{0, 1, 2, 3, 4\}$일 때, A에서 B로의 관계 R에 대하여 $(a, b)\in R$이기 위한 필요충분조건이 다음과 같다. R을 구하라.

(1) $a+b=4$ (2) $a \mid b$ (3) $a>b$

02 집합 $\{1, 2, 3, 4, 5, 6\}$위의 관계 R에 대하여 $(a, b)\in R \Leftrightarrow a \mid b$라 하자. 이때 R을 순서쌍들의 집합으로 나타내라. 또 반사적, 대칭적, 반대칭적, 추이적인지를 말하라.

03 $A=\{1, 2, 3, 3\}$위의 관계 R이 아래와 같다. 각 관계에 대하여 반사적, 대칭적, 반대칭적, 추이적인지를 말하라.

(1) $\{(1, 2), (1, 3), (1, 4), (2, 3), (2, 4), (3, 4)\}$

(2) $\{(1, 1), (1, 2), (2, 1), (2, 2), (3, 3), (4, 4)\}$

04 관계 $R=\{(1, 2), (1, 3), (2, 3), (2, 4), (3, 1)\}$이고 $S=\{(2, 1), (3, 1), (3, 2), (4, 2)\}$일 때, 합성관계 $S \circ R$과 $R \circ S$를 구하라.

05 집합 $\{1, 2, 3\}$위의 관계 $R=\{(1, 1), (1, 3), (2, 1), (2, 2), (2, 3), (3, 1), (3, 3)\}$에 대하여 R^2, R^3, R^4를 구하고, 이들 모두 R의 부분집합임을 확인하라.

06 집합 A위에서의 관계 R이 반사적이면 모든 자연수 n에 대하여 R^n은 반사적임을 보여라.

07 $\{1, 2, 3\}$에서 $\{1, 2, 3, 4\}$로의 관계 R과 S가 다음과 같을 때, R^{-1}과 $\overline{S}$을 구하라.

$$R=\{(1, 2), (2, 3), (3, 4)\}$$
$$S=\{(1, 1), (1, 2), (2, 1), (2, 2), (2, 3), (3, 1), (3, 2), (3, 3), (3, 4)\}$$

8.2 관계의 표현과 닫힘

유한집합 사이의 관계를 나타내는 방법은 여러 가지가 있다. 한 가지 방법은 이전 단원에서 이미 보았듯이 순서쌍의 집합으로 나타내는 것이다. 본 단원에서는 화살표, 부울 행렬, 유향그래프를 이용하는 방법에 대하여 알아보도록 한다.

화살표 그림 그리기

집합 A에서 집합 B로의 관계 R을 화살표로 나타내는 방법은 $(a, b) \in R$일 때, a에서 b로 화살표를 그린다.

예를 들어, $A = \{1, 2, 3\}$, $B = \{1, 2, 3, 4\}$이고 A에서 B로의 관계 R이

$$R = \{(1, 1), (1, 4), (2, 3), (3, 2), (3, 4)\}$$

일 때 R을 화살표 그림으로 나타내면 다음과 같다.

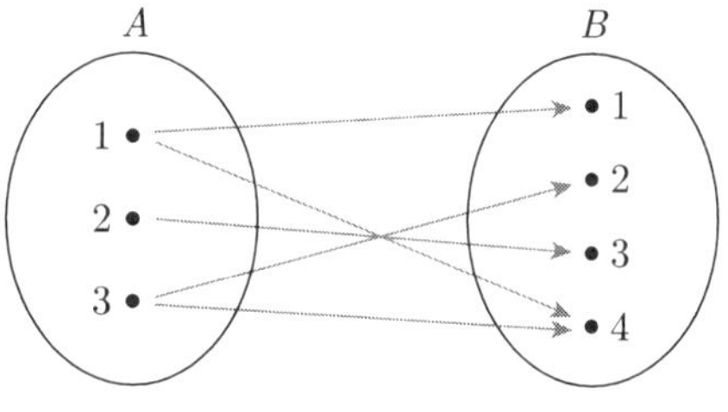

정의 8.2.1 관계행렬

R을 $A = \{a_1, a_2, \cdots, a_p\}$에서 $B = \{b_1, b_2, \cdots, b_q\}$로의 관계라 하자. 관계 R을 나타내는 **관계행렬** $M_R = [m_{ij}]$은 행렬의 요소 m_{ij}가

$$m_{ij} = \begin{cases} 1, & (a_i, b_j) \in R \\ 0, & (a_i, b_j) \notin R \end{cases}$$

인 $p \times q$ 행렬이다.

즉 a_i와 b_j가 관련되어 있으면 $m_{ij}=1$이고 관련이 되어 있지 않으면 $m_{ij}=0$이다.

이 같은 표현은 원소의 배치순서에 따라서 달라진다. 여기서는 집합의 원소가 일정한 순서에 의하여 나열된 것으로 생각하는 것이 중요하다. 또한 $A=B$인 경우에는 A와 B는 같은 순서로 나열되는 것에 유의한다.

예제 8.2.1 $A=\{1, 2, 3\}$이고 $B=\{1, 2\}$일 때, R을 A에서 B로의 관계라 하고

$$(a, b) \in R \Leftrightarrow a > b$$

라고 하자. $a_1=1,\ a_2=2,\ a_3=3$이고 $b_1=1,\ b_2=2$라 할 때, 관계행렬 M_R을 구하라.

풀이 $R=\{(2,1), (3,1), (3,2)\}$이므로 구하는 관계행렬은

$$M_R=\begin{pmatrix} 0 & 0 \\ 1 & 0 \\ 1 & 1 \end{pmatrix}$$

이다. ■

역으로 주어진 관계행렬을 통하여 관계의 원소를 알 수 있다. 앞으로 다른 언급이 없으면 집합에서 원소의 배치는 주어진 순서로 생각한다.

예제 8.2.2 $A=\{a_1, a_2, a_3\}$이고 $B=\{b_1, b_2, b_3, b_4\}$일 때, A에서 B로의 관계 R의 관계행렬이

$$M_R=\begin{pmatrix} 0 & 1 & 0 & 1 \\ 1 & 0 & 1 & 1 \\ 0 & 0 & 1 & 0 \end{pmatrix}$$

일 때, 관계 R을 구하라.

풀이 관계 R은 $m_{ij}=1$이면 $(a_i, b_j) \in R$인 순서쌍들의 집합이므로

$$R=\{(a_1, b_2), (a_1, b_4), (a_2, b_1), (a_2, b_3), (a_2, b_4), (a_3, b_3)\}$$

이다. ■

한 집합 위에서 관계행렬은 정방행렬이다. 정방행렬이 대칭행렬 즉, $M_R = M_R^t$, 이면 주어진 관계는 대칭적이다. R이 반대칭적이면, $i \neq j$일 때 $m_{ij} = 1$이면 $m_{ji} = 0$이 되어야 한다. 다시 말하자면 $i \neq j$일 때, $m_{ij} = 0$ 또는 $m_{ji} = 0$이면 R은 반대칭적이다.

예제 8.2.3 한 집합 위에 정의된 관계 R의 관계행렬 M_R이

$$M_R = \begin{pmatrix} 1 & 0 & 0 \\ 0 & 1 & 1 \\ 1 & 0 & 1 \end{pmatrix}$$

일 때, R이 반사적, 대칭적, 반대칭적인 성질에 대하여 말하라.

풀이 대각의 모든 요소가 1이므로 R은 반사적이다. $m_{13} = 0$, $m_{31} = 1$이 되어 $m_{13} \neq m_{31}$이므로 M_R은 대칭행렬이 아니다. 따라서 R은 대칭적이 아니다. 그러나 $i \neq j$일 때, $m_{ij} = 0$ 또는 $m_{ji} = 0$이므로 R은 반대칭적이다. ■

이제는 관계의 합성을 나타내는 행렬을 결정해보도록 하자. 이 행렬은 관계행렬들의 부울곱을 이용하여 구할 수 있다.

정리 8.2.1

R을 A에서 B로의 관계, S를 B에서 C로의 관계라 하고 A, B, C의 원소의 개수를 각각 m, n, p라 하자. R, S에 대한 관계행렬을 각각 M_R, M_S라 하면 $S \circ R$에 대한 관계행렬 $M_{S \circ R}$은 부울곱

$$M_{S \circ R} = M_R \odot M_S$$

인 $m \times p$행렬이다.

예제 8.2.4 R, S의 관계행렬 M_R, M_S이 다음과 같을 때, $S \circ R$의 관계행렬 $M_{S \circ R}$을 구하라.

$$M_R = \begin{pmatrix} 1 & 0 & 1 \\ 0 & 1 & 0 \\ 0 & 0 & 0 \end{pmatrix}, \qquad M_S = \begin{pmatrix} 0 & 1 & 0 \\ 1 & 0 & 0 \\ 0 & 1 & 1 \end{pmatrix}$$

풀이 $S \circ R$의 관계행렬 $M_{S \circ R}$은

$$M_{S \circ R} = M_R \odot M_S = \begin{pmatrix} 0 & 1 & 1 \\ 1 & 0 & 0 \\ 0 & 0 & 0 \end{pmatrix}$$

이다. ■

두 관계의 합성을 나타내는 행렬은 관계 R에 대하여 관계 R^n을 나타내는 행렬 M_{R^n}을 구하는데 사용될 수 있다. 즉

$$M_{R^2} = M_R^2 = M_R \odot M_R \text{이고} \ M_{R^n} = M_R^n = M_R^{n-1} \odot M_R$$

이다.

예제 8.2.5 관계 R을 나타내는 행렬 M_R이 다음과 같을 때, 관계 R^2을 나타내는 행렬을 구하라.

$$M_R = \begin{pmatrix} 1 & 0 & 0 \\ 0 & 1 & 1 \\ 0 & 1 & 0 \end{pmatrix}$$

풀이 R^2를 나타내는 관계행렬 M_{R^2}은

$$M_{R^2} = M_R^2 = \begin{pmatrix} 1 & 0 & 0 \\ 0 & 1 & 1 \\ 0 & 1 & 0 \end{pmatrix} \odot \begin{pmatrix} 1 & 0 & 0 \\ 0 & 1 & 1 \\ 0 & 1 & 0 \end{pmatrix} = \begin{pmatrix} 1 & 0 & 0 \\ 0 & 1 & 1 \\ 0 & 1 & 1 \end{pmatrix}$$

이다. ■

유향그래프 그리기

관계 R이 집합 A위에서의 관계일 때는 유향그래프로 관계를 나타낼 수 있다. 유향그래프를 그리는 방법은 원소를 점으로 표시하고 $(a, b) \in R$일 때, a에서 b로 화살표를 그린다. a를 시점, b를 종점이라 한다. $(a, a) \in R$인 경우에는 a에서 a로 돌아가는 화살표를 그리는데 이를 루프라 한다.

예를 들어, $A = \{a, b, c, d\}$위에서의 관계 $R = \{(a, b), (a, d), (b, b), (b, d), (c, a), (c, b), (d, b)\}$의 유향그래프를 그리면 다음과 같다.

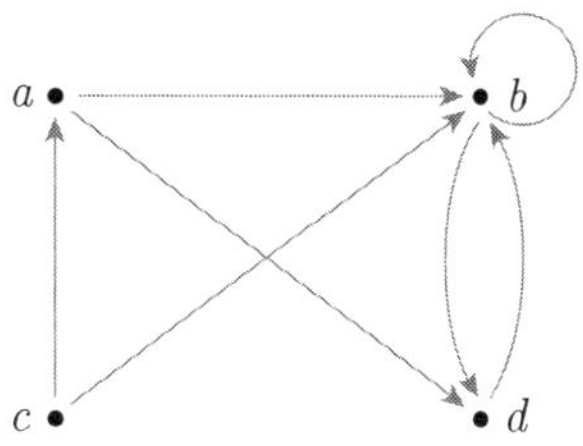

예제 8.2.6 집합 $\{1, 2, 3, 4\}$ 위에서의 관계 R이 아래와 같이 유향그래프로 표시되었다. 이때 R을 집합으로 나타내라.

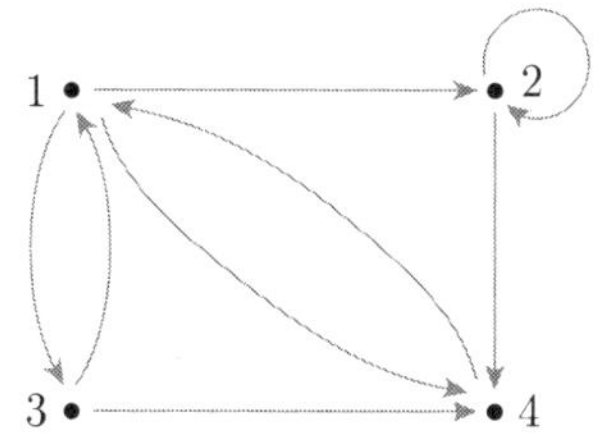

풀이 $R = \{(1, 2), (1, 3), (1, 4), (2, 2), (2, 4), (3, 1), (3, 4), (4, 1)\}$. ■

예제 8.2.7 관계 R에 대한 유향그래프가 다음과 같을 때, R이 반사적, 대칭적, 반대칭적, 추이적인지를 판단하라.

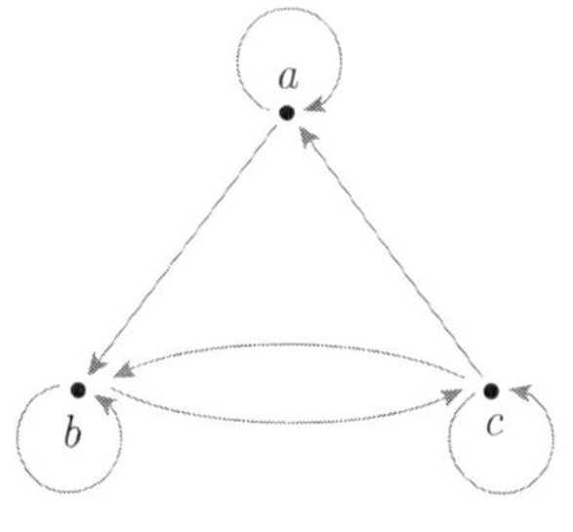

풀이 모든 꼭짓점에 루프가 있으므로 R은 반사적이다. a에서 b로의 연결선은 있으나 b에서 a로의 연결선이 없으므로 R은 대칭적이 아니다. b에서 c, c에서 b로의 연결선은 있으나 $b \neq c$이므로 R은 반대칭적이 아니다. a에서 b, b에서 c로의 연결선이 있으나 a에서 c로의 연결선이 없으므로 R은 추이적이 아니다. ■

연습문제 8.2

01 집합 $\{1, 2, 3\}$ 위에서의 관계가 주어졌을 때, 관계행렬을 구하라.

(1) $\{(1, 2), (1, 3), (2, 1), (2, 2), (2, 3)\}$

(2) $\{(1, 1), (1, 2), (1, 3), (2, 2), (2, 3), (3, 3)\}$

02 집합 $\{1, 2, 3\}$ 위에서의 관계행렬이 주어졌을 때, 관계를 집합으로 나타내라.

(1) $\begin{pmatrix} 1 & 1 & 1 \\ 1 & 0 & 1 \\ 1 & 1 & 1 \end{pmatrix}$ (2) $\begin{pmatrix} 1 & 0 & 1 \\ 0 & 1 & 0 \\ 1 & 0 & 1 \end{pmatrix}$

03 관계 R의 관계행렬 M_R이 다음과 같이 주어졌을 때, 다음 관계에 대한 관계행렬을 구하라.

$$M_R = \begin{pmatrix} 0 & 1 & 0 \\ 0 & 0 & 1 \\ 1 & 1 & 0 \end{pmatrix}$$

(1) R^{-1} (2) R^2

04 한 집합 위에서의 두 관계 R_1, R_2에 대한 관계행렬이 주어졌을 때, 주어진 관계에 대한 관계행렬을 구하라.

$$M_{R_1} = \begin{pmatrix} 0 & 1 & 0 \\ 0 & 1 & 1 \\ 1 & 1 & 1 \end{pmatrix}, \quad M_{R_2} = \begin{pmatrix} 0 & 1 & 0 \\ 1 & 1 & 1 \\ 1 & 0 & 0 \end{pmatrix}$$

(1) $R_1 \circ R_2$ (2) $R_2 \circ R_1$

05 관계 R의 관계행렬이 다음과 같을 때, 주어진 관계에 대한 관계행렬을 구하라.

$$M_R = \begin{pmatrix} 0 & 1 & 0 \\ 1 & 1 & 0 \\ 1 & 0 & 1 \end{pmatrix}$$

(1) R^2 (2) R^3 (3) R^4

06 집합 $\{1, 2, 3\}$ 위에서의 관계행렬이 주어졌을 때, 대응하는 유향그래프를 그려라.

(1) $\begin{pmatrix} 1 & 0 & 1 \\ 1 & 1 & 1 \\ 0 & 1 & 0 \end{pmatrix}$ (2) $\begin{pmatrix} 0 & 1 & 0 \\ 1 & 0 & 1 \\ 0 & 0 & 1 \end{pmatrix}$

07 다음 유향그래프에 대응하는 관계를 집합으로 나타내라. 그리고 관계가 대칭적, 반사적, 반대칭적, 추이적인지를 말하라.

(1)

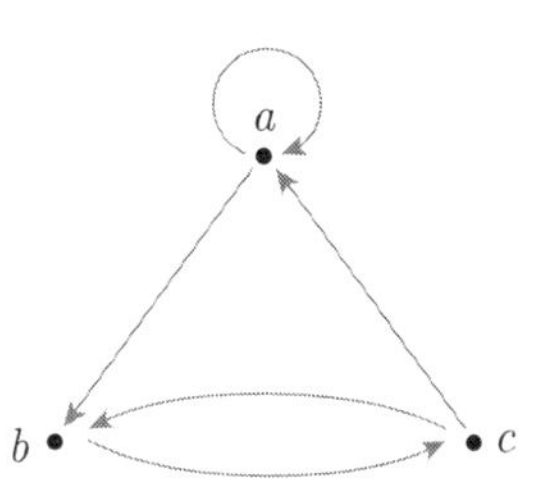

(2)

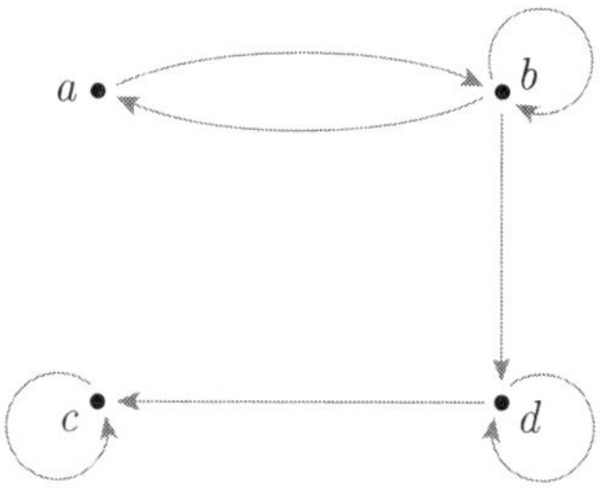

8.3 동치관계

본 장에서는 성질들의 특별한 조합을 가지는 관계에 대하여 알아본다. 이 성질들은 어떤 면에서 비슷한 대상들을 관련시키는 데 사용된다.

정의 8.3.1

집합 A 위에서의 관계가 반사적, 대칭적, 추이적이면 이 관계를 동치관계라 한다.

예제 8.3.1 $\{1, 2, 3\}$ 위에서의 관계 $R = \{(1, 1), (2, 2), (3, 3), (1, 2), (2, 1)\}$은 동치관계임을 보여라

풀이 $(1, 1), (2, 2), (3, 3) \in R$이므로 반사적이고, $(1, 2), (2, 1) \in R$이므로 대칭적이다. 그리고 추이적인 성질을 위배하지 않으므로 추이적이다. 따라서 R은 동치관계이다. ■

예제 8.3.2 R은 실수 집합 위에서의 관계이고 "$(a, b) \in R \Leftrightarrow a - b$는 정수"라고 할 때, R은 동치관계임을 보여라.

풀이 실수 a에 대하여 $a - a = 0$은 정수이므로 $(a, a) \in R$이므로 R은 반사적이다. $(a, b) \in R$이라 하자. 그러면 $a - b$는 정수이고 $b - a = -(a - b)$도 정수이므로 $(b, a) \in R$이 되어 R은 대칭적이다. 이제 추이적임을 보이기 위하여 $(a, b), (b, c) \in R$이라 하자. 그러면 $a - b, b - c$는 정수이다.
그러면 $a - c = (a - b) + (b - c)$는 정수이므로 $(a, c) \in R$이 된다. 따라서 R은 추이적이다. 따라서 R은 동치관계이다. ■

예제 8.3.3 m은 1보다 큰 정수라 하자. 정수 집합 위의 관계 R에 대하여

$$(a, b) \in R \Leftrightarrow a \equiv b \pmod{m}$$

이라 하면 R은 동치관계임을 보여라.

풀이 "$a \equiv b \pmod{m} \Leftrightarrow a - b$는 m의 배수"임을 상기하자. 정수 a에 대하여

$a-a=0 \cdot m$이므로 $a \equiv a(\bmod m)$이다. 따라서 R은 반사적이다. $a \equiv b(\bmod m)$이라 하자. 그러면 적절한 정수 k에 대하여 $a-b=km$이고 $b-a=(-k)m$이므로 $b \equiv a(\bmod m)$이다. 따라서 R은 대칭적이다. $a \equiv b(\bmod m)$이고 $b \equiv c(\bmod m)$이라 하자. 그러면 적당한 정수 k와 l에 대하여 $a-b=km$이고 $b-c=lm$이다. 두 식을 더하면 $a-c=(k+l)m$이므로 $a \equiv c(\bmod m)$이다. 따라서 R은 추이적이다. 결국 R은 동치관계이다. ■

정의 8.3.2 동치류

R이 집합 A 위에서 동치관계라 하자. $a \in A$일 때, $[a]_R = \{x \mid (a, x) \in R\}$을 관계 R에 의한 a의 **동치류**라 한다. 한 개의 관계만을 고려하는 경우는 $[a]$로 표시한다. $b \in [a]$일 때, b를 동치류의 **대표원소**라 한다.

동치류의 대표원소는 유일하지 않다. 동치류에 속하는 모든 원소가 대표원소이다.

예제 8.3.4 $\{1, 2, 3\}$ 위의 동치관계 R이 다음과 같을 때, 서로 다른 모든 동치류를 구하라.

$$R = \{(1, 1), (1, 2), (2, 1), (2, 2), (3, 3)\}$$

풀이 정의로부터 $[1] = \{1, 2\} = [2]$, $[3] = \{3\}$. ■

예제 8.3.5 R은 정수 집합 위에서 관계이고 "$(a, b) \in R \Leftrightarrow a \equiv b(\bmod 3)$"일 때, $[0]$, $[1]$, $[2]$를 구하라.

풀이 R이 동치관계임을 알고 있다. 주어진 동치류를 구하면 다음과 같다.

$$[0] = \{a \mid 0 \equiv a(\bmod 3)\}$$
$$= \{a \mid a = 3k,\ k\text{는 정수}\} = \{0, \pm 3, \pm 6, \cdots\}.$$

$$[1] = \{a \mid 1 \equiv a(\bmod 3)\}$$
$$= \{a \mid a = 3k+1,\ k\text{는 정수}\} = \{\cdots, -5, -2, 1, 4, 7, \cdots\}.$$

$$[2] = \{a \mid 2 \equiv a(\bmod 3)\}$$
$$= \{a \mid a = 3k+2,\ k\text{는 정수}\} = \{\cdots, -4, -1, 2, 5, 8, \cdots\}.$$ ■

다음 정리는 한 집합 위에서 동치관계에 대하여 두 동치류는 서로 같은 집합이거나, 서로 공통부분이 없는 집합임을 보여 준다.

정리 8.3.1

R이 집합 A 위에서 동치관계라 할 때, 다음은 서로 동치이다.

(1) $(a, b) \in R$

(2) $[a] = [b]$

(3) $[a] \cap [b] \neq \varnothing$

증명 (1) $\Rightarrow$ (2) $\Rightarrow$ (3) $\Rightarrow$ (1) 순서로 증명하기로 한다.

(1) $\Rightarrow$ (2) : $(a, b) \in R$이라 하자. 이제 $c \in [a]$이면 $(a, c) \in R$이고 $(b, a) \in R$이므로 $(b, c) \in R$이다. 따라서 $c \in [b]$가 되어 $[a] \subseteq [b]$이다. 이제 $c \in [b]$이면 같은 방법으로 $c \in [a]$임을 보일 수 있다. 따라서 $[a] = [b]$가 성립한다.

(2) $\Rightarrow$ (3) : $[a] = [b]$라 하자. 그러면 $a \in [a]$이므로 $[a] \cap [b] \neq \varnothing$이다.

(3) $\Rightarrow$ (1) : $[a] \cap [b] \neq \varnothing$라 가정하고 $c \in [a] \cap [b]$라 하자. 그러면 $(a, c) \in R$이고 $(b, c) \in R$이다. R이 대칭적이므로 $(c, b) \in R$이고 추이적인 성질에 의하여 $(a, b) \in R$이다.

위 정리로부터 임의의 두 동치류 $[a]$와 $[b]$에 대하여 $[a] \neq [b]$이면 $[a] \cap [b] = \varnothing$임을 안다.

정리 8.3.2

R이 집합 A 위에서 동치관계라 할 때, 동치류의 집합 $\{[a] \mid a \in A\}$은 A의 분할이다.

증명 $a \in [a]$이므로 $\cup_{a \in A}[a] = A$이다. 이제 $[a] \neq [b]$이면 $[a] \cap [b] = \varnothing$이다. 따라서 동치관계의 동치류 집합은 A의 분할이 된다.

한 집합 위에서 동치관계는 동치류의 집합으로 A의 한 분할을 제공한다.

예제 8.3.6 $A=\{1, 2, 3\}$에 대하여 $R=\{(1, 1), (1, 2), (2, 1), (2, 2), (3, 3)\}$가 제공하는 A의 분할을 구하라.

풀이 R은 A위에서의 동치관계이고, 동치류를 구하면

$$[1]=[2]=\{1, 2\}, \quad [3]=\{3\}$$

이므로 동치관계에 의하여 제공되는 A의 분할은 $\{[1], [3]\}$이다. ■

예제 8.3.7 정수 집합 위에서 관계 R에 대하여 "$(a, b)\in R \Leftrightarrow a\equiv b(\mathrm{mod}4)$"라 할 때, 이 관계에 의한 정수 집합의 분할을 구하라.

풀이 먼저 R은 정수 집합 위에서 동치관계임을 안다. 동치류를 구하면 $[0]$, $[1]$, $[2]$, $[3]$임을 알 수 있다. 따라서 구하는 분할은 $\{[0], [1], [2], [3]\}$이다. ■

연습문제 8.3

01 다음은 집합 $A=\{1, 2, 3, 4\}$ 위에서의 관계이다. 동치관계인 것을 고르라.

(1) $\{(1, 1), (2, 2), (3, 3), (4, 4)\}$

(2) $\{(1, 1), (1, 3), (3, 1), (3, 3), (3, 4), (4, 3), (4, 4)\}$

(3) $\{(1, 1), (2, 2), (2, 3), (3, 2), (3, 3), (4, 4)\}$

(4) $\{(1, 1), (1, 2), (1, 3), (2, 1), (2, 2), (2, 3), (3, 1), (3, 3), (4, 4)\}$

02 다음 유향그래프를 보고 동치관계를 나타내는 것을 고르라.

(1)

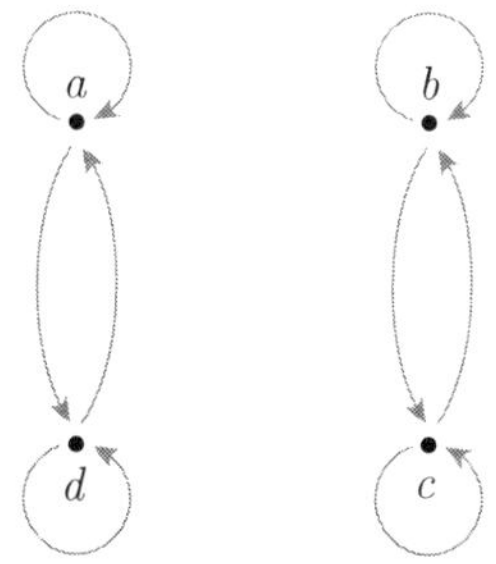

(2)

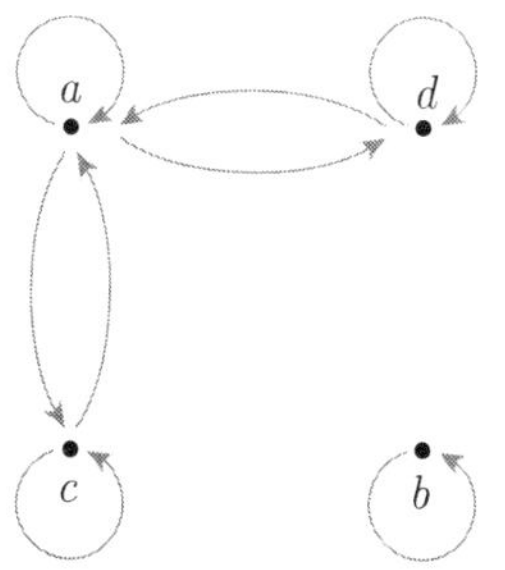

03 다음 관계행렬을 보고 동치관계를 나타내는 것을 고르라.

(1) $\begin{pmatrix} 1 & 1 & 1 \\ 0 & 1 & 1 \\ 1 & 1 & 1 \end{pmatrix}$　　(2) $\begin{pmatrix} 1 & 0 & 1 \\ 0 & 1 & 0 \\ 1 & 0 & 1 \end{pmatrix}$

(3) $\begin{pmatrix} 1 & 0 & 1 & 0 \\ 0 & 1 & 0 & 1 \\ 1 & 0 & 1 & 0 \\ 0 & 1 & 0 & 1 \end{pmatrix}$　　(4) $\begin{pmatrix} 1 & 1 & 1 & 0 \\ 1 & 1 & 1 & 0 \\ 1 & 1 & 1 & 0 \\ 0 & 0 & 0 & 1 \end{pmatrix}$

04 정수 집합 위의 관계 R에 대하여 $R = \{(a, b) \mid a \equiv b(\mathrm{mod}\, m)\}$일 때, 주어진 m에 대하여 $[4]$를 구하라.

(1) $m = 3$　　(2) $m = 4$

(3) $m = 5$　　(4) $m = 6$

05 실수 집합 위의 관계 R에 대하여 $R = \{(a, b) \mid a - b\text{는 정수}\}$일 때, 다음을 구하라.

(1) $[2]$　　(2) $[\frac{1}{3}]$

06 $A = \{0, 1, 2, 3, 4, 5\}$ 위의 동치관계 R이 아래와 같을 때, 다음에 답하라.

$$R = \{(0, 0), (0, 4), (1, 1), (1, 2), (1, 5), (2, 1), (2, 2), (2, 5), (3, 3), (4, 0), ((4, 4), (5, 1), (5, 2), (5, 5)\}$$

(1) $[1]$을 구하라.

(2) 관계 R로 유도되는 A의 분할을 구하라.

8.4 부분순서

본 장에서는 원소의 상대적 크기를 이용하여 집합의 원소를 정렬하고자 할 때, 정렬에 사용되는 관계를 특성화하는 성질에 대하여 알아본다.

정의 8.4.1

집합 S 위에서의 관계 R이 반사적, 반대칭적, 추이적이면 R을 **부분순서**라 한다. 부분순서 R과 함께 집합 S, 즉 (S, R)을 **부분순서 집합**이라 한다.

참고로, 집합 S를 부분순서 집합이라 할 때는 부분순서 R이 주어진 것으로 생각한다.

예제 8.4.1 정수 집합 위에서의 관계 R이 "$(a, b) \in R \Leftrightarrow a \geq b$"일 때, 부등식 $\geq$은 정수 집합에서 부분순서임을 보여라.

풀이 모든 정수 a에 대하여 $a \geq a$이므로 $\geq$은 반사적이다. $a \geq b$이고 $b \geq a$이면 $a = b$이므로 $\geq$은 반대칭적이다. $a \geq b$이고 $b \geq c$이면 $a \geq c$이므로 $\geq$은 추이적이다. 따라서 부등식 $\geq$은 정수 집합에서 부분순서이고, 정수 집합을 Z라 하면 $(Z, \geq)$은 부분순서 집합이다. ■

예제 8.4.2 자연수 집합 위에서의 관계 R이 "$(a, b) \in R \Leftrightarrow a \mid b$"일 때, 관계 $\mid$은 자연수 집합에서 부분순서임을 보여라.

풀이 임의의 자연수 a에 대하여 $a = 1 \cdot a$이므로 $a \mid a$가 되어 $\mid$은 반사적이다. $a \mid b$이고 $b \mid a$이라 하자. 그러면 적당한 자연수 l, m에 대하여 $b = am$, $a = bl$이 되어 $a = (ml)a$이다. 즉 $ml = 1$이 되어 $m = l = 1$이므로 $a = b$이다. 따라서 $\mid$은 반대칭적이다. $a \mid b$이고 $b \mid c$라 하자. 그러면 적당한 자연수 m, l에 대하여 $b = ma$, $c = lb$가 되어 $c = (ml)a$이고 $a \mid c$이다. 따라서 $\mid$은 추이적이다. 결과적으로 관계 $\mid$은 부분순서이고, $(N, \mid)$은 부분순서 집합이다. ■

예제 8.4.3 집합 S의 멱집합 $P(S)=\{A \mid A \subseteq S\}$ 위에서의 관계 R을

$$\text{“}(A,\ B) \in R \Leftrightarrow A \subseteq B\text{”}$$

라 할 때, 관계 $\subseteq$은 $P(S)$에서 부분순서임을 보여라.

풀이 $A \subseteq A$이므로 $\subseteq$은 반사적이다. $A \subseteq B$이고 $B \subseteq A$이면 $A = B$이므로 $\subseteq$는 반대칭적이다. $A \subseteq B$이고 $B \subseteq C$이면 $A \subseteq C$이므로 $\subseteq$는 추이적이다. 따라서 $\subseteq$는 $P(S)$ 위에서 부분순서이고 $(P(S),\ \subseteq)$는 부분순서 집합이다. ■

지금까지의 예제에서 본 바와 같이 부분순서의 기호는 정의된 관계에 따라 다르다. 이제 부분순서집합에서 부분순서의 대표적인 기호로 $<$를 사용하도록 하자.

정의 8.4.2

부분순서 집합 $(S,\ <)$의 두 원소 a와 b에 대하여 $a < b$ 또는 $b < a$이면 두 원소는 “**비교 가능**”이라 하고, 둘 중 어느 것도 아니면 “**비교 불능**”이라 한다.

예제 8.4.4 부분순서 집합 $(N,\ \mid\ )$에서 4와 8, 5와 11의 비교 가능에 대하여 말하라.

풀이 $4 \mid 8$이므로 4와 8은 비교 가능이고, $5 \mid 11$도 아니고 $11 \mid 5$도 아니므로 5와 11은 비교 불능이다. ■

부분순서에서는 비교 불능인 원소들이 있음을 안다. 모든 원소가 비교 가능한 관계는 특별한 관계로서 다음과 같이 정의 한다.

정의 8.4.3

부분순서 집합 $(S,\ <)$에서 S의 모든 원소가 비교 가능일 때, S를 **전순서 집합** 또는 **선형순서 집합**이라 하고, 관계 $<$를 전순서 또는 선형순서라고 한다.

예제 8.4.5 임의의 정수 a와 b에 대하여 $a \le b$ 또는 $b \le a$가 성립하므로 부분순서 집합 $(Z,\ \le)$은 전순서 집합이다. ■

예제 8.4.6 자연수 집합 N 위에서의 관계 $\mid$ 에 대하여 5와 7은 비교 불능이므로, 부분순서 집합 $(N, \mid)$은 전순서 집합이 아니다. ■

정의 8.4.4

부분순서 집합 $(S, <)$에서 $<$가 전순서이고, 공집합이 아닌 S의 모든 부분집합이 최소원을 가지면 $(S, <)$을 "**잘 정돈된 집합**"이라 한다.

예제 8.4.7 부분순서 집합 $(N, \leq)$은 전순서이고, 공집합이 아닌 N의 모든 부분집합은 최소원을 가진다. 따라서 $(N, \leq)$은 잘 정돈된 집합이다. ■

예제 8.4.8 부분순서 집합 $(Z, \leq)$은 잘 정돈된 집합이 아님을 보여라.

풀이 먼저 집합 $(Z, \leq)$은 전순서 집합이다. 이제 집합 $A = \{x \in Z \mid x \leq 4\}$를 생각하자. 그러면 A는 Z의 부분집합이지만, 최소원소가 존재하지 않는다. 따라서 집합 $(Z, \leq)$은 잘 정돈된 집합이 아니다. ■

하세 도표 (Hasse diagram)

부분순서 집합에서 원소 사이의 관계를 그림으로 나타내는 방법으로 하세 도표가 있다. 하세 도표를 만드는 방법은 다음과 같은 절차에 따라서 만들어진다. 우선 관계에 대한 유향그래프가 주어진 상태에서 반드시 나타내어야 하는 연결선을 제거한다.

(i) 부분순서는 반사적이므로 루프가 반드시 나타나야 하는데 루프를 제거한다.
(ii) 부분순서는 추이적이므로 추이관계를 나타내는 연결선이 나타나야 하는데 이 연결선을 제거한다.
(iii) 출발 꼭짓점을 종점 꼭짓점의 아래에 위치하도록 배열하고, 모든 화살표를 제거하고 두 정점 사이를 한 개의 선분으로 연결한다.

예를 들어, 집합 $\{1, 2, 3, 4\}$ 위의 관계 $\leq$은 부분순서이다. 하세 도표를 그려보자. 먼저 관계에 대한 유향그래프를 그리면 다음과 같다.

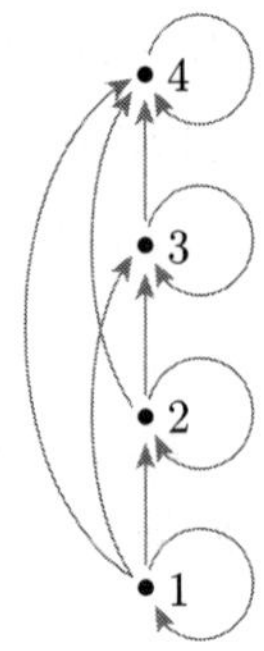

(i) 루프를 제거한 유향그래프는 다음과 같다.

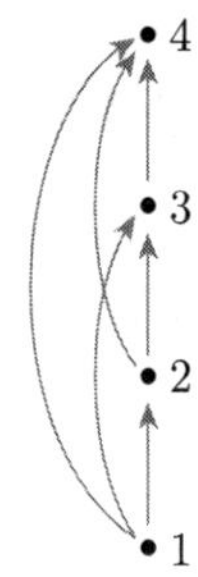

(ii) 추이적 관계를 나타내는 연결선 (1, 4), 반드시 있어야 할 연결선 (1, 3), (2, 4)을 제거하면 다음과 같다.

(iii) 남아 있는 화살표는 반드시 나타내어야 하는 연결선이므로 제거한다. 그리고 시점이 밑에, 정점에 위에 있도록 두 정점 사이를 한 개의 선분으로 연결한다. 완성된 하세 도표는 다음과 같다.

예제 8.4.9 집합 $\{1, 2, 3, 4, 6, 8, 12\}$ 위에서의 관계 $(a, b) \in R \Leftrightarrow a \mid b$에 대한 하세 도표를 그려라.

풀이 관계를 나타내는 유향그래프에서 모든 루프와 추이적인 것을 나타내는 연결선을 제거하고, 연결선을 위로 향하게 한 다음에 연결선에서 화살표를 제거하여 다음과 같이 하세 도표를 얻게 된다.

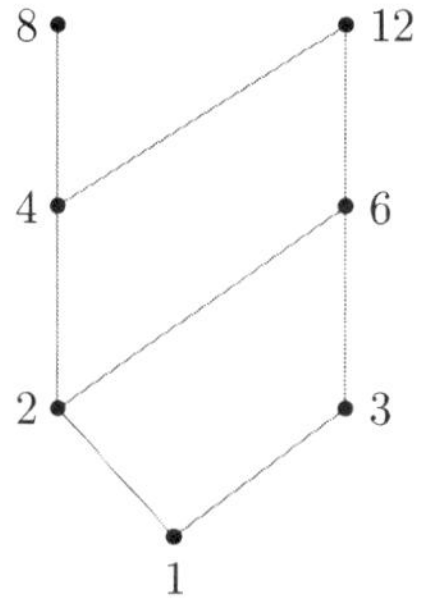

■

예제 8.4.10 집합 $S = \{a, b, c\}$의 멱집합 $P(S)$ 위에서의 관계 $(A, B) \in P(S) \Leftrightarrow A \subseteq B$에 대한 하세 도표를 그려라.

풀이 관계를 나타내는 유향그래프에서 모든 루프와 추이적인 것을 나타내는 연결선을 제거하고, 연결선을 위로 향하게 한 다음에 연결선에서 화살표를 제거하여 다음과 같이 하세도표를 얻게 된다.

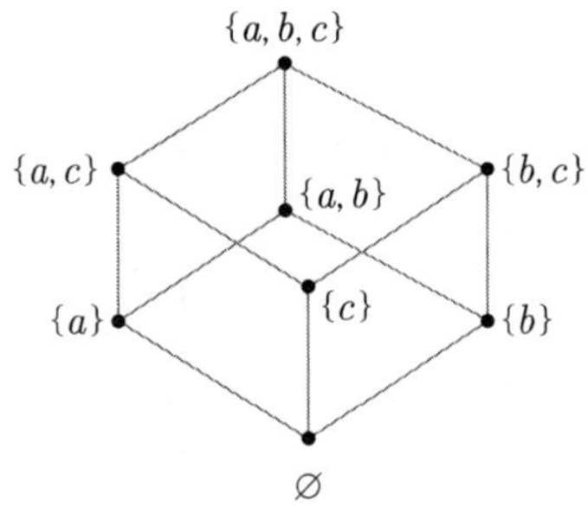

■

극대원소, 극소원소

> **정의 8.4.5**
>
> 부분순서 집합 $(S, <)$에서 $a \in S$에 대하여 $a < b$를 만족하는 b가 존재하지 않으면 a를 **극대원소**라 하고, $b < a$를 만족하는 b가 존재하지 않으면 a를 **극소원소**라 한다.

극대원소와 극소원소는 하세 도표를 이용하면 찾아내기가 쉽다. 극대 원소는 꼭대기에 위치하고 극소원소는 바닥에 위치한다. 부분순서 집합은 2개 이상의 극대원소 또는 극소원소를 가질 수 있다.

예제 8.4.11 $S = \{2, 4, 5, 10, 12, 20, 25\}$일 때, 부분순서 집합 $(S, \mid)$의 극대원소와 극소원소를 구하라.

풀이 부분순서 집합에 대한 하세 도표를 그리면 다음과 같다. 꼭대기에 있는 원소와 바닥에 있는 원소를 찾으면 된다.

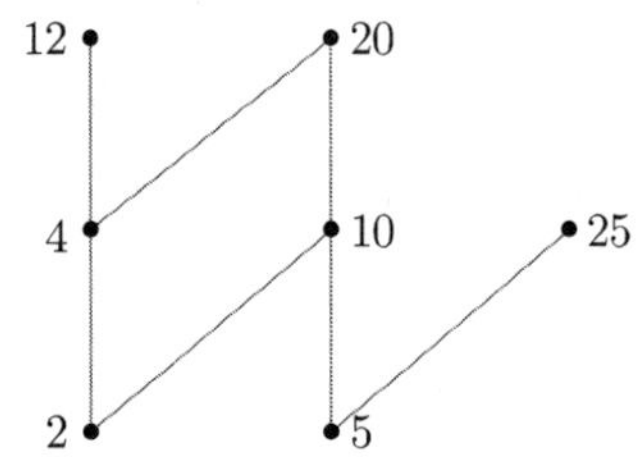

■

꼭대기에 위치하는 원소들 12, 20, 25가 극대원소이다. 바닥에 위치하는 원소 2, 5가 극소원소이다.

최소원소, 최대원소

정의 8.4.6

부분순서 집합 $(S, <)$에서 모든 $b \in S$에 대하여 $b < a$인 원소 a를 분분순서 집합의 **최대원소**이라 한다. 또 모든 $b \in S$에 대하여 $a < b$인 원소 a를 분분순서 집합의 **최소원소**이라 한다.

극대원소 또는 극소원소와 달리 최대원소 또는 최소원소가 존재하는 때에는 유일하게 존재한다.

예제 8.4.12 다음 주어진 하세도표에 대하여 최대원소, 최소원소를 구하라.

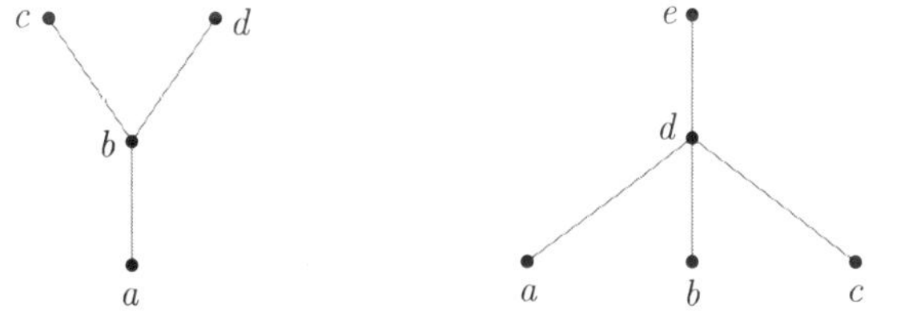

(a) (b)

풀이 (a)에서 최소원소는 a이다. 최대원소의 후보 c와 b는 비교 불능이므로 어느 것도 최대원소가 되지 않는다. 따라서 최대원소는 존재하지 않는다.
(b)에서 최대원소는 e이다. 최소원소의 후보 a, b, c는 어떤 것도 서로에 비교 불능이므로 최소원소가 되지 않는다. 따라서 최소원소는 존재하지 않는다. ■

예제 8.4.13 집합 S에 대한 부분순서 집합 $(P(S), \subseteq)$의 최소원소와 최대원소가 있으면 구하라.

풀이 모든 $A \in P(S)$에 대하여 $\varnothing \subseteq A$이므로 $(P(S), \subseteq)$의 최소원소는 $\varnothing$이다.

다른 한편, 모든 $A \in P(S)$에 대하여 $A \subseteq S$이므로 $(P(S), \subseteq)$의 최대원소는 S이다. ■

예제 8.4.14 부분순서 집합 $(N, \mid)$에 대한 최소원소와 최대원소가 있으면 구하라.

풀이 임의의 자연수 n에 대하여 $1 \mid n$이므로 부분순서 $(N, \mid)$의 최소원소는 1이다. 그러나 임의의 자연수 n에 대하여 $n \mid x$인 자연수는 존재하지 않는다. 따라서 부분순서 $(N, \mid)$의 최대원소는 존재하지 않는다. ■

상계, 하계

부분순서 집합이 있다고 하자. 그러면 이 집합의 부분집합에 대해서는 최대원소나 최소원소를 찾는 것이 가능할 수 있다.

정의 8.4.7

부분순서 집합 $(S, <)$에서 $A \subseteq S$라 하자. 임의의 모든 $a \in A$에 대하여 $a < u$인 $u \in S$를 A의 **상계**라 하고, $l < a$인 $l \in S$을 A의 **하계**라고 한다. 이때, 상계 중에서 최소인 원소를 **최소상계**라 하고, 하계 중에서 최대원소를 **최대하계**라 한다.

예제 8.4.15 $S = \{a, b, \cdots, h, i\}$에 대한 부분순서 집합 $(S, <)$에 대한 하세 도표가 다음과 같이 주어져 있다. S의 부분집합 $A = \{a, c, d\}$와 $B = \{e, g, i\}$에 대한 상계와 하계를 구하라. 또 각 집합에 대한 최소상계와 최대하계를 구하라.

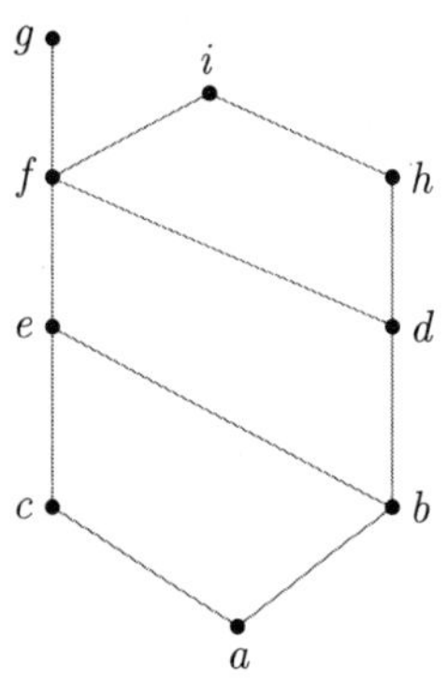

풀이 A의 상계는 f, g, i이고 최소상계는 f이다. A의 하계는 a이고 최대하계는 a이다. B의 하계는 a, b, c, e이고 최대하계는 e이다. g와 i는 비교불능이므로 상계는 존재하지 않는다. 따라서 B의 최소상계는 존재하지 않는다. ■

예제 8.4.16 부분순서 집합 $(N, \mid)$에서 집합 $A = \{3, 6, 15\}$와 $B = \{2, 4, 5, 10\}$에 대한 최대하계와 최소상계가 존재하면 구하라.

풀이 A의 하계는 $1, 3$이고 이때 최대하계는 최대공약수 3이다. A의 최소상계는 원소들의 최소공배수와 같으므로 30이다. 같은 방법으로 B의 최대하계는 최대공약수인 1이고 최소상계는 최소공배수인 20이다. ■

격자(lattice)

정의 8.4.8

부분순서 집합에서 임의의 두 개의 원소들의 집합이 최소상계와 최대하계를 가지면 **격자**라 한다.

예제 8.4.17 부분순서 집합의 하세 도표가 주어져 있을 때, 부분순서 집합이 격인지를 판정하라.

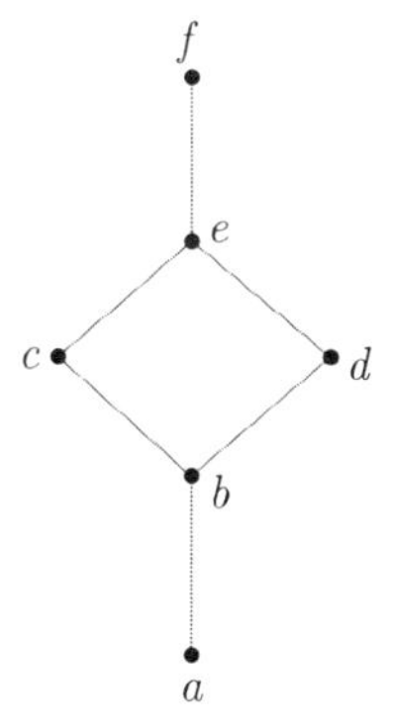

(a)

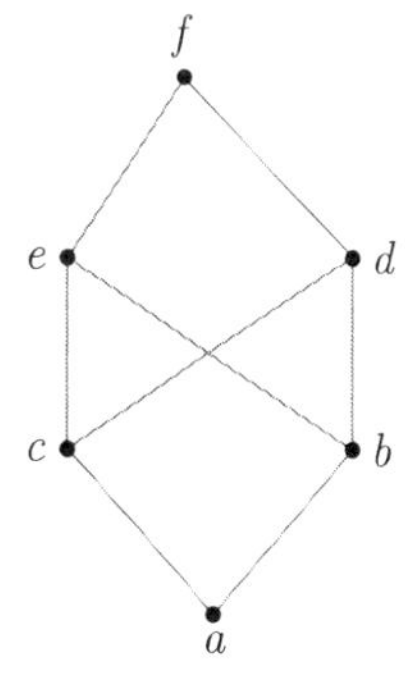

(b)

풀이 (a)에서 임의의 두 원소의 집합은 최소상계와 최대하계를 가지므로, 이 하세 도표에 대응하는 부분순서 집합은 격자이다.

(b)에서 임의의 두 원소의 집합은 최대하계를 가진다. 그러나 $\{b, c\}$를 생각해

보자. d, e, f는 이 집합의 상계이지만 d와 e는 비교 불능이므로 최소상계가 존재하지 않는다. 따라서 이 하세 도표에 대응하는 부분순서 집합은 격자가 아니다. ■

예제 8.4.18 부분순서 집합 $(N, \mid)$이 격자임을 보여라.

풀이 임의의 두 자연수 집합 $\{a, b\}$에 대하여 최대하계는 두 수의 최대공약수이고, 최소상계는 최소공배수이다. 따라서 $(N, \mid)$은 격자이다. ■

예제 8.4.19 $A = \{1, 2, 4, 5, 7\}$일 때, 부분순서 집합 $(A, \mid)$이 격자가 아님을 보여라.

풀이 임의의 두 원소 집합에 대하여 최대하계는 1이다. 그러나 $\{4, 5\}$에 대하여 상계가 존재하지 않으므로 최소상계도 존재하지 않는다. 따라서 $(A, \mid)$은 격자가 아니다. ■

예제 8.4.20 집합 S에 대하여 부분순서 집합 $(P(S), \subseteq)$은 격자임을 보여라.

풀이 임의의 두 집합 $A, B \in P(S)$에 대하여 $\{A, B\}$의 최대하계는 $A \cap B$이고 최소상계는 $A \cup B$이다. 따라서 $(P(S), \subseteq)$은 격자이다. ■

연습문제 8.4

01 다음 주어진 집합과 관계에서 부분순서 집합인 것은?

(1) $(Z, =)$ (2) $(Z, \geq)$

02 다음은 한 집합 위에서의 관계그래프이다. 부분순서 관계를 나타내는 것을 고르라.

(1) $\begin{pmatrix} 1 & 0 & 1 \\ 1 & 1 & 0 \\ 0 & 0 & 1 \end{pmatrix}$ (2) $\begin{pmatrix} 1 & 0 & 0 \\ 0 & 1 & 0 \\ 1 & 0 & 1 \end{pmatrix}$ (3) $\begin{pmatrix} 1 & 0 & 1 & 0 \\ 0 & 1 & 1 & 0 \\ 0 & 0 & 1 & 1 \\ 1 & 1 & 0 & 0 \end{pmatrix}$

03 부분순서 집합 $(Z, \mid)$에 대하여 다음 중에서 비교 가능인 것을 고르라.

(1) 4, 16 (2) 6, 21 (3) 5, 20 (4) 3, 3

04 집합 S에 대하여 주어진 부분순서 집합에서 비교 불능인 두 원소를 구하라.

(1) $S=\{1, 2, 3\}$, $(P(S), \subseteq)$

(2) $S=\{1, 2, 4, 6, 8\}$, $(S, \mid)$

05 다음 주어진 집합 S에서 부분순서 집합 $(S, \mid)$의 하세도표를 그려라.

(1) $S=\{1, 2, 3, 4, 5, 6\}$ (2) $S=\{1, 2, 3, 6, 12, 24\}$

아래에 있는 하세 도표에 대응하는 부분순서 관계를 순서쌍의 집합으로 나타내라.

06

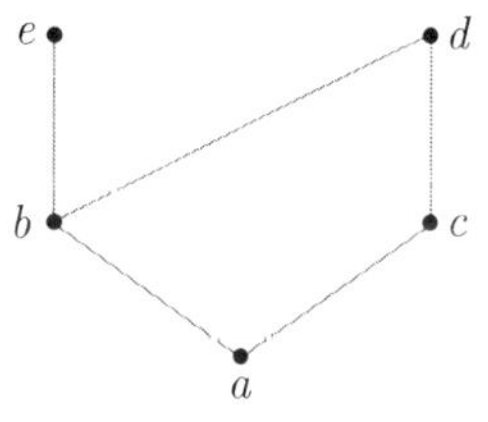

07

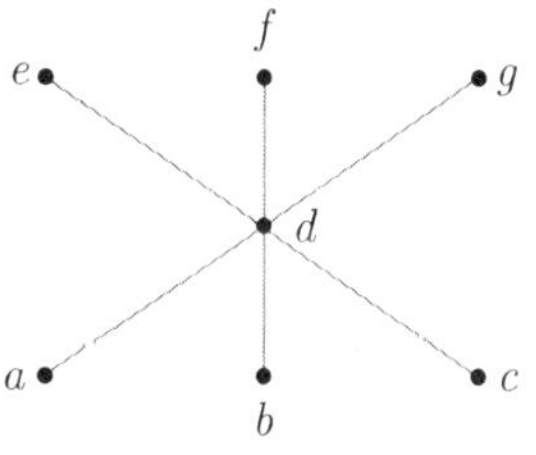

08 $S=\{3, 5, 9, 15, 24, 45\}$에 대한 부분순서 집합 $(S, \mid)$에 대하여 다음에 답하라.

(1) 극대원소와 극소원소를 구하라.

(2) 최대원소와 최소원소를 구하라.

(3) 집합 $\{3, 5\}$에 대한 상계와 최소상계를 구하라.

(4) 집합 $\{15, 45\}$에 대한 하계와 최대하계를 구하라.

09 다음 부분순서 집합이 격자인지를 판정하라.

(1) $(\{1, 3, 6, 9, 12, 36\}, \mid)$ (2) $(Z, \geq)$

(3) $(\{1, 6, 36, 198\}, \mid)$

CHAPTER

09

그래프

9.1 그래프

수학에서 "그래프"라는 단어는 서로 다른 의미로 사용되는 경우가 많다. 이전에 함수와 관계의 "그래프"를 말하였다. 여기에서 쓰는 "그래프"는 다른 맥락에서 사용한다.

다음 도형을 각각 한 꼭짓점에서 시작하여 연필을 떼지 않고 한 번에 완성할 수 있는가?

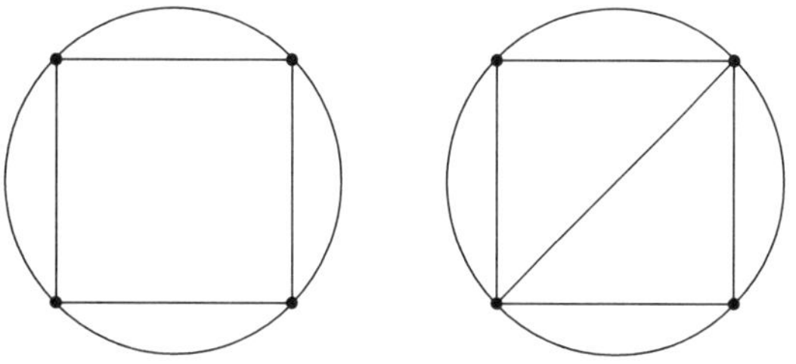

그림 1. 그래프

위 도형에서 한 번 그리기는 도형의 크기나 변형과는 상관이 없고, 꼭짓점과 연결선의 상대적인 연결과 위치에만 상관이 있다. 그래프(graph)는 이러한 꼭짓점과 연결선의 문제를 다룬다. 그래프는 컴퓨터 네트워크, 통신 네트워크, 사회망(social networks), 소프트웨어 설계, 물류, 내비게이션 등 다양한 분야에 응용될 수 있다. 실생활에서 볼 수 있는 그래프의 예는 지하철 노선도이다.

정의 9.1.1 단순그래프(graph)

단순그래프 G는 다음 두 부분으로 구성된다.

(1) **꼭짓점**(vertex)이라 불리는 원소들로 구성된 집합 V.
(2) **간선**(edge)이라 불리는 '서로 다른' 꼭짓점의 쌍들을 원소로 하는 집합 E.

단, 꼭짓점의 쌍에서 순서는 무시한다.

V와 E를 가지는 그래프 G는 두 부분을 강조하기 위해서 $G=(V, E)$로 표시한다. 또한 꼭짓점은 **정점**이라 부르기도 하고, 간선은 **변**, **모서리**라 부르기도 한다.

그래프 G에서 꼭짓점의 집합 V가 $V=\{v_1, v_2, \cdots, v_n\}$이라 하자. 이때 G를 그림으로 나타내는 방법은 각 꼭짓점을 점으로 표시하거나 작은 원으로 표시한다. 또 (v_i, v_j)가 간선이면 v_i와 v_j을 선으로 연결한다.

예제 9.1.1 V와 E가 다음과 같은 그래프 G를 그림으로 나타내라.

$$V=\{a, b, c, d\}$$

$$E=\{(a, b), (a, c), (c, d)\}=\{e_1, e_2, e_3\}$$

풀이

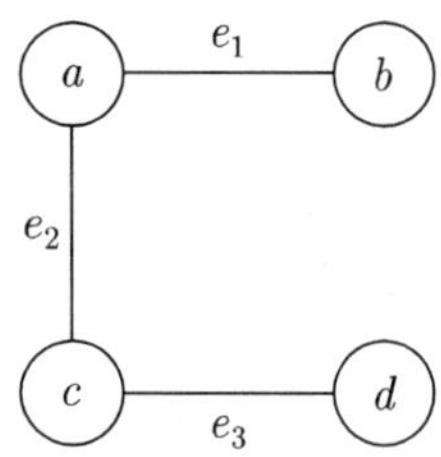

■

예제 9.1.2 다음 그림이 나타내는 그래프 G를 집합으로 나타내라.

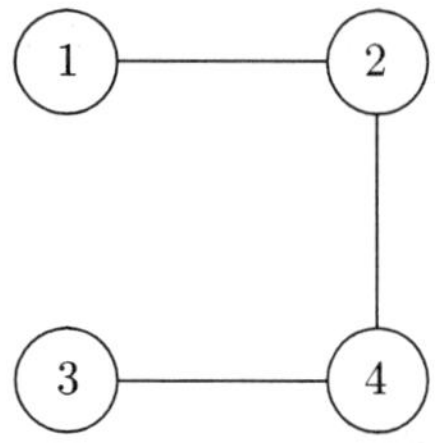

풀이 $G=(V, E)$

$V=\{1, 2, 3, 4\}$

$E=\{(1, 2), (2, 4), (3, 4)\}$ ■

정의 9.1.2

다중그래프(multigraphs)는 두 꼭짓점 사이에 두 개 이상의 간선이 허용되고, 같은 꼭짓점의 쌍이 간선으로 허용되는 그래프이다. 여기서 같은 꼭짓점을 쌍으로 하는 간선을 **루프**(loop)라 한다.

예를 들면, 그림 1로 나타내어지는 그래프는 단순그래프이고, 다음 그림 2로 나타내어지는 그래프는 다중그래프이다.

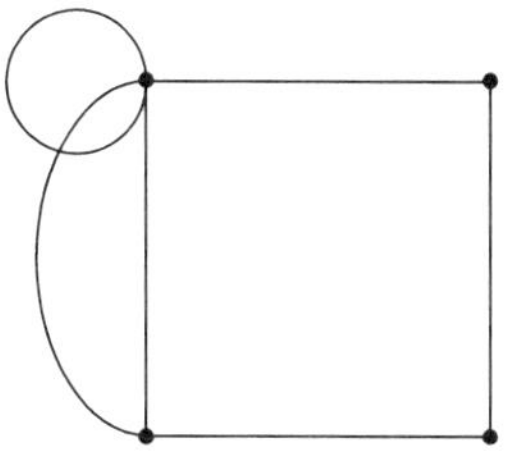

그림 2. 다중그래프

정의 9.1.3

그래프 $G=(V, E)$에서 E에 속하는 쌍이 순서와 무관할 때 이 그래프를 **무향그래프**(undirected)라 한다. 또 E가 V위에서의 이항관계일 때, G를 **유향그래프**(directed graph)라 한다.

예를 들어, 그림 1로 나타내는 그래프는 무향그래프이고, 다음 그림 3으로 나타내어지는 그래프는 유향그래프이다.

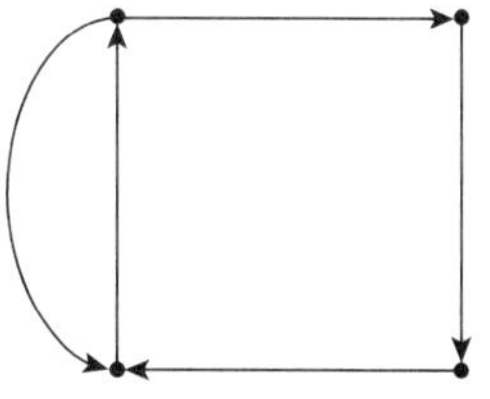

그림 3. 유향그래프

유향그래프의 간선은 방향을 가지며 방향을 화살표로 표시하고, 순서쌍으로 적을 때, 앞쪽은 시작점을 뒤쪽은 끝점을 적고, 꺾은 괄호로 표시한다. 예를 들어, ⟨2, 3⟩과 ⟨3, 2⟩는 서로 반대 방향을 가리키는 서로 다른 간선이다.

정의 9.1.4

그래프 G에서

- 두 꼭짓점 u, v가 간선 e로 연결되면 두 꼭짓점은 **"이웃한다"**라고 한다. 다른 말로, "인접한다." 또는 "근접한다."라고도 한다.
- 꼭짓점 v에 이웃한 꼭짓점들의 집합을 v의 **이웃**이라 하고, $N(v)$로 표시한다.
- 꼭짓점 v에 연결되는 간선들의 수를 v의 **차수**(degree)라 하고 $\deg(v)$로 표시한다.
- $\deg(v)=0$일 때, v를 **고립 꼭짓점**이라 한다.

예제 9.1.3 다음 그래프의 각 꼭짓점의 차수와 이웃을 구하라.

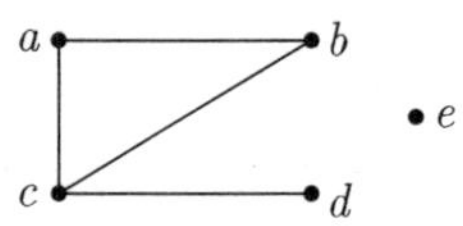

풀이 $\deg(a)=2$, $\deg(b)=2$, $\deg(c)=3$, $\deg(d)=1$, $\deg(e)=0$.
여기서 e는 고립 꼭짓점이다.

$$N(a)=\{b, c\},\ N(b)=\{a, c\},\ N(c)=\{a, b, d\},$$
$$N(d)=\{c\},\ N(e)=\varnothing.$$
■

그래프의 꼭짓점의 차수를 셀 때, 각 간선은 두 번 셈하여지기 때문에 다음과 같이 단순하지만 중요한 결과를 얻는다.

정리 9.1.1

무향그래프에서 모든 꼭짓점의 차수의 합은 간선의 수의 두 배이다. 즉 $G=(V, E)$가 무향그래프일 때,

$$\sum_{v\in V}\deg(v)=2|E|$$

이다. 이것은 다중그래프에서도 성립한다.

예제 9.1.4 꼭짓점의 수가 10이고 각 꼭짓점의 차수가 3일 때, 간선의 수를 구하라.

풀이 꼭짓점의 차수의 합이 $3 \times 10 = 30$이므로 정리 9.1.1에 의하여 $2|E| = 30$이다. 따라서 간선의 수는 $|E| = 15$이다. ■

정리 9.1.2

무향그래프에서 차수가 홀수인 꼭짓점의 수는 짝수개이다.

증명 V_1과 V_2를 무향그래프 $G = (V, E)$에서 각각 차수가 짝수인 꼭짓점의 집합과 홀수인 꼭짓점의 집합이라 하자. 그러면 정리 9.1.1에 의하여

$$2|E| = \sum_{v \in V} \deg(v) = \sum_{v \in V_1} \deg(v) + \sum_{v \in V_2} \deg(v)$$

이고

$$2|E| - \sum_{v \in V_1} \deg(v) = \sum_{v \in V_2} \deg(v)$$

이다. 좌변이 짝수이므로 우변도 짝수가 되어야 한다. 그런데 우변에서 각 $\deg(v)$가 홀수이므로 V_2에 있는 꼭짓점의 수는 짝수가 되어야 한다. 즉 차수가 홀수인 꼭짓점의 수는 짝수개이다.

정의 9.1.5

모든 꼭짓점이 간선으로 서로 연결된 단순그래프를 **완전 그래프**라 한다. 이때 꼭짓점의 수가 n인 완전 그래프를 K_n으로 나타낸다.

예제 9.1.5 다음 그래프는 $n = 1, 2, 3, 4, 5$인 완전 그래프이다.

풀이

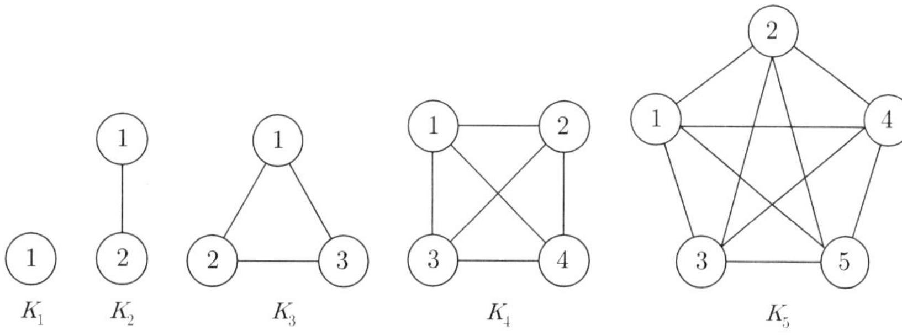

그림 4. 완전 그래프 ■

정의 9.1.6

그래프 $G=(V, E)$에서 V가 두 개의 부분집합 M과 N으로 분할될 수 있고, G의 간선이 M과 N의 꼭짓점을 연결하면 G를 **이분할그래프**(bipartite graph)라 한다. 또 M의 각 꼭짓점이 N의 각 꼭짓점과 연결되어 있으면 G을 **완전이분할그래프**라 한다. 이때 M과 N의 꼭짓점의 수가 각각 $m, n(m \leq n)$이면 $K_{m,n}$으로 나타낸다.

여기서 M과 N에 속하는 꼭짓점 사이에는 간선이 없다는 것에 유의해야 한다.

예제 9.1.6 다음 그림은 $K_{2,3}$, $K_{3,3}$, $K_{2,4}$를 보여 준다.

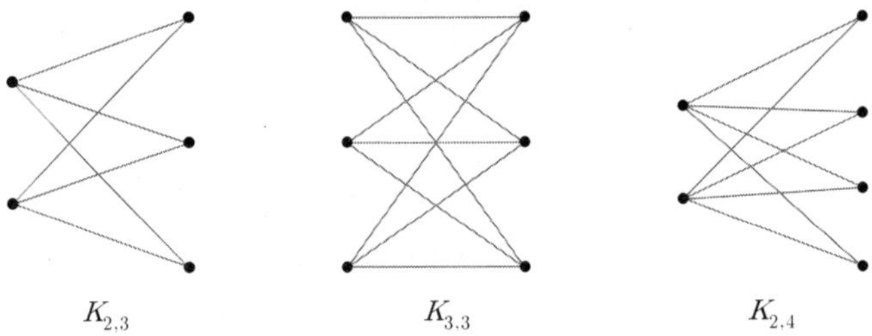

■

정의 9.1.7

그래프 $G=(V, E)$에 대하여 $V_1 \subseteq V$이고 $E_1 \subseteq E$라 하자. 이때 $G_1=(V_1, E_1)$를 G의 부분 그래프라 한다.

예를 들면, K_1은 K_2의 부분 그래프이며, K_4는 K_5의 부분 그래프이다.

다음 그래프는 꼭짓점의 이름만 다를 뿐 모두 같은 K_3이다.

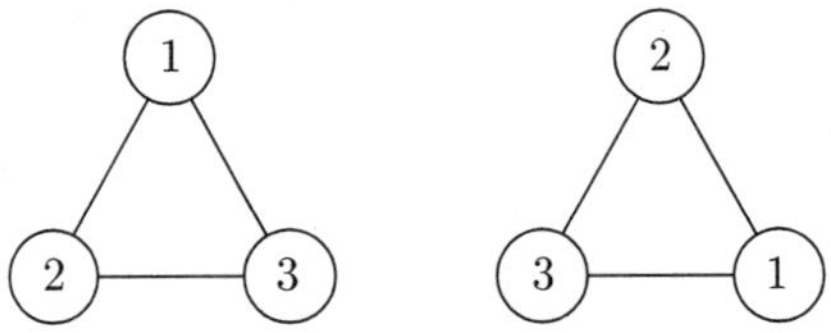

그림 5. K_3

이처럼 두 개의 그래프가 일대일 대응을 가지는 그래프를 **동형**(isomorphic)그래프라 한다. 엄밀히 정의하면 다음과 같다.

정의 9.1.8

두 단순그래프 $G_1=(V_1, E_1)$과 $G_2=(V_2, E_2)$에 대하여 다음을 만족하는 1–1 대응 함수 $f: V_1 \rightarrow V_2$가 존재하면 두 그래프는 동형이라 한다.

$$(a, b) \in E_1 \Leftrightarrow (f(a), f(b)) \in E_2$$

이때, 이 함수 f를 동형사상이라 한다.

동형사상을 찾아서 두 그래프가 동형임을 보이는 것은 쉬운 것이 아니다. 그러나 동형이 아닌 것을 밝히는 것은 좀 더 쉽다. 왜냐하면, 동형그래프는 반드시 꼭짓점의 수와 간선의 수가 같고, 대응하는 꼭짓점의 차원이 같아야 한다. 그렇지만 꼭짓점의 수와 간선의 수가 같다고 하더라도 항상 동형그래프는 아닐 수 있다. 동형을 판단하는 쉬운 방법은 보서리를 유지하면서 꼭짓점을 이리저리 옮겨서 같은 모양을 만들 수 있는지 확인하는 것이다.

예제 9.1.7 다음 두 그래프는 동형이다.

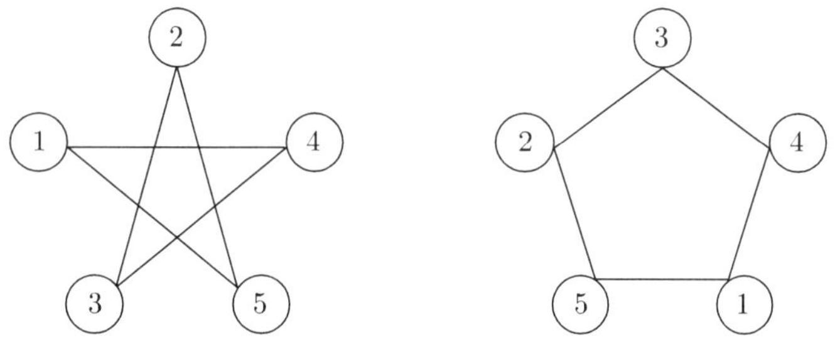

(1) (2) ■

예제 9.1.8 다음 두 도형은 동형그래프가 아님을 보여라

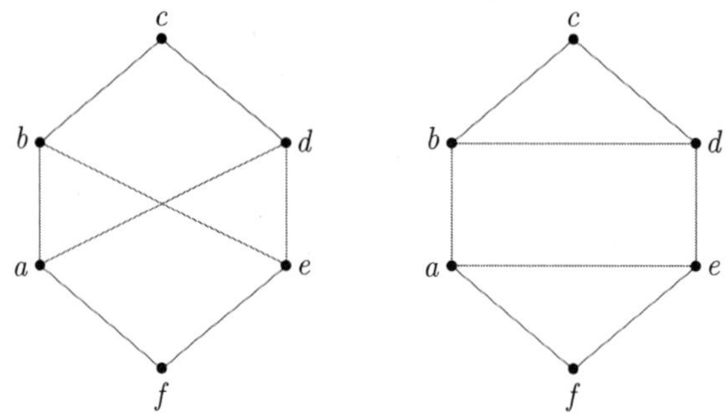

(1) (2)

풀이 두 그래프는 꼭짓점의 수와 간선의 수가 같다. 그러나 좌측 그래프에서는 간선 (b, e)가 있으나, 우측 그래프에서는 두 꼭짓점 b와 e에 간선이 존재하지 않는다. 따라서 두 그래프는 동형이 아니다. ■

정의 9.1.9

- 그래프에서 간선을 따라 한 꼭짓점에서 다른 꼭짓점까지 이동할 때 만나는 꼭짓점을 나열한 것을 **경로**(path)라 한다.
- 경로 위에 있는 간선의 수를 경로의 **길이**(length)라고 한다.

예를 들면, 예제 9.1.7의 그래프 (1)에서 꼭젓점 2에서 꼭짓점 1로 가는 경로는 (2, 3, 4, 1)과 (2, 5, 1)의 두 가지가 있고, 각 경로의 길이는 3과 2이다.

정의 9.1.10

- 경로 위의 모든 꼭짓점과 간선이 한 번만 나타나는 경로를 **단순경로**라 한다.
- 처음과 끝의 꼭짓점이 같은 단순경로를 **순환**(cycle)이라 한다.

예를 들면, 예제 9.1.7의 그래프(1)에서 경로 1, 4, 1은 같은 간선을 두 번 거치므로 단순경로가 아니다. 경로 2, 3, 4, 1, 5, 2는 처음과 끝의 꼭짓점이 같으므로 순환이다. 순환은 **회로**(circuit)라 부르기도 한다.

동형그래프를 판별하는 기준은 다음 4가지를 만족하는 경우이다.

- 꼭짓점의 수가 같다.
- 간선의 수가 같다.
- 꼭짓점의 차수들이 같다.
- 특정 길이인 순환의 수가 같다.

예를 들어, 예제 9.1.7의 그래프 (1)과 그래프 (2)는 꼭짓점의 수가 5개, 간선의 수가 5개, 꼭짓점의 차수가 모두 2이며, 순환의 길이는 모두 5이므로 동형이다. 한편 예제 9.1.8에서 두 그래프는 꼭짓점의 수가 6개, 간선의 수가 8개로 같고, 꼭짓점의 차수는 3, 3, 3, 3, 2, 2로 같으나 길이가 3인 순환은 (1)에는 없고, (2)에만 있으므로 두 그래프는 동형이 아니다.

정의 9.1.11

무향그래프에서 서로 다른 두 꼭짓점 사이에 경로가 존재하면 이 그래프는 "**연결되었다**"고 한다. 연결된 그래프를 **연결그래프**라 한다.

예제 9.1.9 다음 그래프의 연결성에 대하여 말하라.

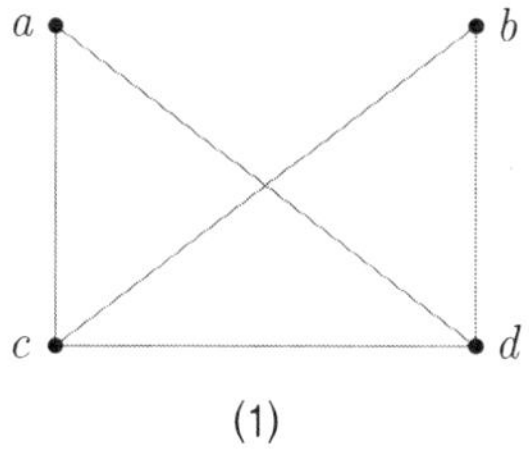

(1)

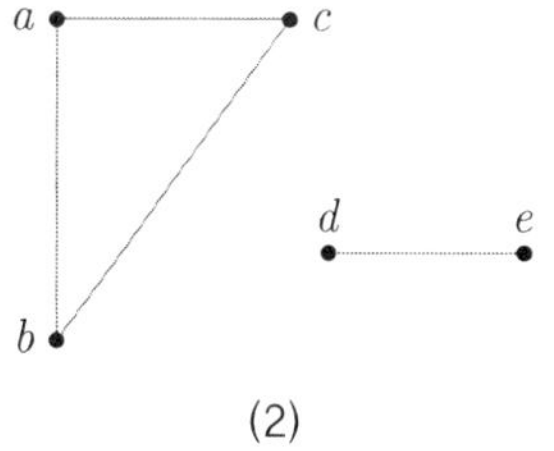

(2)

풀이 그래프 (1)은 임의 두 꼭짓점에 대하여 경로가 존재하므로 연결그래프이다. 그래프 (2)에서는 꼭짓점 b와 d사이에 경로가 존재하지 않는다. 따라서 그래프 (2)는 연결그래프가 아니다. ■

정의 9.1.12

순환이 없는 무향그래프를 **비순환**(acyclic) 그래프라 한다. 연결되었으며 순환이 없는 그래프를 **트리**(tree) 또는 수형도라 한다.

다음 그래프는 트리의 예이다. 트리를 모아 놓으면 **숲**(forest)이 된다.

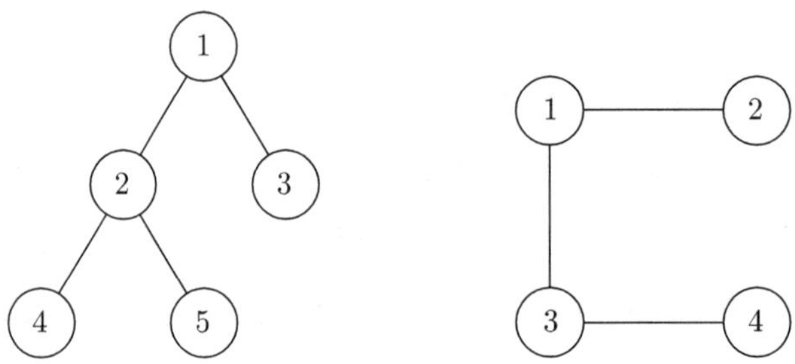

(1) (2)

그림 6. 트리

트리는 컴퓨터 분야에 많이 활용되는 중요 개념이며 10장에서 자세히 설명한다.

정리 9.1.3

그래프 $G=(V, E)$에 대하여 다음은 서로 동치이다.

(1) 그래프 G는 트리이다.
(2) 모든 꼭짓점의 쌍에 대해 유일한 단순경로가 존재한다.
(3) 그래프 G는 비순환 그래프이며 간선의 수가 꼭짓점의 수보다 하나 적다.
(4) 그래프 G는 연결되었으며 간선의 수가 꼭짓점의 수보다 하나 적다.

유향그래프의 꼭짓점은 나가는 간선과 들어오는 간선으로 이루어져 있다. 이제 유향그래프의 꼭짓점의 차수에 대하여 알아보자.

정의 9.1.13

유향그래프에서 한 꼭짓점에 들어오는 간선의 수를 **진입차수**라 하고, 한 꼭짓점에서 나가는 간선의 수를 **진출차수**라 한다.

예제 9.1.10 다음 유향그래프에서 꼭짓점 2의 진입차수와 진출차수를 구하라.

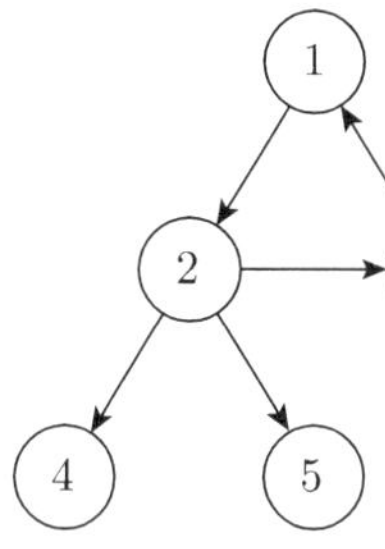

풀이 꼭짓점 2로 들어가는 간선의 수는 1이므로 진입차수는 1이다. 꼭짓점 2에서 나가는 간선의 수는 3이므로 진출차수는 3이다. ▦

이제 $\deg^-(v)$와 $\deg^+(v)$를 각각 꼭짓점 v에서의 진입차수와 진출차수라 하면 다음이 성립한다.

정리 9.1.4

유향그래프 $G=(V, E)$에서 다음이 성립한다.

$$\sum_{v\in V}\deg^-(v) = \sum_{v\in V}\deg^+(v) = |E|$$

다시 말하자면, 꼭짓점의 진입차수의 합과 진출차수의 합은 같고, 그 값은 간선의 수와 같다.

예제 9.1.11 다음 유향그래프에서 모든 꼭짓점에 대한 진입차수의 합과 진출차수의 합을 구하여 정리 9.1.4를 확인하라.

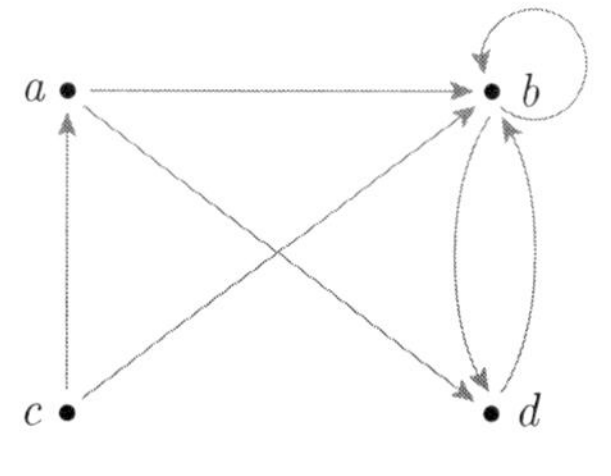

풀이 $\deg^-(a)=1$, $\deg^-(b)=4$, $\deg^-(c)=0$, $\deg^-(d)=2$로부터 진입차수의 합은 7이다. $\deg^+(a)=2$, $\deg^+(b)=2$, $\deg^+(c)=2$, $\deg^+(d)=1$로부터 진출차수의 합은 7이다. 또 간선의 수는 7이다. 따라서 정리 9.1.4가 성립한다. ■

무향그래프 사이에서 동형정리가 유향그래프 사이에서도 같은 방식으로 성립한다.

정리 9.1.5

유향그래프 $G_1=(V_1, E_1)$과 $G_2=(V_2, E_2)$는 다음을 만족하는 1-1 대응 함수 $f: V_1 \to V_2$가 존재하면 동형이다.

$$<u, v> \in E_1 \Rightarrow <f(u), f(v)> \in E_2.$$

두 유향그래프가 동형이면 대응하는 꼭짓점에서 진입차수와 진출차수가 같아야 한다.

예제 9.1.12 다음 유향그래프에서 (1)과 (2)는 동형이지만, (1)과 (3)은 동형이 아님을 보여라.

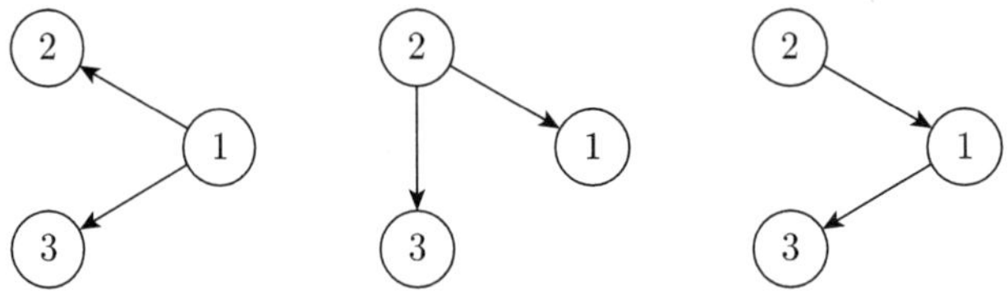

(1) (2) (3)

풀이 (1)과 (2) 사이에는 1→2, 2→1, 3→3의 대응을 생각하자. 그러면 이것은 (1)의 꼭짓점에서 (2)의 꼭짓점으로의 1-1 대응 함수이다. (1)번 그래프의 〈1, 2〉, 〈1, 3〉 간선은 (2)번 그래프의 〈2,1 〉, 〈2, 3〉 간선과 대응한다. 결국 (1)과 (2)는 동형이다.

그런데 (1)번 그래프는 진출차수가 2인 꼭짓점이 있지만 (3)번 그래프는 진출차수가 2인 꼭짓점이 없다. 따라서 (1)과 (3)은 동형이 아니다. ■

유향그래프의 경로, 순환, 길이의 정의는 무향그래프와 같다. 단 간선의 방향을 고려해야 한다.

정의 9.1.14

유향그래프에서 꼭짓점의 임의의 쌍에 대해 양방향으로 경로가 있으면 **강하게 연결되었다**(strongly connected)고 한다.

예제 9.1.13 다음 두 유향그래프가 강하게 연결되어 있는지 판단하라.

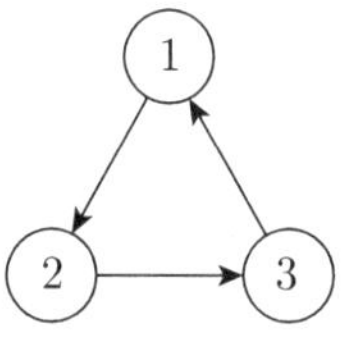

(1)

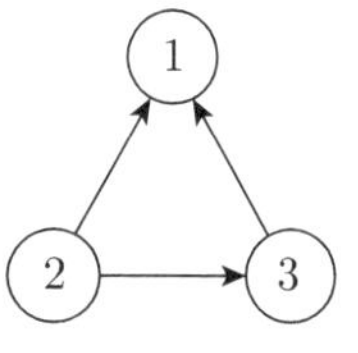

(2)

풀이 (1)은 임의의 두 꼭짓점의 쌍에 대하여도 양방향의 경로가 존재한다. 따라서 (1)은 강하게 연결되어 있다. (2)에서 두 꼭짓점 ②와 ③을 잡자. 그러면 ②에서 ③으로의 경로는 있지만 ③에서 ②로의 경로는 존재하지 않는다. 따라서 (2)는 강하게 연결되어 있지 않다. ■

그래프의 표현

그래프를 도형으로 표현하면 보기 쉽고, 이해하기 쉽다. 그렇지만 컴퓨터로 처리하기에 적합하지 않다. 컴퓨터에서 그래프를 표현하는 가장 단순한 방법은 꼭짓점을 나열하여 번호를 매기고, 꼭짓점의 수를 행과 열로 가지는 2차원 배열을 만들고, 간선에 해당하는 성분에 1을 입력하는 것이다.

그래프 $G=(V, E)$는 $|V|=n$인 단순그래프라 하고, $v_1, v_2, \cdots, v_n$가 G의 꼭짓점이라 하자.

정의 9.1.15

G의 **인접행렬**(adjacency matrices) $A = (a_{ij})$는 주어진 꼭짓점들의 나열에 대하여 다음과 같이 정의된다.

$$a_{ij} = \begin{cases} 1, & (v_i, v_j)\text{가 } G\text{의 간선일 때,} \\ 0, & \text{그렇지 않을 때.} \end{cases}$$

그래프의 인접행렬은 꼭짓점들의 배열 순서에 따라 달라진다는 것에 유의해야 한다. 또한 $a_{ij} = a_{ji}$이므로 무향그래프의 인접행렬은 대칭행렬이다. 물론 단순그래프는 루프를 가지지 않으므로 $a_{ii} = 0, i = 1, \cdots, n,$이다.

예제 9.1.14 주어진 그래프의 인접행렬을 구하라.

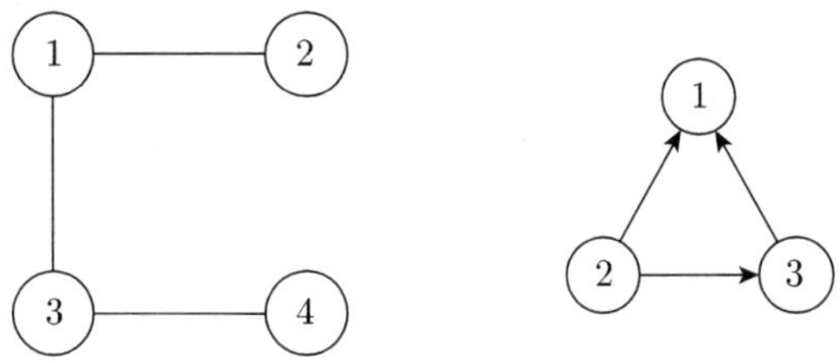

(1) (2)

풀이 꼭짓점의 나열 순서를 각각 1, 2, 3, 4와 1, 2, 3으로 하면 다음과 같은 인접행렬을 얻는다. 유향그래프의 인접행렬은 대칭행렬이 아님을 알 수 있다.

(1)
$$\begin{array}{c} \\ 1 \\ 2 \\ 3 \\ 4 \end{array}\begin{array}{c} \begin{array}{cccc} 1 & 2 & 3 & 4 \end{array} \\ \begin{pmatrix} 0 & 1 & 1 & 0 \\ 1 & 0 & 0 & 0 \\ 1 & 0 & 0 & 1 \\ 0 & 0 & 1 & 0 \end{pmatrix} \end{array}$$

(2)
$$\begin{array}{c} \\ 1 \\ 2 \\ 3 \end{array}\begin{array}{c} \begin{array}{ccc} 1 & 2 & 3 \end{array} \\ \begin{pmatrix} 0 & 0 & 0 \\ 1 & 0 & 1 \\ 1 & 0 & 0 \end{pmatrix} \end{array}$$

■

인접행렬에서 한 행이나 열의 원소를 모두 더하면 그 꼭짓점의 차수가 된다. 인접행렬은 단순하고 편리하지만, 꼭짓점의 수의 제곱만큼의 공간이 필요하므로, 컴퓨터에서 메모리의 낭비가 많다.

메모리 낭비가 적고, 간선의 탐색이 쉬운 그래프 표현 방법으로 **인접리스트**(linked adjacency list) 방식이 있다. 인접리스트는 꼭짓점의 수만큼의 머리(head)와 꼭짓점에 연결된 간선을 표현하는 노드(node)로 구성된다. 각 노드는 연결된 꼭짓점과 다음 노드를 가리키는 포인터(pointer)로 구성된다. 포인터에서 가리키는 대상이 없으면 0 (null)을 입력한다.

예제 9.1.15 주어진 그래프에 대한 인접리스트로 표현하면 다음과 같다.

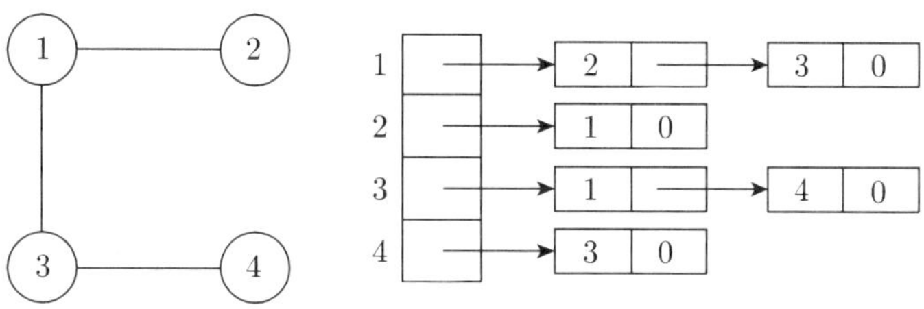

■

인접리스트로 표현된 그래프에서 꼭짓점에 연결된 간선을 찾는 것은 꼭짓점에 해당하는 머리에 연결된 노드를 탐색하면 되므로 편리하다. 인접행렬에서는 꼭짓점에 해당하는 행을 모두 탐색해야 한다. 한편, 간선을 추가 또는 삭제한다면 인접행렬은 해당 성분의 값을 1이나 0으로 바꾸면 되므로 빠르게 처리할 수 있지만, 인접리스트는 노드의 추가와 삭제가 필요하므로 인접행렬보다 복잡하다.

연습문제 9.1

01 다음 그래프 $G = (V, E)$를 그림으로 나타내라.

(1) $V = \{a, b, c, d, e\}$

$E = \{(a, a), (a, c), (a, d), (a, e), (b, d), (b, e), (c, d)\}$

(2) $V = \{1, 2, 3, 4\}$

$E = \{<1, 2>, <2, 3>, <3, 4>, <4, 1>\}$

02 다음 그래프의 꼭짓점과 간선을 집합으로 나타내라.

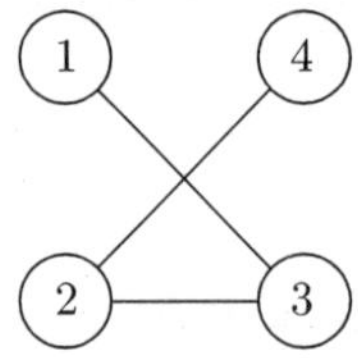

03 다음 그래프의 부분 그래프가 아닌 것은?

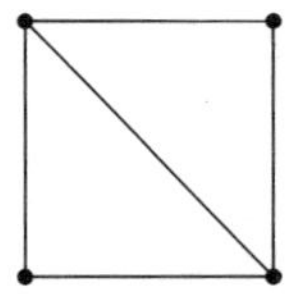

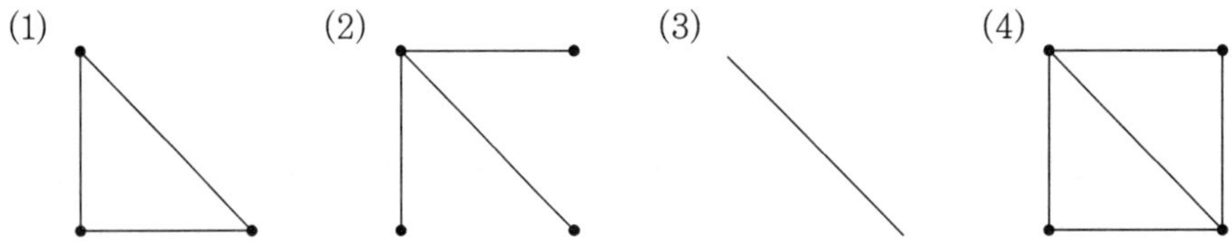

04 다음 그래프의 최대 차수, 최대 차수를 가지는 꼭짓점과 그 꼭짓점의 이웃을 구하라.

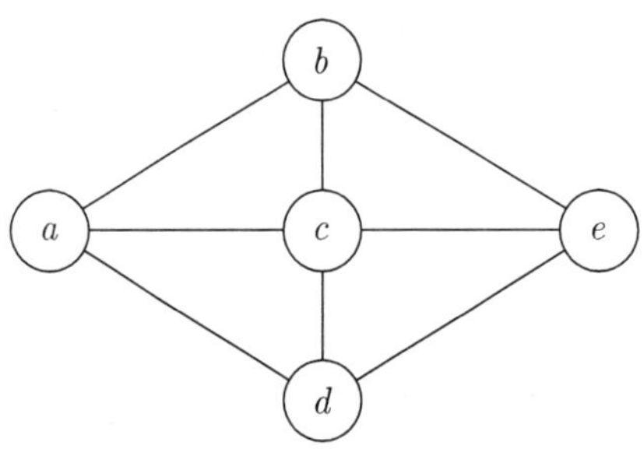

05 다음 그래프 중에서 동형을 찾아라.

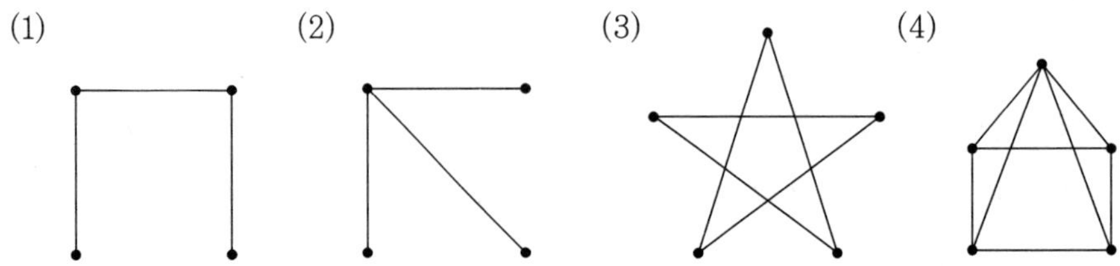

(5)

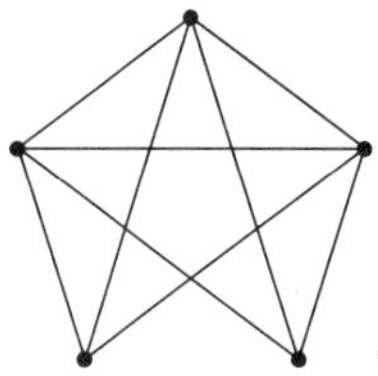

(6)

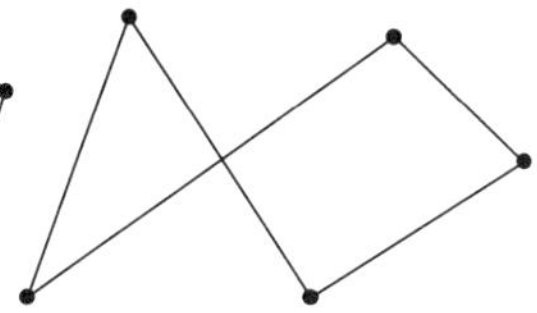

(7)

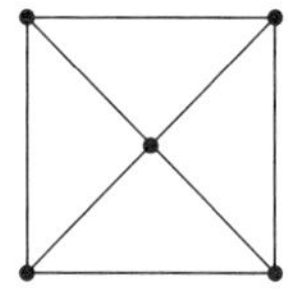

(8)

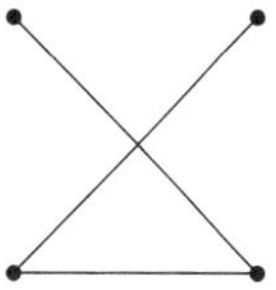

06 다음 그래프 중에서 트리가 아닌 것은?

(1)

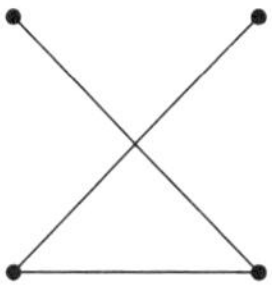

(2)

(3)

(4)

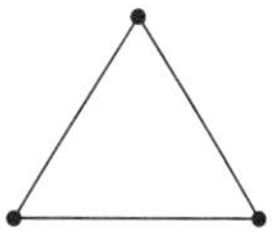

07 다음과 같이 인접행렬과 인접리스트로 표현된 그래프를 그려라.

(1)

	a	b	c	d	e
a	0	1	1	1	0
b	1	0	1	0	1
c	1	1	0	1	0
d	1	1	1	0	1
e	0	1	0	1	0

(2)

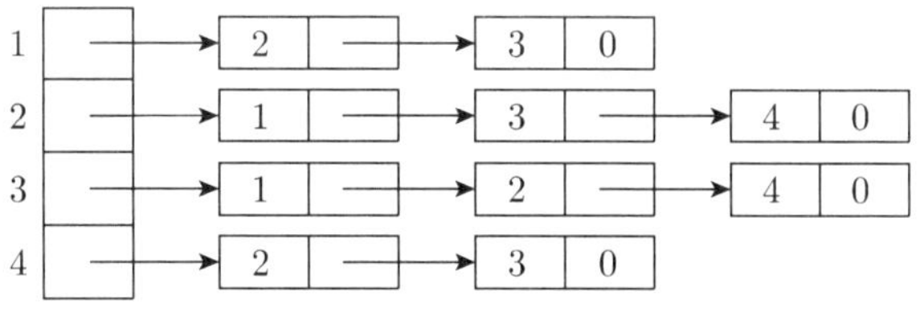

9.2 그래프의 탐색

그래프는 실세계에서 다양하게 응용될 수 있다. 예를 들어 지하철 노선도를 보면서 한 역에서 다른 역까지 가는 가장 빠른 경로를 찾는 문제이다. 이 문제의 해를 구하기 위해 그래프를 활용하려면 그래프를 체계적으로 탐색해야 한다. 이 절은 이러한 탐색에 대한 설명이다.

너비 우선 탐색

먼저 주어진 꼭짓점 v를 출발점으로 하여 v에 인접한 꼭짓점 w들을 모두 방문하고 그다음으로 w에 인접하고 아직 방문하지 않은 꼭짓점들을 모두 방문한다. 위의 과정을 반복하여 더는 방문할 꼭짓점이 없을 때까지 계속하여 방문한다. 이 같은 방법으로 경로를 찾는 탐색을 **너비 우선 탐색**(BFS, Breadth First Search)라 한다.

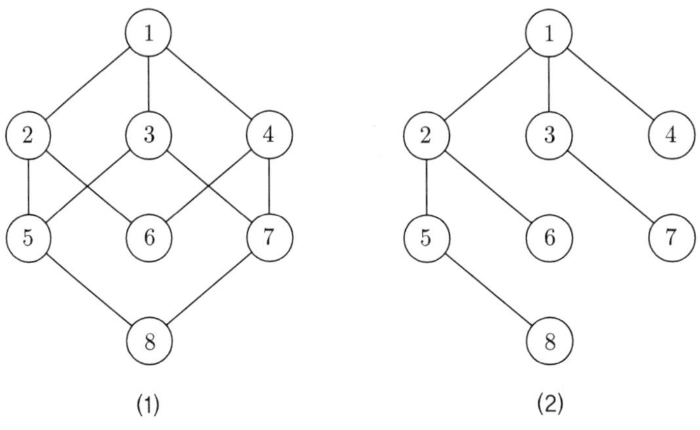

그림 1. 너비 우선 탐색

그림 1에서 그래프 (1)의 꼭짓점 1에서 출발하면 이웃한 꼭짓점은 2, 3, 4이다. 꼭짓점 2에 이웃한 꼭짓점은 5, 6이며, 꼭짓점 3에 이웃한 꼭짓점은 5, 7인데 5는 이미 방문했으므로 제외한다. 꼭짓점 5에 인접한 꼭짓점은 8이다. 이렇게 모든 꼭짓점을 탐색해서 얻어지는 그래프가 그림 1의 (2)이다. 그림 1의 (2)는 꼭짓점 1에서 모든 다른 꼭짓점으로 가는 경로를 알 수 있다.

꼭짓점의 방문 순서는 그래프의 표현과 관련이 있다. 일반적으로 숫자의 크기 순서나 알파벳 문자 순서 또는 왼쪽에서 오른쪽으로 방문한다. 너비 우선 탐색의 결과는 트리가 되며 너비 우선 생성 트리(spanning tree)라 한다. 일반적으로 **생성 트리**는 어느 그래프의 부분 그래프이며 트리인 경우를 말한다.

깊이 우선 탐색

깊이 우선 탐색(DFS, Depth First Search)은 한 꼭짓점 v에서 시작하여 이웃하고 아직 방문하지 않은 꼭짓점 w를 방문한다. w를 출발하여 위의 과정을 반복하여 더는 방문할 꼭짓점이 없을 때까지 방문을 계속한다.

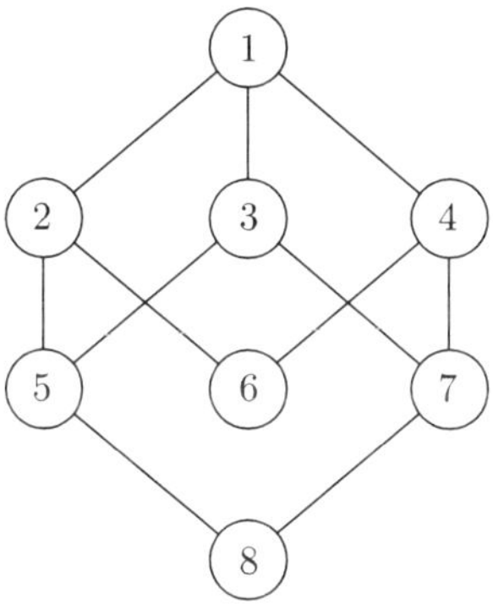

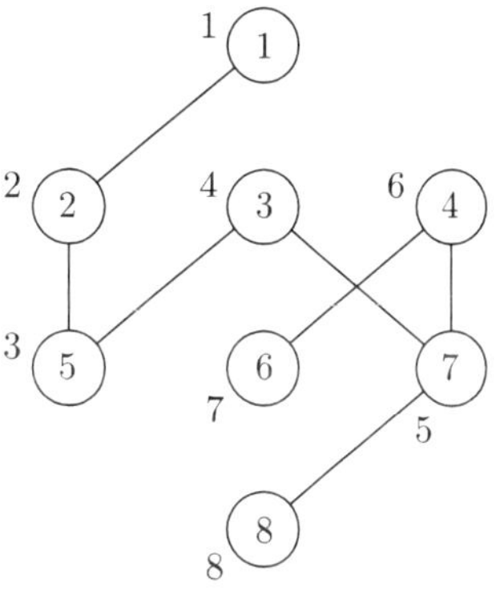

그림 2. 깊이 우선 탐색

깊이 우선 생성 트리가 그림 2의 (2)이다. 각 꼭짓점의 방문 순서를 꼭짓점 옆에 표시하였다. 꼭짓점 1에서 꼭짓점 6으로 가는 경로를 살펴보면 BFS는 1-2-6이고, DFS는 1-2-5-3-7-4-6으로 길이의 차이가 큼을 알 수 있다.

어떤 문제를 풀 때, BFS와 DFS 중에 어떤 탐색이 좋을지는 그래프의 형태와 주어진 문제에 따라 다르다. 꼭짓점의 차수가 많은 형태인지, 적은 형태인지에 따라 탐색 효율이 달라지고, 해답으로 가는 경로의 길이에 따라서도 다르다.

최소비용 생성트리

그래프에서 간선이 가중치를 가지는 경우를 생각해보자. 가중치는 두 꼭짓점 사이의 거리, 데이터를 보내는 비용, 이동 시간 등이 될 수 있다. 그러면 주어진 그래프에서 간선의 가중치의 합이 최소인 생성트리를 찾는 문제를 만들 수 있다. 예를 들어 통신 네트워크를 설계하는 데 비용을 최소화시키는 방법을 찾는 것이다. 모든 꼭짓점은 연결되어야만 하고, 그러면서 비용이 최소가 되려면 그래프의 형태는 트리가 되어야 한다. 순환(cycle)이 있는 경우는 비용이 최소가 아니다.

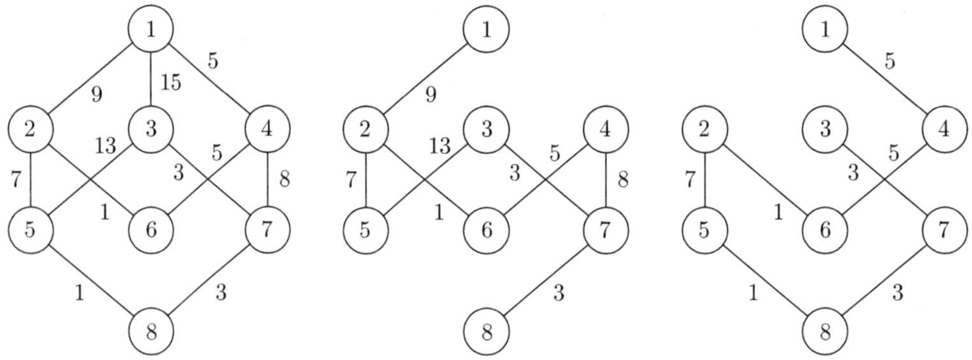

(1) (2) (3)

그림 3. 그래프와 생성트리

그림 3의 그래프 (1)의 생성트리 중 하나가 (2), (3)이다. (2)의 가중치 합은 48이고, (3)의 가중치 합은 25이다. 그렇다면 최소비용 생성트리를 만들려면 어떻게 할까?

크루스칼(Kruskal)의 알고리즘

1. 남아 있는 간선 중에서 가중치가 최소인 간선을 선택한다.
2. 선택한 간선이 순환을 만들지 않으면 생성트리에 추가한다.
3. 선택한 간선의 수가 (꼭짓점의 수 - 1)이면 종료하고, 아니면 1부터 반복한다.

크루스칼의 알고리즘은 가중치가 가장 작은 간선을 추가하면서 생성트리를 만드는 방법이다. 순환이 생기면 트리가 아니고, 최소비용이 아니므로 제거한다. 크루스칼의 알고리즘으로 그림 3의 그래프 (1)에 대한 최소비용 생성트리를 만드는 과정을 그림 4에 나타내었다.

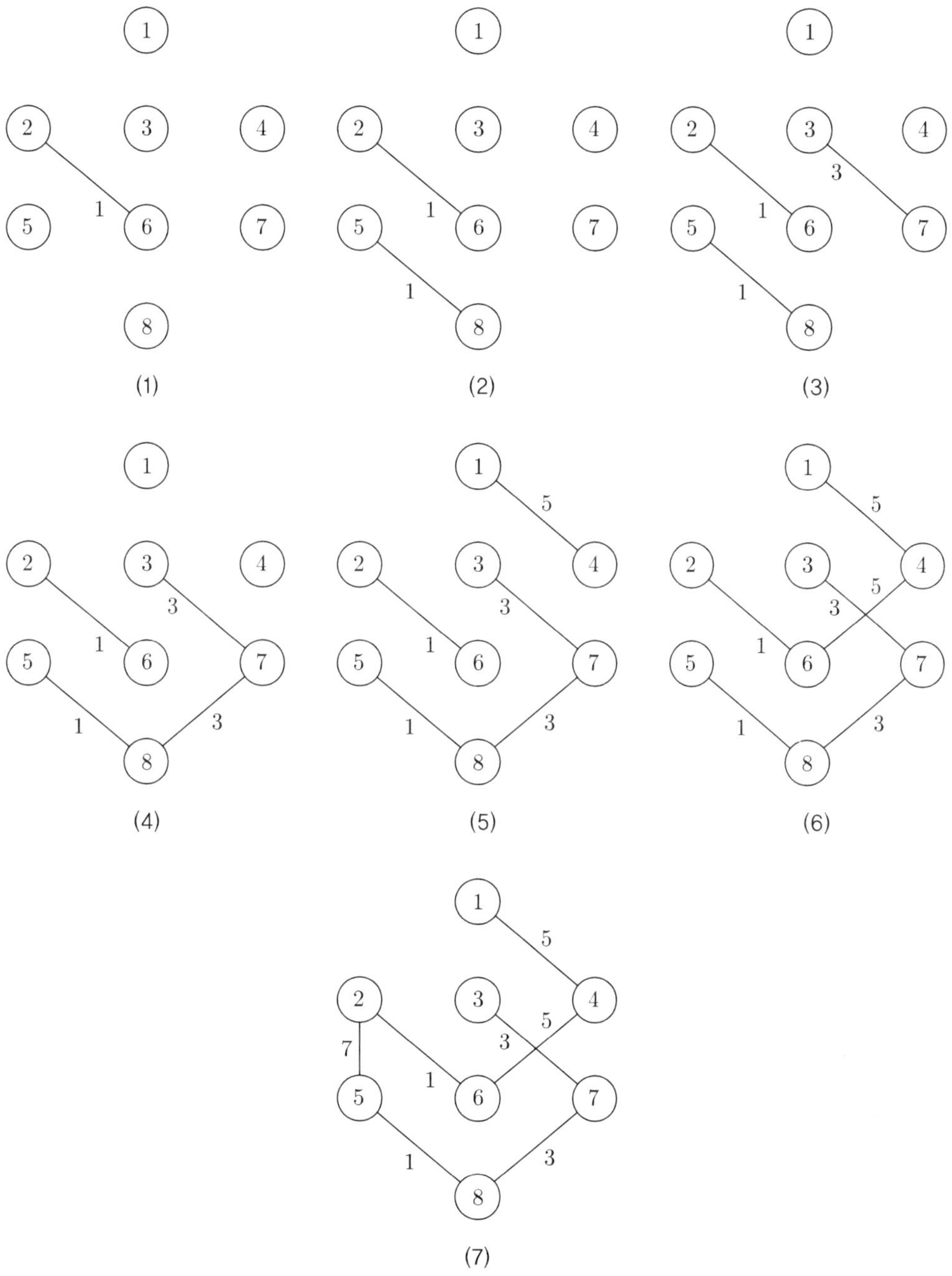

그림 4. 크루스칼 알고리즘으로 최소비용 생성트리 구하기

최소비용 생성트리를 만드는 또 다른 방법은 다음과 같다.

프림(Prim)의 알고리즘
1. 그래프에서 하나의 꼭지점을 선택하여 트리를 만든다. 2. 트리와 연결된 모서리 가운데, 순환을 만들지 않는 가장 가중치가 작은 모서리를 트리에 추가한다. 3. 모든 꼭지점이 트리에 포함되면 종료하고, 아니면 2부터 반복한다.

프림의 알고리즘은 꼭짓점에 간선을 추가하면서 진행한다. 알고리즘 진행 중에 구성된 트리에 연결된 모든 모서리 중에서 순환을 만들지 않는 최소 가중치의 간선을 추가하며, 종료 조건은 모든 꼭짓점이 포함되는가이다. 프림의 알고리즘으로 그림 3의 그래프 (1)의 최소비용 생성트리를 만드는 과정이 그림 5에 있다.

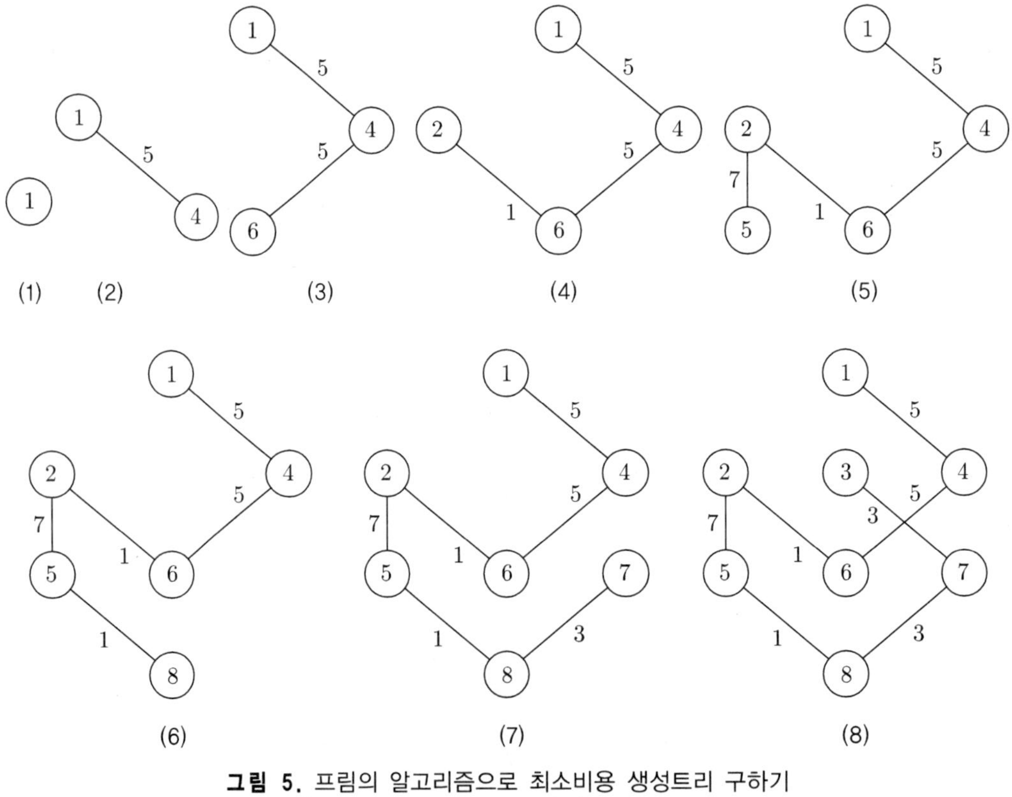

그림 5. 프림의 알고리즘으로 최소비용 생성트리 구하기

최소비용 생성트리는 유일하지 않다. 가중치가 같은 간선이 여러 개 있을 경우, 선택하는 순서에 따라 트리가 달라지기 때문이다. 간선의 가중치는 인접행렬의 경우 1 대신에 가중치를 입력하면 되고, 인접리스트는 노드에 가중치 값을 추가하면 된다.

연습문제 9.2

01 다음 그래프에서 꼭지점 1에서 시작하는 깊이 우선 탐색 트리와 너비 우선 탐색 트리를 찾으라. (탐색은 번호 순서로 한다고 가정)

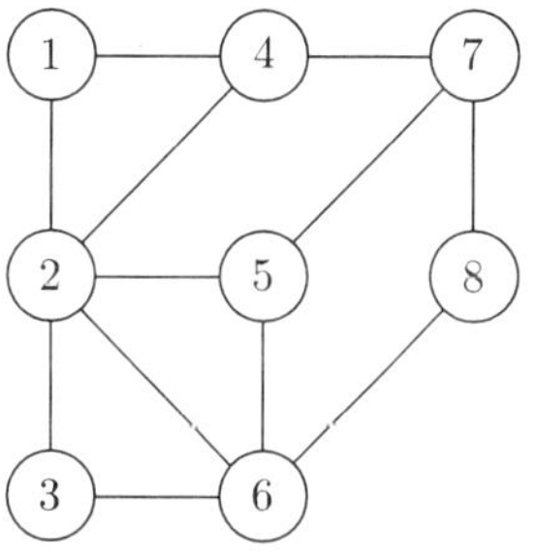

02 다음 그래프에 대하여 최소비용 생성 트리를 구하라.

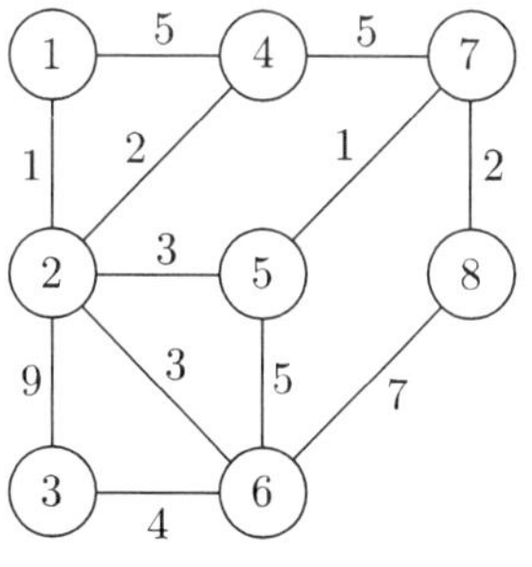

9.3 경로(path)

그래프의 한 꼭짓점에서 간선을 따라 이동하여 다른 꼭짓점에 도달하는 동안 만나는 꼭짓점의 집합을 경로라 한다.

정의 9.3.1

그래프 G에서 G의 모든 간선을 포함하는 단순경로를 **오일러 경로**(Euler path)라고 하고, 시작 꼭짓점과 종료 꼭짓점이 같은 오일러 경로를 **오일러 순환**(Euler circuit)이라고 한다. 또 오일러 순환을 가지는 그래프를 **오일러 그래프**라 한다.

예제 9.3.1 다음 그래프에서 오일러 경로 또는 오일러 순환이 있는 것을 말하라. 또 오일러 그래프인 것을 말하라.

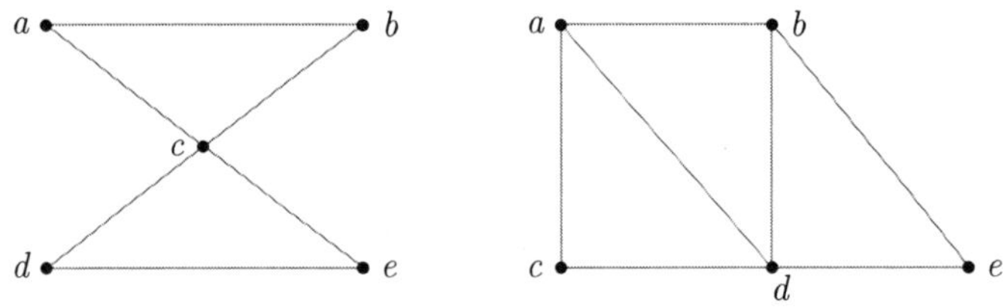

(1) (2)

풀이 그래프 (1)은 오일러 순환을 가진다. 예를 들어, a, c, e, d, c, b, a는 오일러 순환이다. 그래프 (2)는 오일러 경로는 가지나 오일러 순환을 가지지 않는다. 그래프 (2)에서 오일러 경로의 한 예는 a, c, d, e, b, d, a, b이다. (1)은 오일러 그래프이고 (2)는 아니다. ■

주어진 연결된 다중 그래프가 오일러 순환을 가지는지 또는 오일러 경로를 가지는가를 쉽게 아는 방법이 있다.

정리 9.3.1

그래프가 오일러 순환을 가질 필요충분조건은 모든 꼭짓점의 차수가 짝수이다.

모든 꼭짓점의 차수가 짝수인 그래프에서 오일러 순환을 찾을 때는 어떤 꼭짓점에서 출발해도 다시 그 꼭짓점으로 돌아온다.

정리 9.3.2

그래프가 오일러 경로는 가지나 오일러 순환을 가지지 않을 필요충분조건은 홀수 차수의 꼭짓점을 두 개만 가지는 것이다.

그래프가 홀수 차수인 꼭짓점을 두 개를 가지는 경우, 오일러 경로를 찾는 방법은 차수가 홀수인 한 꼭짓점에서 시작하여 차수가 홀수인 다른 꼭짓점에서 끝나면 된다.

예제 9.3.2 다음 그래프에서 오일러 순환과 오일러 경로가 있는지 판단하라.

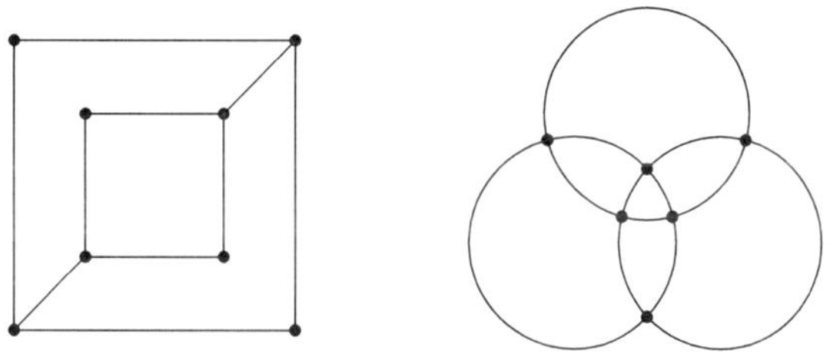

(1) (2)

풀이 그래프 (1)은 홀수 차수인 꼭짓점이 있으므로 오일러 순환을 가지지 않는다. 그러나 홀수 차수인 꼭짓점이 두 개이므로 오일러 경로가 존재한다. 그래프 (2)는 모든 꼭짓점의 차수가 짝수이므로 오일러 순환을 가진다. ■

오일러 경로는 18세기 동프로이센의 수도인 쾨니히스버그(지금은 러시아 칼리닌그라드) 프레겔강에 있는 7개의 다리를 한 번만 건너면서 처음 시작한 위치로 돌아오는 길이 있는가 하는 문제의 해결책에 적용되었다.

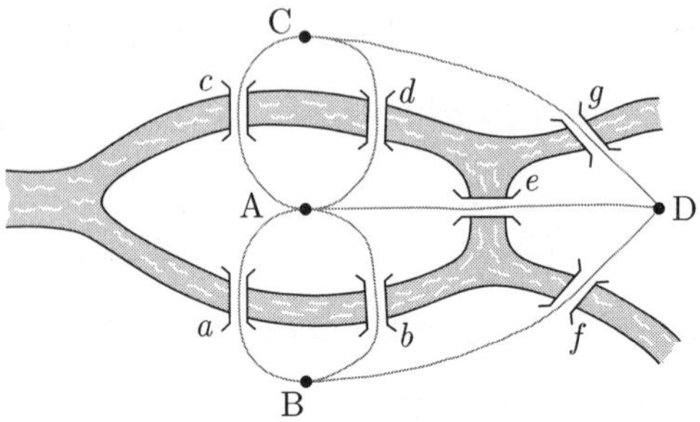

그림 1. 쾨니히스버그의 다리 문제

오일러는 이 문제를 그림 1처럼 그래프 문제로 추상화하였다. 다리를 간선으로, 다리를 건너 밟게 되는 땅을 꼭짓점으로 생각하면 그림 1의 그래프가 완성된다. 그러면 이 문제는 "주어진 그래프가 오일러 순환을 가지는가?" 하는 문제와 같다. 그런데 이 그래프에서는 모든 꼭짓점의 차수가 홀수이므로 오일러 순환을 가지지 않는다. 결국 이 다리는 요구한 방식으로 건널 수 없다는 것이다.

정의 9.3.2

그래프 G에서 G의 모든 꼭짓점을 오직 한 번만 방문하는 경로를 **해밀턴 경로**(Hamilton path)라고 하고, 시작 꼭짓점과 종료 꼭짓점이 같은 해밀턴 경로를 **해밀턴 순환**(Hamilton circuit)이라고 한다. 또 해밀턴 순환을 가지는 그래프를 **해밀턴 그래프**라 한다.

오일러 경로는 모든 간선을 한 번씩 방문하고, 꼭짓점은 여러 번 방문할 수 있지만, 해밀턴 경로는 모든 꼭짓점을 한 번씩 연결하여 방문해야 한다.

예제 9.3.3 다음 그래프가 해밀턴 그래프인지 오일러 그래프인지 판단하라.

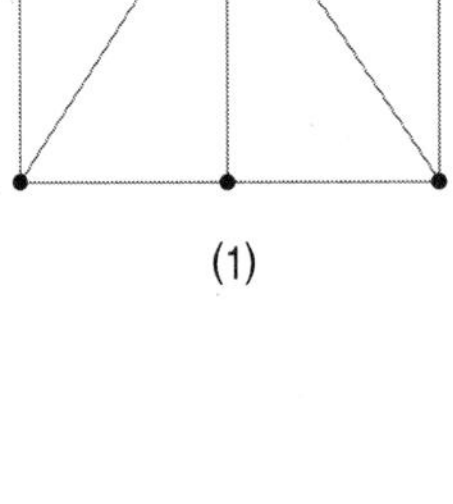

(1)

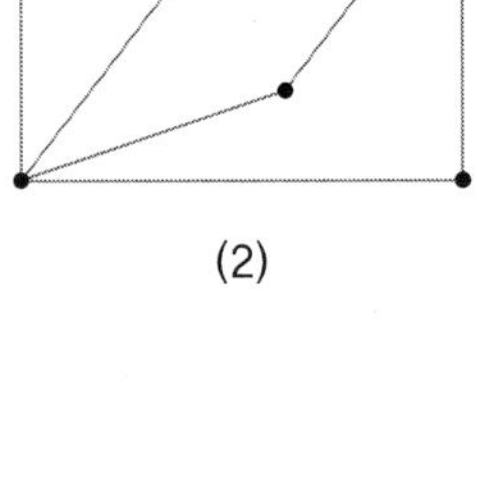

(2)

풀이 그래프 (1)은 시계방향 또는 반시계 방향으로 돌면 해밀턴 순환이 된다. 따라서 해밀턴 그래프이다. 그러나 홀수 차수인 꼭짓점이 있으므로 오일러 순환이 존재하지 않는다. 따라서 오일러 그래프가 아니다.

그래프 (2)는 모든 꼭짓점의 차수가 짝수이므로 오일러 순환을 가진다. 따라서 오일러 그래프이다. 그러나 해밀턴 순환은 가지지 않는다. 따라서 해밀턴 그래프는 아니다. ■

예제에서 보듯이 오일러 경로와 해밀턴 경로는 서로 상관이 없다. 오일러 경로이면서 해밀턴 경로일 수도 있고, 한쪽만 해당할 수도 있고, 둘 다 아닐 수도 있다.

해밀턴 경로는 1857년에 윌리엄 로언 해밀턴이 정십이면체의 꼭짓점(20개)에 세계 각국의 도시 이름을 적고, 각 도시를 한 번씩만 방문하고 시작 도시로 돌아오는 경로를 찾는 게임을 제안하면서 유래되었다.

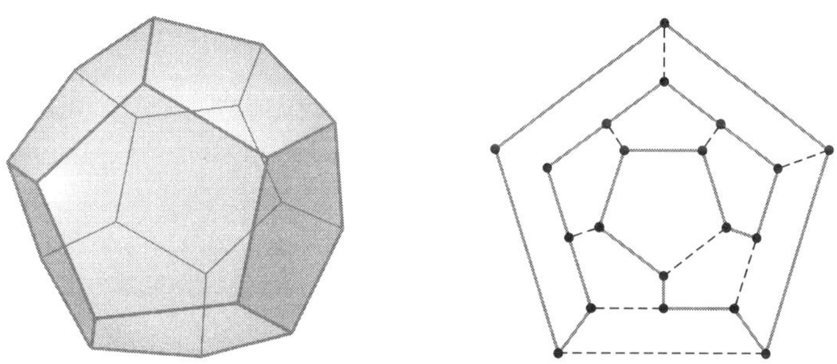

그림 2. 정십이면체와 해밀턴 순환

그래프가 해밀턴 순환을 가지는지 판단하는 문제는 매우 어려워 NP-complete문제이다. 크기가 3 이상인 완전 그래프는 해밀턴 순환을 가진다. 우편 배달부가 우체국에서 출발하여 편지를 배달하고 우체국으로 돌아오는 최단 경로를 찾는 문제(TSP: Traveling Salesperson Problem)가 해밀턴 순환의 응용문제이다.

최단 경로

가중치 그래프의 경로 중에서 가중치의 합이 가장 작은 값을 갖는 경로를 찾는 문제가 최단 경로(shortest path) 문제이다.

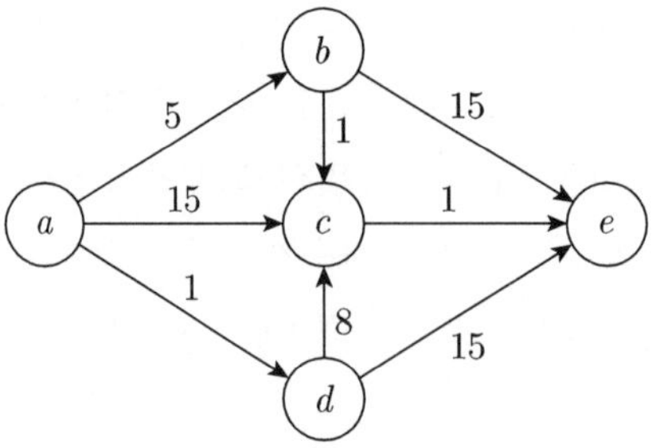

그림 3. 최단 경로 문제

예를 들어, 그림 3에서 꼭짓점 a에서 꼭짓점 e로 가는 최단 경로를 찾아보자. 어렵지 않게 a, b, c, e가 가중치의 합이 7로 최단 경로임을 알 수 있다. 그런데, 꼭짓점의 수가 많아지면 모든 경로를 조사하여 최단 경로를 찾는 것은 비효율적이다. 최단 경로를 찾는 효율적인 알고리즘으로 **다익스트라**(Dijkstra) **알고리즘**이 있다. 다익스트라 알고리즘의 핵심은 꼭짓점 v_i에서 꼭짓점 v_j로 가는 최단 경로는 지금까지 조사한 최단 경로와 v_i에서 v_k를 거쳐 v_j로 가는 경로와 비교하여 작은 쪽으로 결정한다는 것이다. 그림 3에서 a에서 c로 가능한 경로는 a, c가 15, a, b, c가 6, a, d, c가 9이므로 최단 경로는 a, b, c이며 가중치 합이 6이다.

다익스트라 알고리즘

1. 출발 꼭짓점을 기준으로 각 꼭짓점까지의 최소 가중치를 저장한다.
2. 방문하지 않은 꼭짓점 중에서 최소 가중치를 선택한다.
3. 선택한 꼭짓점을 거쳐 특정한 꼭짓점으로 가는 경우를 고려하여 최소 가중치를 갱신한다.
4. 2번과 3번을 방문하지 않은 꼭짓점이 없을 때까지 반복한다.

1에서 초기화 과정에서 직접 연결된 경우는 간선의 가중치를, 연결되지 않았으면 무한대의 값으로 저장한다. 그림 3을 기준으로 알고리즘을 실행하면 다음과 같다.

다음 표에서 V는 방문하지 않는 꼭짓점의 집합을 표시하고, Dist(c)는 꼭짓점 a에서 꼭짓점 c까지 가는 경로의 가중치 합을 나타낸다. minV는 방문하지 않은 꼭짓점 중에서 최소 가중치를 가지는 꼭짓점이다. 마지막 행은 값을 변경할 때, 이전 꼭짓점을 적는다.

단계	V	Dist(b)	Dist(c)	Dist(d)	Dist(e)	minV
1	$\{b, c, d, e\}$	5	15	1	∞	d
2	$\{b, c, e\}$	5	9	1	16	b
3	$\{c, e\}$	5	6	1	16	e
4	$\{c\}$	5	6	1	7	c
이전		a	b	a	c	

단계 1에서 꼭짓점 a에서 꼭짓점 b, c, d, e로 가는 가중치를 초기화한다. 꼭짓점 e는 직접 연결되어 있지 않으므로 가중치가 무한대이다. 이제 최소 가중치를 가지는 꼭짓점 d를 선택한다.

단계 2에서 원래 가중치와 꼭짓점 d를 거쳐 가는 가중치의 합 중에서 작은 쪽을 선택한다. 꼭짓점 c는 a, c는 15이지만, a, d, c는 9이므로 9로 갱신한다. 마찬가지로 Dist(e)는 a, d, e가 16이므로 16으로 갱신한다. 방문하지 않은 꼭지점 $\{b, c, e\}$ 중에서 최소 가중치를 가지는 꼭짓점 b를 선택한다.

단계 3에서 a, b, c가 6이므로 Dist(c)을 6으로 갱신한다. 이제 c를 선택한다.

단계 4에서 Dist(e)는 원래 16보다 c를 거쳐 가면 6+1=7이 작으므로 7로 갱신한다.

이제 모든 꼭짓점을 방문했으므로 알고리즘을 종료한다.

그러면 a에서 e로 가는 최단 경로의 가중치는 7임을 알 수 있다. 최단 경로는 거꾸로 조사하면 알 수 있다. 도착점에서 출발하여 마지막으로 Dist(v)를 갱신한 꼭짓점을 찾아간다. e보다 이전에 선택한 c, Dist(c)를 갱신할 때 선택한 b, 그리고 a이므로 최단 경로 a, b, c, e를 찾을 수 있다.

다음 예를 보면서 a에서 g로 가는 최단 경로를 다시 확인하자.

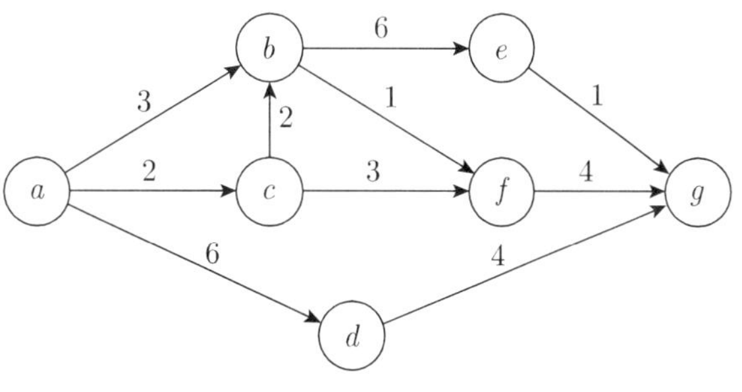

그림 4. 최단 경로 문제

단계	V	Dist(b)	Dist(c)	Dist(d)	Dist(e)	Dist(f)	Dist(g)	minV
1	$\{b, c, d, e, f, g\}$	3	**2**	6	∞	∞	∞	c
2	$\{b, d, e, f, g\}$	**3**	2	6	∞	5	∞	b
3	$\{d, e, f, g\}$	3	2	6	9	**4**	∞	f
4	$\{d, e, g\}$	3	2	**6**	9	4	8	d
5	$\{e, g\}$	3	2	6	9	4	**8**	g
6	$\{g\}$	3	2	6	**9**	4	8	e
이전		a	a	a	b	b	f	

최단 경로는 a, b, f, g이다.

연습문제 9.3

01 다음 그래프에서 오일러 경로나 오일러 순환을 찾아라.

(1)

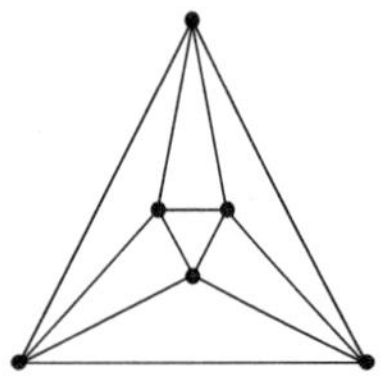

(2)

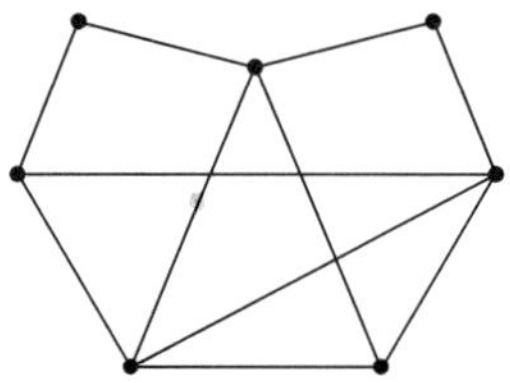

02 다음 그래프에서 해밀턴 경로나 해밀턴 순환을 찾아라.

(1)

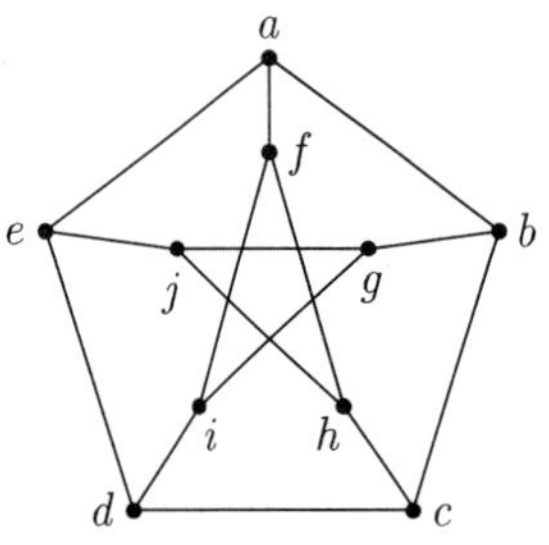

(2)

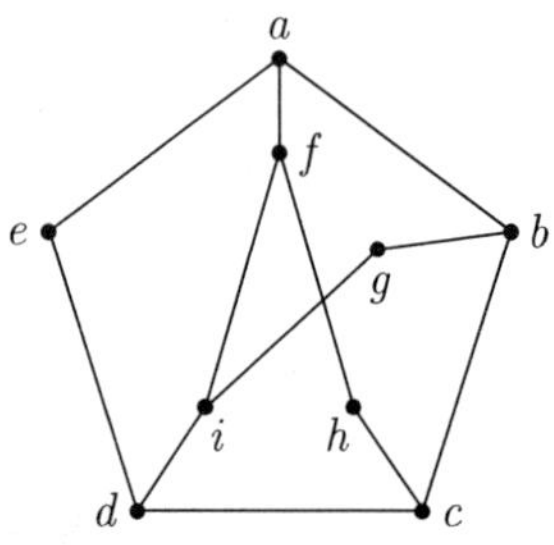

03 다음 그래프에서 a에서 g로 가는 최단 경로를 찾아라.

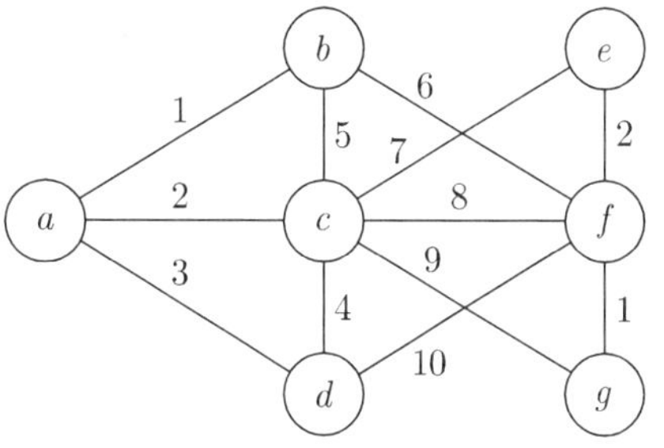

9.4 그래프 관련 주제

정의 9.4.1

평면에 그래프를 그렸을 때, 두 간선이 꼭짓점 이외에서 만나지 않도록 그릴 수 있는 그래프를 **평면 그래프**(planar graph)라 한다.

다시 말하자면, 간선이 교차하지 않게 그릴 수 있는 그래프가 평면 그래프이다. 다음 그래프는 모두 평면 그래프이다.

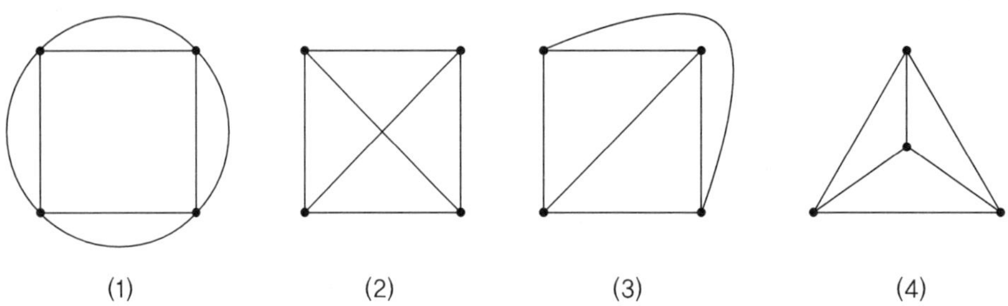

그림 1. 평면 그래프

그림 1에서 (2), (3), (4) 그래프는 모두 동형그래프이다. 그래프 (2)에서 간선이 교차하는 것처럼 보이지만 그래프 (3)이나 그래프 (4)처럼 그릴 수 있으므로 평면 그래프이다. 평면 그래프는 입체도형에서 한 면을 크게 만들고 나머지 면을 그 안으로 눌러 납작하게 만든 형태라고 볼 수 있다. 그래프 (4)는 정사면체를 눌러 놓은 모습임을 알 수 있다.

정리 9.4.1 오일러 공식

$G=(V, E)$가 연결된 단순, 평면 그래프라 하자. 또 G를 평면 그래프로 나타냈을 때 면(영역)의 수를 f이라 하자. 그러면 다음이 성립한다.

$$|V|-|E|+f=2$$

여기서, 면은 간선에 의해 둘러싸인 부분뿐만 아니라 외부도 하나의 면으로 계산한다.

예제 9.4.1 그림 1에서 그래프 (3)에 대하여 오일러 공식이 성립함을 보여라.

풀이 그래프 (3)에서 꼭짓점의 수 $|V|=4$, 간선의 수 $|E|=6$, 면의 수 $f=4$이다. $|V|-|E|+f=4-6+4=2$가 되어 오일러 공식이 성립한다. ■

다음 두 그래프는 평면 그래프가 아니다.

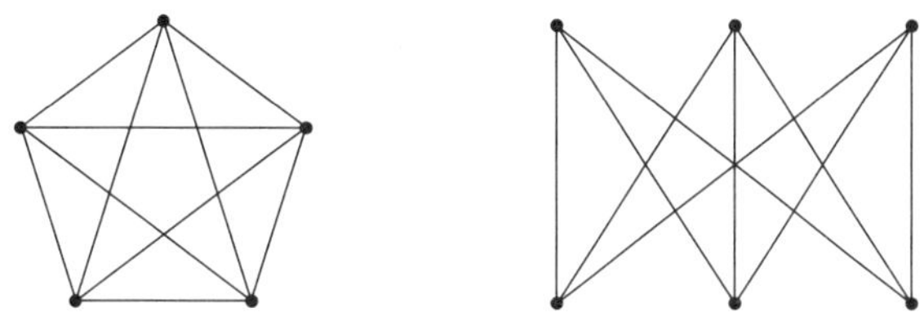

(1) (2)

그림 2. 평면 그래프가 아닌 경우

그림 2의 그래프 (1)은 완전 그래프 K_5이고, 그래프 (2)는 완전 이분 그래프 $K_{3,3}$이다. 다음 정리를 이용하여 주어진 그래프가 평면 그래프인지를 판정할 수 있다.

정리 9.4.2 Kuratowski의 정리

그래프 G가 평면 그래프일 필요충분조건은 G가 K_5나 $K_{3,3}$와 동형인 부분 그래프를 포함하지 않는다.

그래프 색칠하기

지도에서 영역을 색칠하는 문제는 그래프이론에 많은 결과를 만들어냈다. 지도에서 같은 경계를 가지는 두 영역을 다른 색을 칠하여 전체 색상의 수가 최소가 되게 하는 것이 관건이다. 지도의 영역을 칠하는 문제를 그래프의 꼭짓점을 색칠하는 문제와 관련시켜보자.

평면에 있는 지도는 다음과 같은 방법에 따라 그래프로 표시가 된다.

정의 9.4.2 쌍대 그래프

지도에서 각 영역은 꼭짓점으로 표시하고, 두 영역이 공통의 경계가 있으면 두 꼭짓점을 간선으로 연결한다. 단 한 점에서 만나는 영역은 인접한 것으로 여기지 않는다. 이 같은 방법으로 얻어진 결과를 그 지도의 **쌍대 그래프**(dual graph)라 한다.

주목 한 지도의 쌍대 그래프는 단순, 평면 그래프인 것에 유념한다.

예제 9.4.2 다음 영역으로 표시되는 지도의 쌍대 그래프를 그려라.

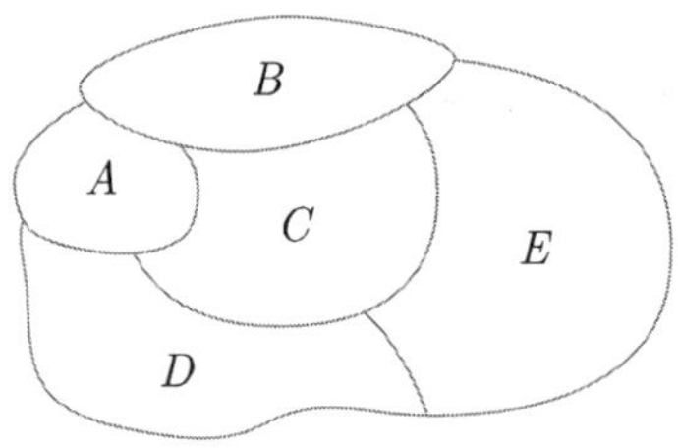

풀이 영역의 문자를 꼭짓점으로 표시하고 경계선을 공유하는 이웃 꼭짓점을 간선으로 연결하면 쌍대 그래프는 다음과 같다. 이 그래프는 단순, 평면 그래프이다.

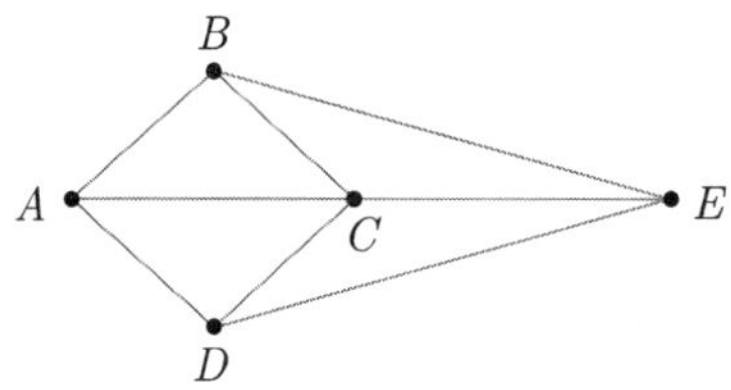

■

이제 지도의 영역을 색칠하는 문제는 쌍대 그래프의 꼭짓점을 색칠하는 문제와 동등하다.

정의 9.4.3 그래프 색칠

평면 그래프에서 이웃하는 어떠한 두 꼭짓점에도 서로 다른 색을 배당하는 것을 **그래프 색칠**이라 한다.

예제 9.4.3 다음은 그래프 색칠의 예를 보여 준다. 인접하는 어떤 두 꼭짓점도 같은 색이 아니다.

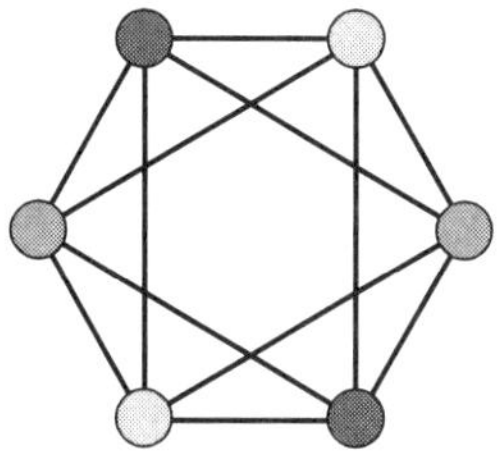

■

정의 9.4.4

k가지의 색으로 그래프 G의 색칠이 가능하다면 G는 k**색칠 가능**이라 하고, 색의 최소의 수를 그래프의 **채색수**(chromatic number)라 한다.

웰치(Welch)와 포웰(Powell)의 그래프 색칠 알고리즘을 소개한다. 먼저 꼭짓점을 차수가 큰 것에서 작은 것의 순으로 나열한다. 어떤 꼭짓점들은 차수가 같을 수 있으므로 나열순서는 다를 수 있다. 첫 색을 이용하여 첫 꼭짓점을 칠하고 이것과 인접하지 않은 꼭짓점을 같은 색으로 칠한다. 두 번째 색을 이용하여 배열에서 나타나는 색칠이 되지 않은 꼭짓점에 같은 과정을 되풀이하고, 모든 꼭짓점이 색칠하여지면 과정은 끝나게 된다.

예제 9.4.4 다음 그래프 G를 색칠하고 3색칠 가능임을 보이고, 채색수를 구하라.

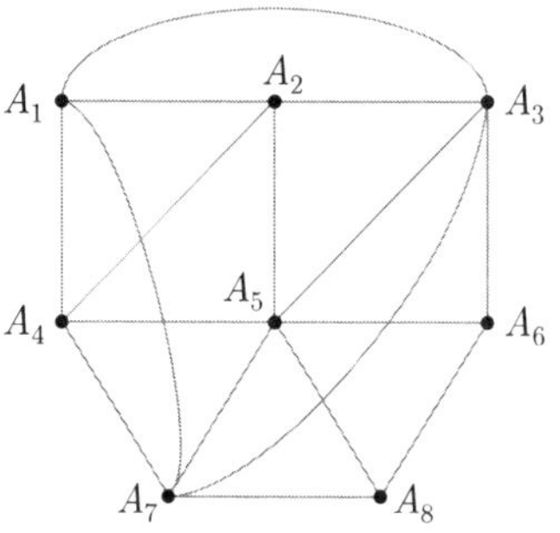

풀이 꼭짓점을 차수에 따라 내림차순으로 나열하면 다음과 같다.

$$A_5,\ A_3,\ A_7,\ A_1,\ A_2,\ A_4,\ A_6,\ A_8.$$

첫째 색으로 A_5, A_1을 칠한다. 둘째 색으로 A_3, A_4, A_8을 칠한다. 세 번째 색으로 A_7, A_2, A_6을 칠한다. 모든 꼭짓점이 색칠되고 과정은 끝이 났다. 따라서 G는 3색칠 가능하고 2색칠은 가능하지 않다. 따라서 채색수는 3이다. ■

임의의 그래프가 k색칠 가능인지 아닌지를 결정하는 간단한 방법은 없다. 그러나 다음 정리는 2색칠 가능 그래프에 대한 단순한 특성을 제공한다.

정리 9.4.3

그래프 G에서 다음은 동치이다.

(1) G는 2색 가능이다.
(2) G는 이분 그래프이다.
(3) G의 모든 순환은 짝수개의 길이를 갖는다.

이분 그래프인지 확인하는 방법은 넓이 우선 탐색이나 깊이 우선 탐색을 이용한다. 탐색할 때, 2가지 색을 번갈아 사용한다. 방문한 꼭짓점의 색을 정하면 인접한 꼭짓점은 다른 색으로 칠하되, 인접한 꼭짓점이 여러 개면 모두 같은 색으로 칠한다. 탐색을 진행하며 인접한 꼭짓점이 같은 색이면 이분 그래프가 아니다. 또한, 인접한 꼭짓점을 2가지 색 중 하나로 칠할 수 없다면 이분 그래프가 아니다. 모든 꼭짓점에 대하여 2가지 색칠이 완료되면 이분 그래프이다.

예제 9.4.1 다음은 이분 그래프를 2색으로 색칠한 것이다. 각 그래프에서 모든 순환의 길이가 짝수임을 알 수 있다.

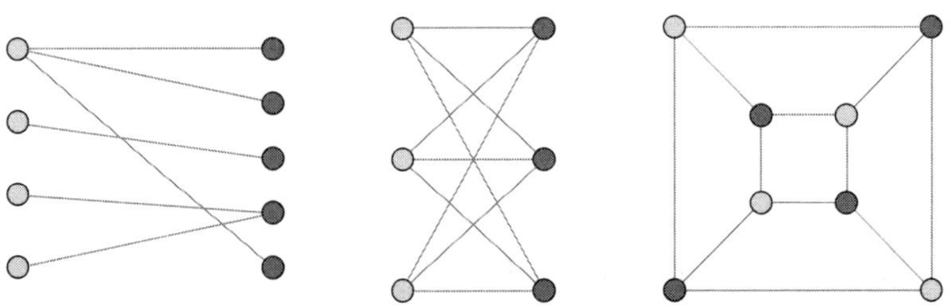

그림 3. 이분 그래프 ■

평면 그래프의 채색수를 구하는 문제는 1852년에 제기되어 100년 이상 연구가 되어오다가 1970년에 해답을 얻게 되었다. 이 문제의 답은 수학에서 유명한 이론 중의 하나인 다음 이론이다.

정리 9.4.4 4색 정리

모든 평면 그래프는 4색칠 가능이다.

연습문제 9.4

01 다음 그래프 중에서 평면 그래프가 아닌 것을 고르라.

(1)

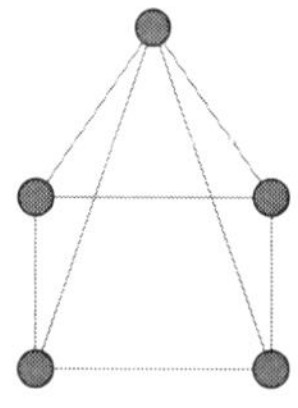

(2)

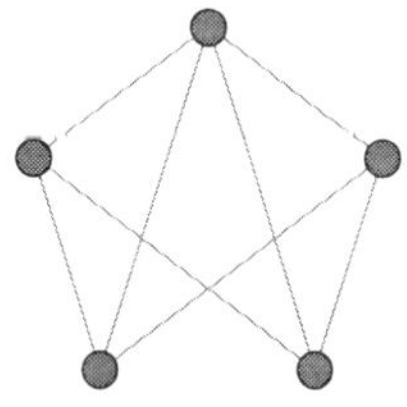

(3)

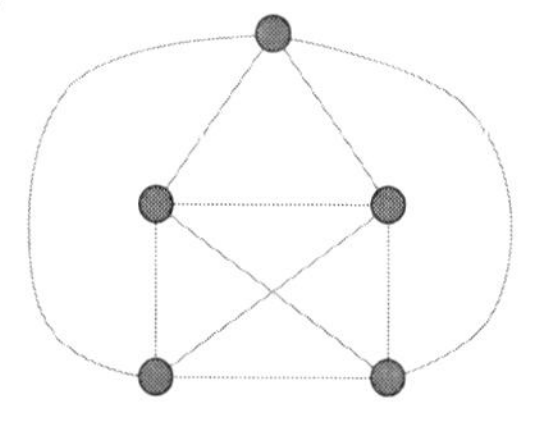

(4)

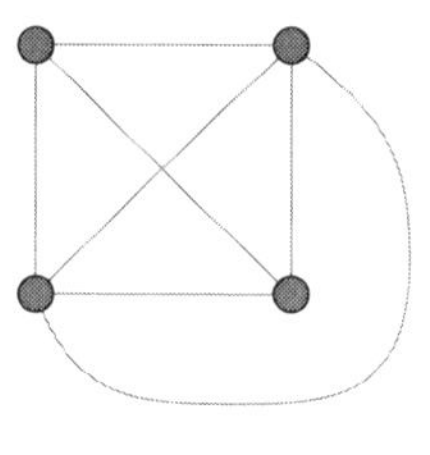

(5)

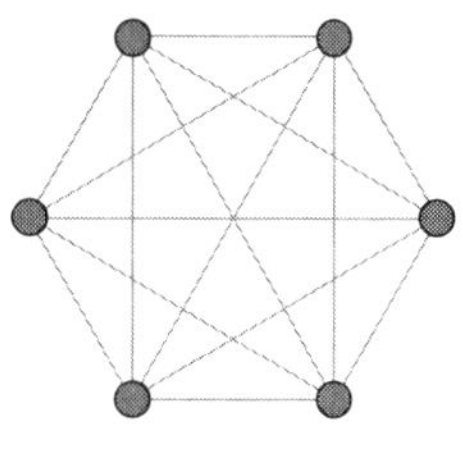

(6)

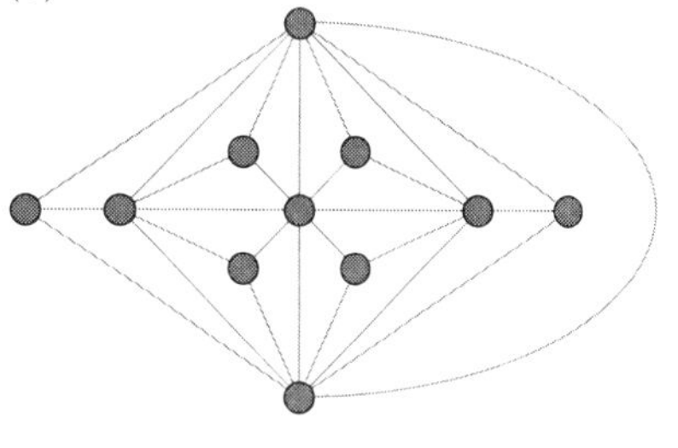

02 다음 그래프에서 꼭짓점의 수, 간선의 수, 면의 수를 구하고 오일러 공식이 성립함을 보여라.

(1)

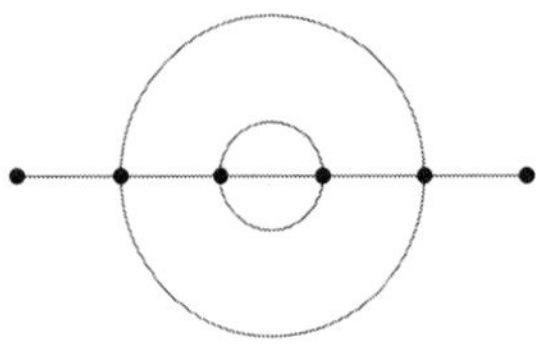

(2)

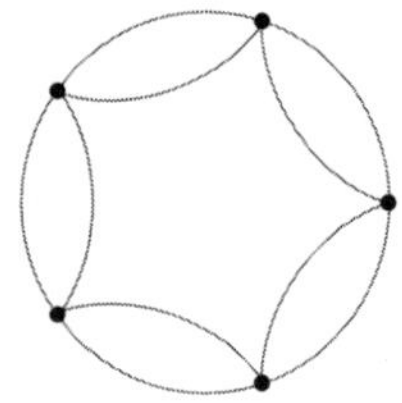

03 다음 지도에 대한 쌍대 그래프를 구하고 이를 이용하여 지도의 채색수를 구하라.

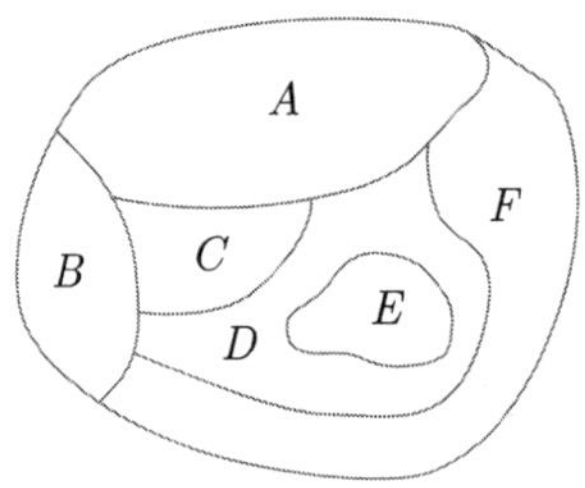

04 1번 문제의 (2), (3) 그래프의 채색수를 구하라.

05 다음 그래프가 이분 그래프인지를 판단하라.

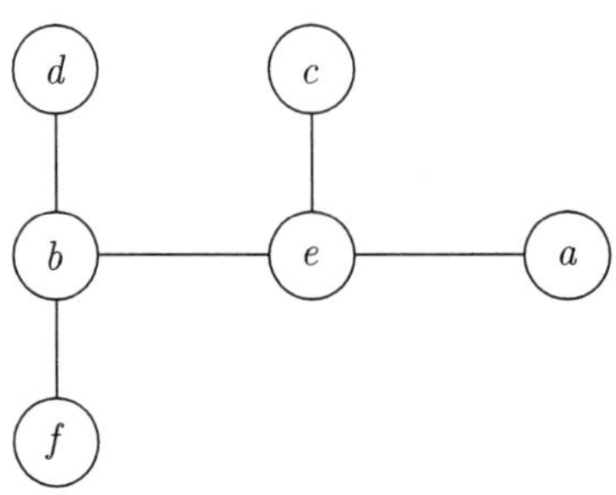

CHAPTER

10

트리(tree)

9.1절에서 연결되었으며 순환이 없는 그래프를 **트리**(tree)라 배웠다. 트리는 컴퓨터공학 분야에서 활용도가 매우 높고 중요한 분야이므로 좀 더 자세히 살펴보자.

10.1 개념 및 용어

방향그래프에서 트리는 오직 하나의 꼭짓점만 입력차수가 0이고 나머지 꼭짓점은 모두 입력차수가 1이다. 입력차수가 0인 꼭짓점을 **루트**(root)라 부른다. 일반적으로 트리는 루트를 상단에 배치한다. 그러면 방향그래프의 간선이 모두 아래 방향으로 향하게 되므로, 방향을 표시할 필요가 없으므로 무향그래프로 그린다.

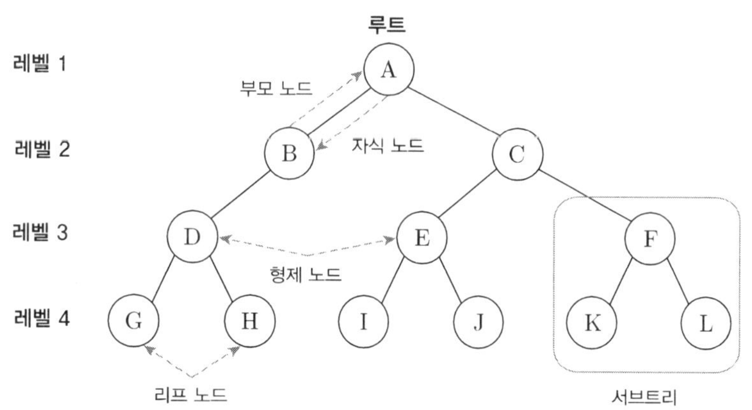

그림 1. 트리(tree)

그림 1의 트리를 보면 나무(트리)를 뒤집어 놓은 형태이고, 최상단 꼭짓점을 루트(뿌리)라고 부르는 이유를 알 수 있다. 트리에 사용되는 용어를 그림 1을 보면서 정리하면 다음과 같다.

정의 10.1.1

- **트리**(tree): 루트라는 특별한 노드를 갖고 그래프를 구성하는 꼭짓점 사이에 단순 경로가 존재하는 비순환의 연결 그래프
- **노드**(node): 트리를 구성하는 꼭짓점 (그림의 $A \sim L$)
- **루트**(root): 트리의 가장 높은 곳에 있는 시작 노드 (그림의 노드 A)
- **부모 노드**(parent node): 노드의 한 단계 상위 노드 (A는 B의 부모)
- **자식 노드**(child node): 노드의 한 단계 하위 노드 (B, C는 A의 자식들)
- **형제 노드**(sibling node): 노드와 부모가 같은 노드 (E, F는 형제)
- **리프 노드**(leaf node): 자식 노드가 없는 노드 (G, H, I, J, K, L)
- **중간 노드**(internal node): 루트나 리프 노드가 아닌 노드 (B, C, D, E, F)
- **조상 노드**(ancestor node): 노드에서 루트에 이르는 경로의 모든 노드 (I의 조상노드는 A, C, E)
- **자손 노드**(descendant node): 노드에서 리프 노드에 이르는 경로에 포함된 노드들 (C의 자손 노드는 E, I, J, F, K, L)
- **서브 트리**(subtree): 주어진 트리에서 한 노드를 루트로 하는 트리 (F, K, L가 하나의 서브 트리가 된다)
- **차수**(degree): 노드가 가지고 있는 자식 노드의 개수 (A의 차수는 2)
- **레벨**(level): 루트를 레벨 1로 하고, 한 단계 내려갈 때마다 레벨이 증가
- **높이**(height) / **깊이**(depth): 트리의 최대 레벨
- **포리스트**(forest): 트리들의 집합

정리 10.1.1

트리에서 노드의 개수를 v, 간선의 개수를 e라고 하면 $e = v - 1$이다.

정리 10.1.2

트리에서 간선 하나를 제거하면 연결 그래프가 아니다.

정리 10.1.3

트리의 서로 다른 꼭지점은 서로 도달할 수 있는 유일한 경로가 존재한다.

예제 10.1.1 그림 1에서 정리 10.1.1, 10.1.2, 10.1.3을 확인하라.

풀이 (1) $v=12$, $e=11$이므로 $e=v-1$이다.

(2) 간선 (B, D)를 제거하면 $\{D, G, H\}$와 $\{A, B, C, E, F, I, J, K, L\}$을 노드로 갖는 두 개의 서브 트리로 분리된다.

(3) 노드 D에서 K로 가는 경로는 D, B, A, C, F, K로 유일하다. ■

10.2 이진 트리(binary tree)

정의 10.2.1

트리의 최대 차수가 2인 트리를 **이진 트리**(binary tree)라고 한다.

트리의 최대 차수가 k일 때, k항 트리(k-ary tree)라고 한다. 이진 트리는 자식 노드가 없거나, 1개이거나 2개이다.

예제 10.2.1 다음은 이진 트리의 예이다.

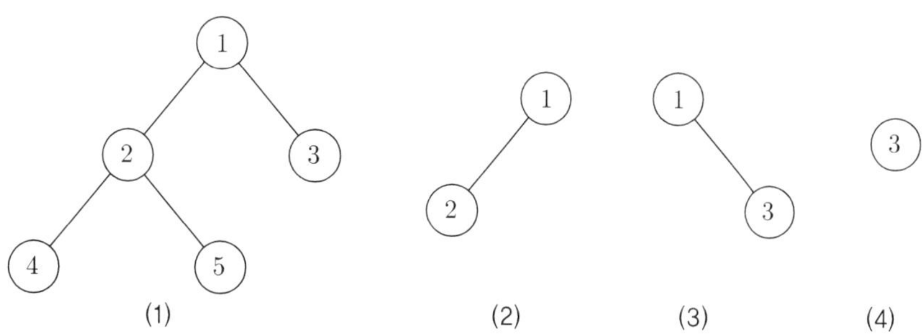

그림 1. 이진 트리 ■

이진 트리에서는 레벨이 증가할 때마다 이전 레벨보다 최대 2배의 노드가 증가할 수 있다. 그러므로 이진 트리의 레벨 k에서 가질 수 있는 최대 노드의 수는 2^{k-1}개이다. 높이가 h인 이진 트리가 가질 수 있는 최대 노드 수는 $1+2+2^2+2^3+\cdots+2^{h-1}=2^h-1$개이다. 높이가 h인 이진 트리가 가질 수 있는 최소 노드 수는 각 레벨마다 1개의 노드만 있는 경우이므로 h개이다.

정의 10.2.2

높이가 h인 이진 트리에서 레벨 1부터 레벨 $h-1$까지는 모든 노드가 채워져 있고, 레벨 h는 왼쪽부터 채워져 있는 트리를 **완전 이진 트리**(complete binary tree)라고 한다.

그림 1의 (1), (2)는 완전 이진 트리이고, (3)은 완전 이진 트리가 아니다.

이진 트리의 컴퓨터 표현

이진 트리는 9.1의 그래프의 컴퓨터 구현처럼 표현할 수 있으나, 이진 트리의 특성을 이용하면 좀 더 효율적인 표현이 가능하다.

완전 이진 트리는 루트 노드의 인덱스를 1로 하고, 형제 노드의 왼쪽 노드를 오른쪽 노드보다 인덱스 순서를 빠르게 하면 그림 2처럼 손쉽게 배열로 구현할 수 있다.

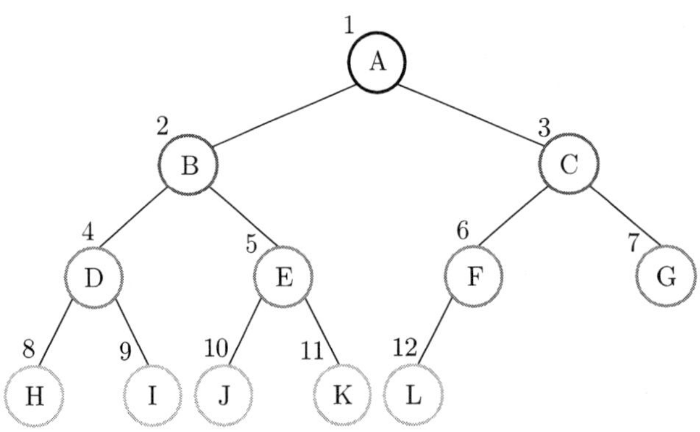

[0]	
[1]	A
[2]	B
[3]	C
[4]	D
[5]	E
[6]	F
[7]	G
[8]	H
[9]	I
[10]	J
[11]	K
[12]	L

그림 2. 이진 트리의 배열 표현

이렇게 배열로 표현한 완전 이진 트리는 다음과 같은 인덱스 규칙을 갖는다.

- 노드 n의 부모의 인덱스는 $\left\lfloor \frac{n}{2} \right\rfloor$
- 노드 n의 왼쪽 자식 노드의 인덱스는 $2n$
- 노드 n의 오른쪽 자식 노드의 인덱스는 $2n+1$

그림 2에서 노드 5의 부모는 노드 2이고, 왼쪽 자식은 노드 10, 오른쪽 자식은 노드 11임을 알 수 있다.

10.3 이진 탐색 트리(binary search tree)

데이터 처리에서 중요한 문제 중의 하나가 탐색이다. 예를 들어 이름이나 계정 번호 등을 이용하여 특정 데이터를 찾는 것이다. 만약 데이터가 일정한 규칙에 따라 저장되어 있다면 데이터를 빠르게 찾을 수 있다. 이진 탐색 트리는 데이터를 빠르게 탐색할 수 있게 한다.

정의 10.3.1

이진탐색 트리는 다음 규칙을 따른다.

- 각 노드는 서로 다른 유일한 값을 가진다.
- 노드의 왼쪽 서브 트리는 그 노드의 값보다 작은 값들을 지닌 노드들로 이루어진다.
- 노드의 오른쪽 서브 트리는 그 노의 값보다 큰 값들을 지닌 노드들로 이루어진다.
- 서브 트리도 이진 탐색 트리이다.

여기에서 크다 작다는 개념은 순서 관계에서 순서가 앞이나 뒤인 것과 같다. 이진 탐색 트리의 값들은 전순서(totally ordered set)이어야 한다. 위와 같은 구성을 가지는 이진 탐색 트리를 탐색하는 방법은 다음과 같다.

이진 탐색 트리의 탐색

- 검색값을 루트 노드와 비교하여 일치하면 루트 노드를 반환한다.
- 루트 노드의 값보다 작으면 왼쪽 서브 트리를 재귀적으로 검색한다.
- 루트 노드의 값보다 크면 오른쪽 서브 트리를 재귀적으로 검색한다.

예제 10.3.1 다음 이진 탐색 트리에서 노드 S를 찾아라.

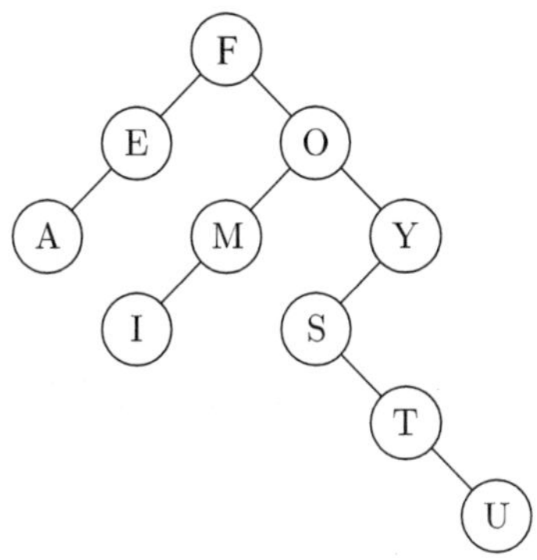

풀이 S는 루트 노드의 F보다 크므로 오른쪽 서브 트리를 탐색한다. O보다 크므로 Y로 가고, Y보다 작으므로 왼쪽으로 가서 S를 찾게 된다. ■

예제에서 보듯이 이진 탐색 트리에서 검색에 걸리는 시간은 높이에 비례함을 알 수 있다.

이진 탐색 트리의 구성

- 주어진 노드의 값을 검색한다.
- 일치하는 노드가 없으면 마지막 노드의 값과 비교하여 작으면 왼쪽에 크면 오른쪽에 노드를 삽입한다.

예제 10.3.2 $[B, O, Y, S, B, E, A, M, B, I, T, I, O, U, S]$에 대해 이진 탐색 트리를 구성하라.

풀이 이진탐색 트리의 구성 과정을 그림으로 표현하면 다음과 같다.

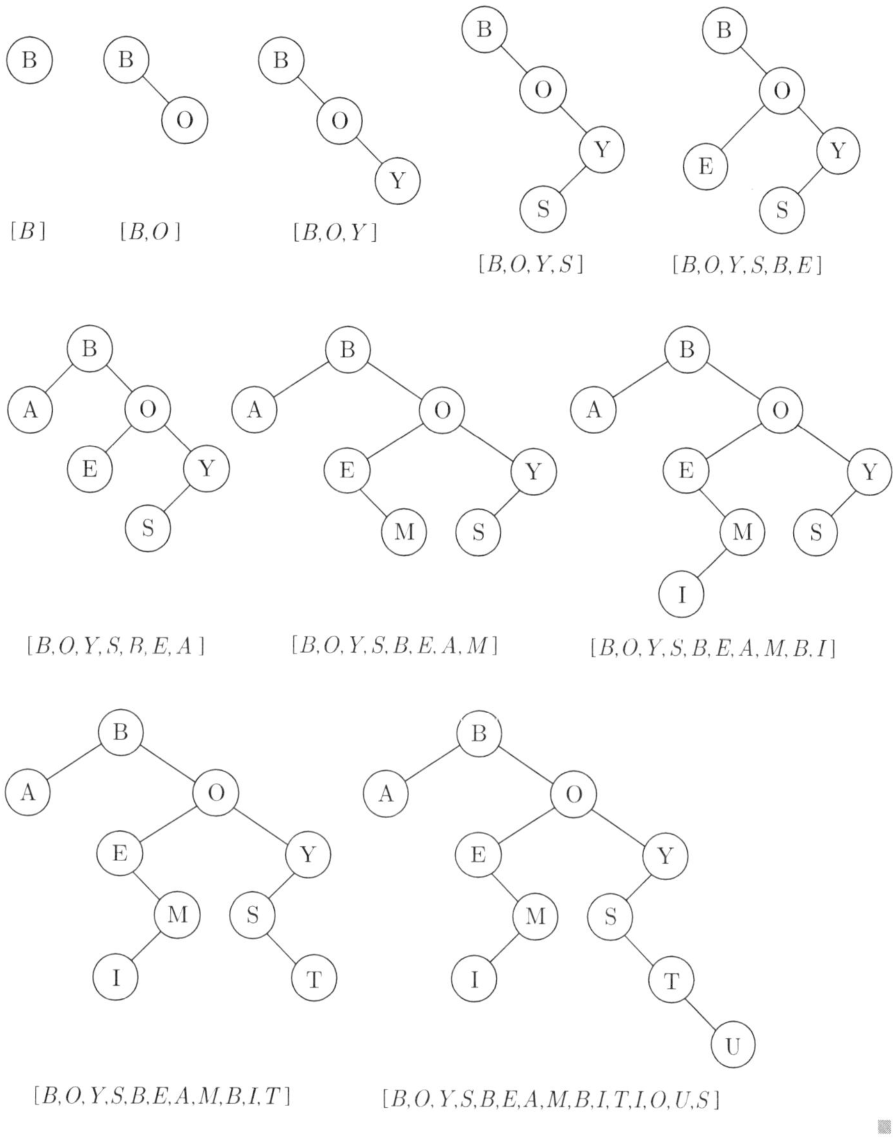

이미 구성된 이진 탐색 트리를 수정하는 것은 이진 탐색 트리의 규칙을 지켜야 하므로 조금 복잡하다.

이진 탐색 트리의 수정

삭제하려는 노드의 자식 수에 따라

- 자식 노드가 없는 노드(리프 노드) 삭제 : 해당 노드를 단순히 삭제한다.
- 자식 노드가 1개인 노드 삭제 : 해당 노드를 삭제하고 그 위치에 해당 노드의 자식 노드를 대입한다.
- 자식 노드가 2개인 노드 삭제 : 삭제하고자 하는 노드의 값을 해당 노드의 왼쪽 서브 트리에서 가장 큰 값으로 변경하거나, 오른쪽 서브 트리에서 가장 작은 값으로 변경한 뒤, 해당 노드(왼쪽 서브 트리에서 가장 큰 값을 가지는 노드 또는 오른쪽 서브 트리에서 가장 작은 값을 가지는 노드)를 삭제한다.

예제 10.3.3 (1) 예제 10.3.1의 트리에서 S를 삭제하라.
(2) 예제 10.3.1의 트리에서 O를 삭제하라.

풀이 (1) S자리에 T가 들어가면 된다.

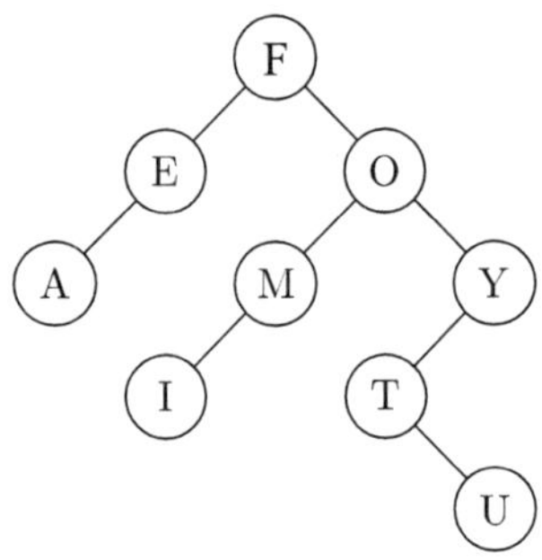

(2) O를 삭제하면 O자리에 M을 넣거나,

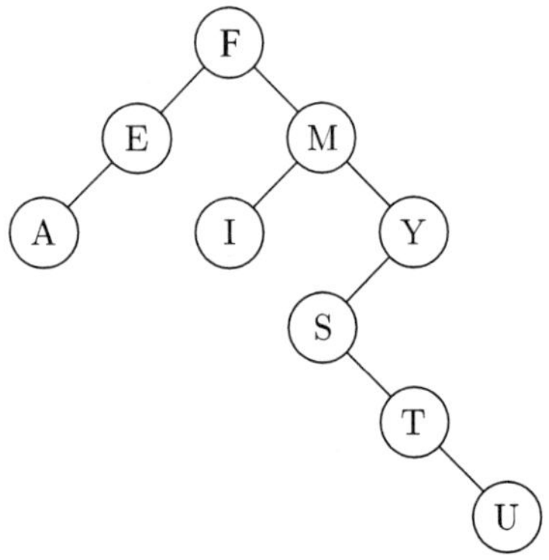

S를 넣은 후 원래 S노드를 재귀적으로 삭제하면 된다.

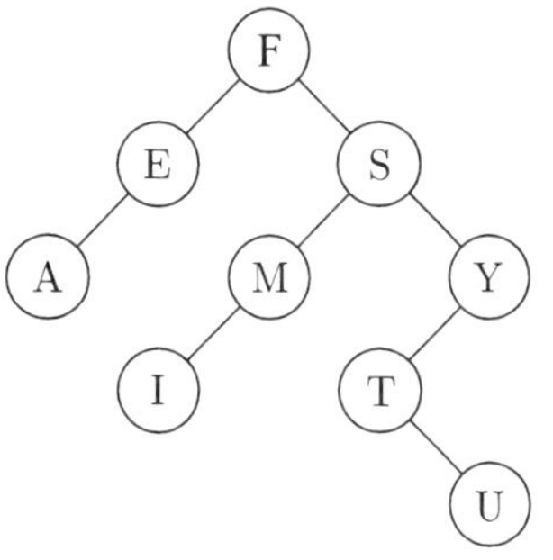

■

이진 탐색 트리는 탐색, 삽입, 삭제의 계산 복잡성이 높이 h에 비례하여 $O(h)$이다. 이상적으로 트리가 구성되면 n개의 값을 $O(\log_2 n)$에 검색할 수 있다. 그런데, 트리를 구성할 때 루트 노드를 어떻게 잡느냐에 따라 높이의 변화가 심하다. 예를 들어 순서대로 정렬된 n개의 값을 순서대로 입력하면 계속 한 방향으로만 서브 트리가 만들어지므로 높이가 $n-1$이되어 계산 복잡도가 $O(n)$이 된다.

10.4 트리의 순회

트리에 있는 모든 노드를 한 번만 방문하는 것을 순회(tree traversal)라 한다. 순회 방법은 다음 3가지가 있다.

정의 10.4.1 전위 순회(preorder)

1. 노드를 방문한다.
2. 왼쪽 서브 트리를 전위 순회한다.
3. 오른쪽 서브 트리를 전위 순회한다.

정의 10.4.2 중위 순회(inorder)

1. 왼쪽 서브 트리를 중위 순회한다.
2. 노드를 방문한다.
3. 오른쪽 서브 트리(와 남아 있는 부분트리들)를 중위 순회한다.

정의 10.4.3 후위 순회(postorder)

1. 왼쪽 서브 트리를 후위 순회한다.
2. 오른쪽 서브 트리를 후위 순회한다.
3. 노드를 방문한다.

예제 10.4.1 다음 트리에 대해 전위, 중위, 후위 순회를 하라.

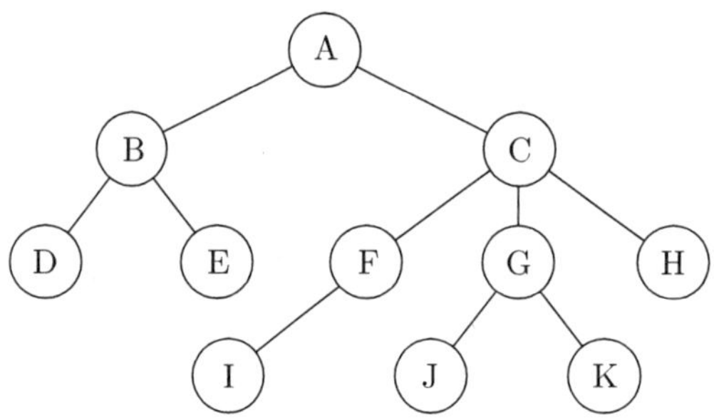

풀이 전위 순회: $A, B, D, E, C, F, I, G, J, K, H$

중위 순회: $D, B, E, A, I, F, C, J, G, K, H$

후위 순회: $D, E, B, I, F, J, K, G, H, C, A$ ■

조금 더 알기 쉽게 단계별 탐색을 그림으로 표시하면 다음과 같다.

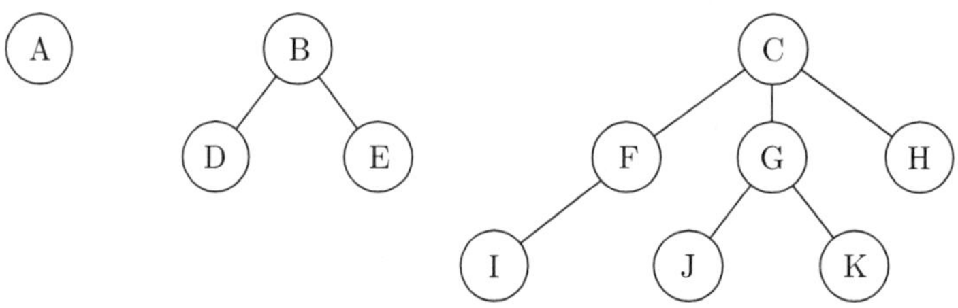

(1)

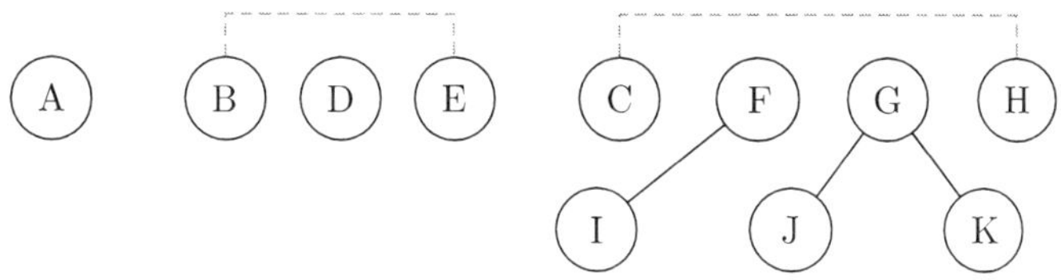

(2)

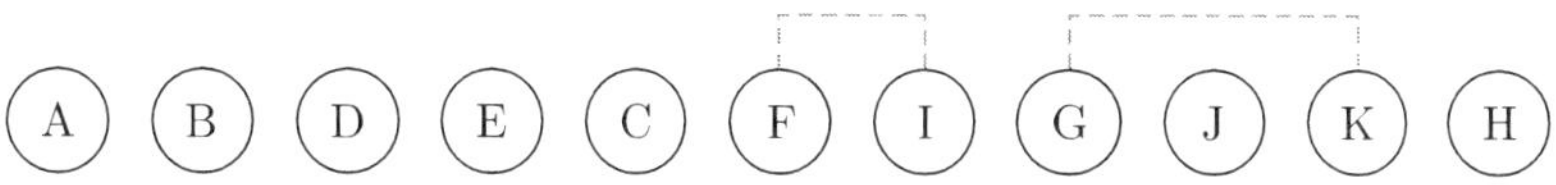

(3)

그림 1. 전위 순회

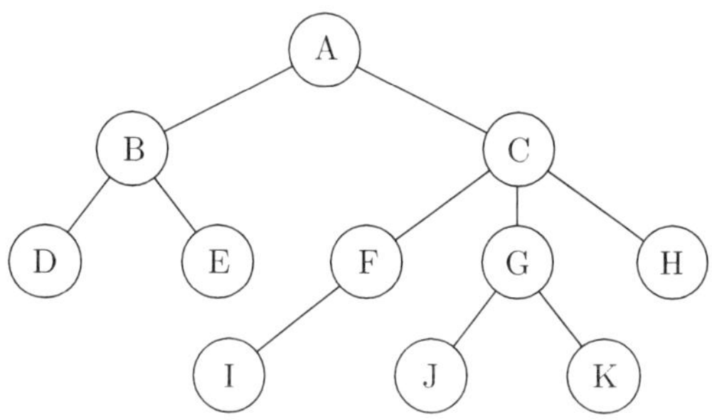

(1)

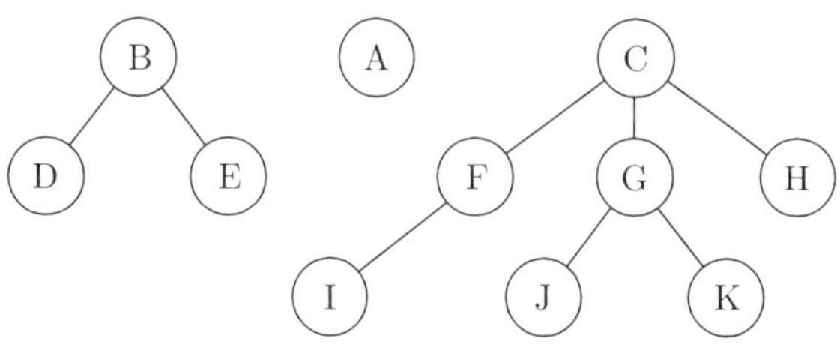

(2)

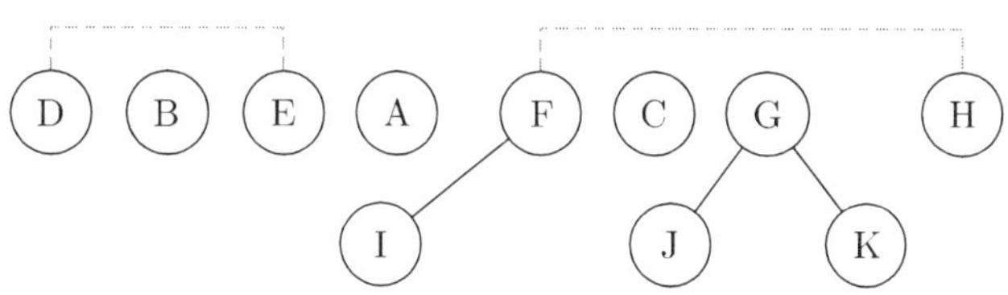

(3)

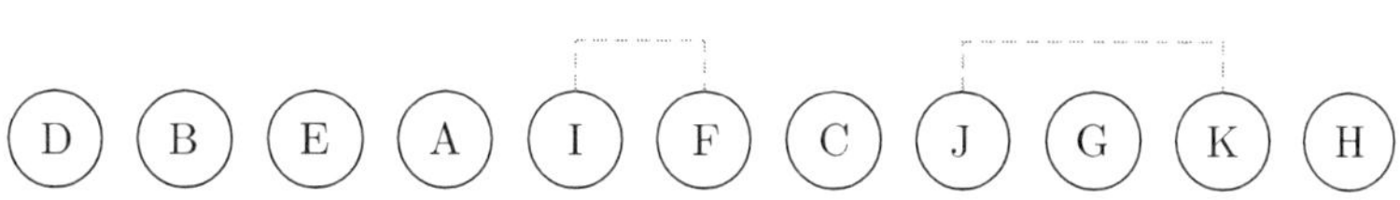

(4)

그림 2. 중위 순회

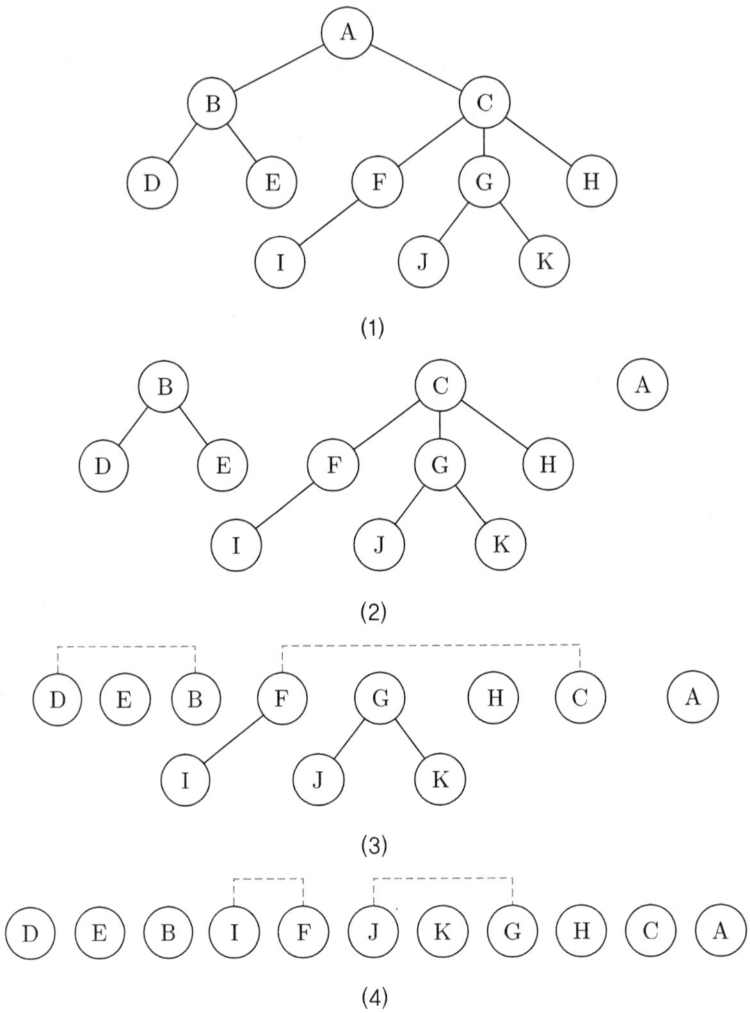

그림 3. 후위 순회

트리의 순회는 산술연산에 활용할 수 있다. 예를 들어

$$A + (B * C) / (D - E)$$

와 같은 산술식은 우선순위에 따라 다음과 같은 트리로 표현할 수 있다.

반대로 그림 4와 같은 트리가 주어졌을 때, 이를 산술식으로 표현하려면 어떻게 하면 될까?

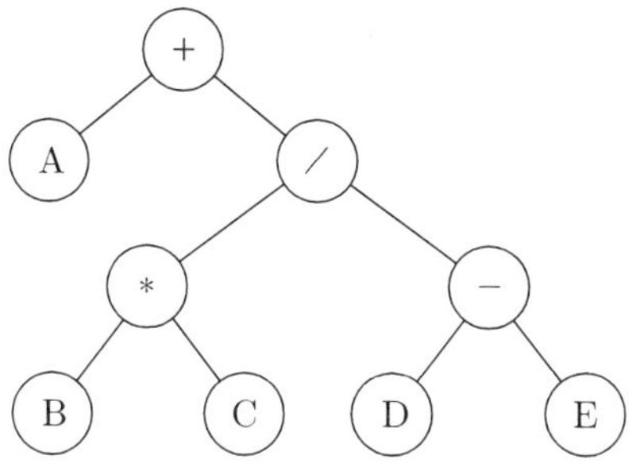

그림 4. 산술식의 트리 표현

트리의 중위 순회를 하면 우리가 일반적으로 사용하는 산술식

$$A + (B * C)/(D - E)$$

을 얻을 수 있다. 이러한 표기법을 **중위표기법**(infix notation)이라 한다.

그러면 이번에는 그림 4를 전위 순회하여 보자.

$$+ A/* BC - DE \tag{2}$$

위와 같이 산술식을 나타내는 방법을 **전위표기법**(prefix notation)이라 한다. 전위표기법은 괄호가 필요 없는 장점이 있고, 폴란드 논리학자에 의해 처음 소개되어서 **폴리쉬**(Polish) **표기법**이라고도 부른다.

그림 4를 후위 순회하여 보자.

$$ABC * DE - / + \tag{3}$$

이러한 형태를 **후위표기법**(postfix notation) 또는 역폴리쉬(reverse Polish) 표기법이라 한다. 후위표기법도 유일한 해석을 위한 괄호가 필요 없다. 후위표기법은 스택(stack)을 이용한 계산에 적합하다. 식 3에 스택 연산을 적용해보면, 변수를 만날 때마다 스택에 집어넣고(push), 이항 연산자를 만나면 두 개의 값을 꺼내(pop) 연산을 하고 결과를 다시 스택에 넣는다(push). 단항 연산자는 하나의 값만 꺼내(pop) 연산하고 결과를 넣는다(push). 그러면 최종 결과만 남는 것을 확인할 수 있다. 이러한 계산은 매우 효율적이어서 휴렛-패커드 계산기의 설계에 사용되었다.

연습문제 10

01 임의의 트리에 대해서

(1) 두 노드를 잇는 간선을 추가하면 어떤 그래프가 되는가?

(2) 트리의 간선을 제거하면 어떻게 되는가?

02 모든 트리는 이분 그래프이다. 맞는가?

03 입력이 53, 27, 78, 13, 45, 89, 37, 67일 때, 이진 탐색 트리를 구성하라.

04 다음 산술식에 해당하는 트리를 구성하라.

$$A*(B+C)-D/E$$

05 4번 산술식을 후위표기법으로 표현하라.

06 다음 트리에 대하여

(1) 전위 순회　　(2) 중위 순회　　(3) 후위 순회하라.

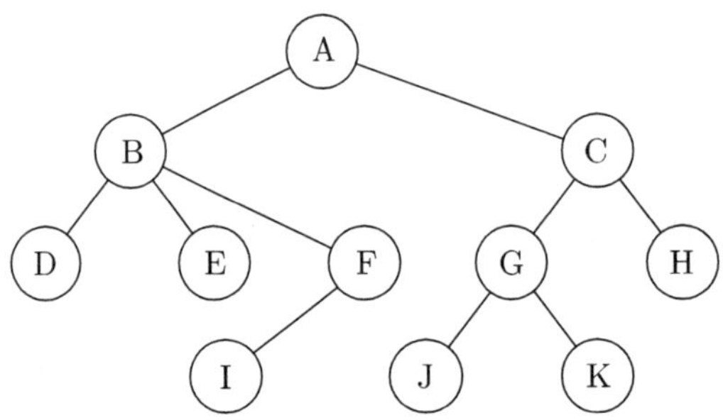

07 이진트리를 전위 순회하였을 때, MECAHIRYST이고, 중위 순회하였을 때 ACEHIMRTSY이다. 이 트리를 구하라.

해답

1장 연습문제

연습문제 1.1

01 (1) F (2) 명제가 아님 (3) T (4) F

03 (1) $q \vee p$ (2) $q \wedge \neg p$ (3) $(p \vee q) \wedge (p \rightarrow \neg q)$ (4) $q \rightarrow p$

05 (1)

p	q	$\neg q$	$p \vee \neg q$	$(p \vee \neg q) \rightarrow q$
T	T	F	T	T
T	F	T	T	F
F	T	F	F	T
F	F	T	T	F

(2)

p	q	$p \rightarrow q$	$q \rightarrow p$	답
T	T	T	T	T
T	F	F	T	T
F	T	T	F	F
F	F	T	T	T

07 생략

연습문제 1.2

01 ~ 04 생략

05 (1) $\neg(p \wedge q) \vee p \equiv \neg p \vee \neg q \vee p \equiv \neg q \vee (\neg p \vee p) \equiv \neg q \vee T \equiv T$

(2) $\neg p \vee (p \vee q) \equiv (\neg p \vee p) \vee q \equiv T \vee q \equiv T$

(3) $\neg(p \wedge q) \vee (\neg p \vee q) \equiv (\neg p \vee \neg q) \vee (\neg p \vee q) \equiv \neg p \vee (\neg q \vee q) \equiv \neg p \vee T \equiv T$

(4) $(p \rightarrow q) \vee p \equiv \neg p \vee q \vee p \equiv (\neg p \vee p) \vee q \equiv T \vee q \equiv T$

07 (1) F (2) $\neg p \wedge q$

연습문제 1.3

01 (1) F (2) T

03 (1) x가 짝수인 정수 x가 있다. T
(2) 모든 정수 x에 대하여 x는 홀수이다. F
(3) x가 짝수가 아닌 정수 x가 있다. T
(4) x가 홀수인 정수 x가 있다. T
(5) x가 홀수이면서 짝수인 정수 x가 있다. F
(6) 모든 정수 x에 대하여 x는 짝수이거나 홀수이다. T

05 (1) T (2) F

2장 연습문제

연습문제 2.1

01 (1) $A = \{1, 2, 3, 4, 5, 6, 7\}$ (2) $B = \{-2, 2\}$ (3) $C = \varnothing$

03 (1) 같은 집합 (2) 다른 집합 (3) 다른 집합

05 (1) x (2) x (3) o (4) o

07 (1) 8 (2) 2

연습문제 2.2

01 (1) $\{0, 1, 2, 3, 4, 5, 6, 8\}$ (2) $\{3\}$
(3) $\{1, 2, 4, 5\}$ (4) $\{0, 6, 8\}$

03 (1) $A = \{4, 5, 6, 8, 10\}$ (2) $B = \{0, 2, 4, 5, 6, 7, 8, 9, 10\}$

05 (1) 3명 (2) 30명

07 $(A \cap B) \cup (A \cap \overline{B}) = A \cap (B \cup \overline{B}) = A \cap U = A$

09 $\{a, b, c\}$, $\{\{a\}, \{b, c\}\}$, $\{\{b\}, \{a, c\}\}$, $\{\{c\}, \{a, b\}\}$, $\{\{a\}, \{b\}, \{c\}\}$

3장 연습문제

연습문제 3.1

01 (1) X (2) R (3) $\{-7, -5, -3, -1, 1\}$
(4) $\{(-2, -7), (-1, -5), (0, -3), (1, -1), (2, 1)\}$

03 (1) $\{-2, 2\}$ (2) $\{x \in R \mid |x| < 1,\ x \neq 0\}$

05 (1) -1 (2) 0

07 (1) x의 소속은 다음 세 가지 중의 하나이다.

$x \in A$, $x \notin B$인 경우; $x \notin A \cap B$이고 좌변$=0$, 우변$=0$.
$x \notin A$, $x \in B$인 경우; $x \notin A \cap B$이고 좌변$=0$, 우변$=0$.
$x \in A \cap B$인 경우; 좌변$=1$, 우변$=1$

따라서 $f_{A \cap B}(x) = f_A(x) \cdot f_B(x)$ 이 성립.

(2) x의 소속은 다음 둘 중의 하나이다.

$x \in \overline{A}$인 경우; 좌변$=1$, 우변$=1-0=1$.
$x \notin \overline{A}$인 경우; 좌변$=0$, 우변$=1-1=0$.

따라서 $f_{\overline{A}}(x) = 1 - f_A(x)$ 이 성립.

연습문제 3.2

01 (1) $\frac{15}{2}$ (2) $3+\sqrt{13}$ (3) $\frac{45}{2}$ (4) $\frac{15}{\sqrt{17}}$

03 (1) $f^{-1}(x)=\frac{-x+1}{2}$ (2) $f^{-1}(x)=-3x+1$

05 $f^{-1}(x)=\sqrt{x+3}$

07 (1) $g(-x)=\frac{f(-x)+f(x)}{2}=g(x)$

(2) $h(-x)=\frac{f(-x)-f(x)}{2}=-\frac{f(x)-f(-x)}{2}=-g(x)$

연습문제 3.3

01 (1) 30 (2) 16

03 (1) 30 (2) 12

05 (1) 84 (2) 12

07 $1-\frac{1}{n+1}$

연습문제 3.4

01 (1) $x>5$이면 $|f(x)|\le 5|x|+|x|=6|x|$이므로 $f(x)=O(x)$이다.

(2) $x>1$이면 $|f(x)|=\lceil x\rceil \le x+1\le x+x=2x=2|x|$이다.

따라서 $|f(x)|=O(x)$.

03 $x>3$이면 $2^x+17\le 3^x+3^x=2\cdot 3^x$이다. 따라서 $2^x+17=O(3^x)$.

05 $n>1$일 때, $1^k+2^k+\cdots+n^k\le n^k+\cdots+n^k=n^{k+1}$이다.

따라서 $1^k+2^k+\cdots+n^k=O(n^{k+1})$.

07 (1) $n^2+5n=O(n^2)$이고 $n+3=O(n)$이므로

$$(n^2+5n)(n+3)=O(n^2 \cdot n)=O(n^3).$$

(2) $n\log n+n^2=O(n^2)$ 이고 $n^4+7=O(n^4)$이므로

$$(n\log n+n^2)(n^4+7)=O(n^2 \cdot n^4)=O(n^6).$$

(3) $n\log(n^2+1)=O(n\log n)$ 이고 $n^2\log n=O(n^2\log n)$ 다.

이때 $\max(n\log n, n^2\log n)=n^2\log n$이므로

$$n\log(n^2+1)+n^2\log n=O(n^2\log n).$$

(4) $n^{2^n}+n^{n^2}=O(n^{2^n})$.

4장 연습문제

연습문제 4.1

01 (1) 진리표를 작성해서 $p\vee q$가 T일 때 p가 T인지 비교해보자.

p	q	$p\vee q$
T	T	T
T	F	T
F	T	T
F	F	T

3번째 열이 모두 T인데 첫 열이 모두 T가 아님. 따라서 $p\vee q\vdash p$은 유효 추론이 아니다.

(2) 진리표를 작성해서 $[(p\leftrightarrow q)\wedge p]\rightarrow q$이 항진명제인지 확인하자.

p	q	$p \leftrightarrow q$	$(p \leftrightarrow q) \wedge p$	$[(p \leftrightarrow q) \wedge p] \rightarrow q$
T	T	T	T	T
T	F	F	F	T
F	T	F	F	T
F	F	F	F	T

마지막 열이 가정의 진릿값에 상관없이 모두 참이다.

03 (1) 1. $p \rightarrow \neg q$ (가정) 2. $q \rightarrow \neg p$ (1의 대우 명제)

3. q (가정) 4. $\neg p$ (2, 3에서 긍정 법칙)

5. $r \rightarrow p$ (가정) 6. $\neg p \rightarrow \neg r$ (5의 대우 명제)

7. $\neg r$ (4, 6에서 부정 법칙)

따라서 $p \rightarrow \neg q,\ r \rightarrow p,\ q \vdash \neg r$은 유효 추론이다.

(2) 1. $\neg r$ (가정) 2. $r \vee \neg q$ (가정)

3. $\neg q$ (1, 2에서 소거 논법) 4. $p \rightarrow q$ (가정)

5. $\neg p$ (3, 4에서 부정 법칙)

따라서 $p \rightarrow q,\ r \vee \neg q,\ \neg r \vdash \neg p$은 유효 추론이다.

05 (1) 나는 야구 경기를 했다.

(2) 나는 이상한 꿈도 꾸지 않고 천둥도 치지 않았다.

연습문제 4.2

01 (1) x를 홀수라 하자. 그러면 $x = 2k+1$, k는 정수이다.

이때 $x^2 = 2(2k^2+2k)+1$이 되어 홀수이다.

(2) x가 홀수이고 x^2이 짝수라 하자. 이때 $x = 2k+1, k$는 정수이다.

그러면 $x^2 = 2(2k^2+2k)+1$은 홀수가 되어 x^2이 짝수라는 것에 모순이다.

03 모순증명법으로 증명하자. 즉, $\sqrt{3}$은 무리수이고 $4+5\sqrt{3}$은 유리수라 하자. 그러면 $4+5\sqrt{3} = \frac{m}{n}$, m, n은 서로소인 정수, 이다. 이때 $\sqrt{3} = \frac{1}{5}(\frac{m}{n} - 4)$는 유리수이다. 이것은 $\sqrt{3}$은 무리수라는 것에 모순이 된다.

05 $P(1)$에서 결론 "$1^1 \geq 1$"이 참이이다. 자명한 증명법에 따르면 $P(1)$은 참이다.

07 x는 유리수, y는 무리수라 하자. 이제 $x+y$를 유리수라 하면 $x+y=\frac{m}{n}$, m, n은 정수이다. 그러면 $y=\frac{m}{n}-x$는 유리수이다. 이것은 y가 무리수라는 것에 모순이다.

09 모순증명법을 이용하자. 즉 $ab=m$이고 $\neg(a \leq \sqrt{m} \vee b \leq \sqrt{m})$이라 하자. 그러면 $a>\sqrt{m}$이고 $b>\sqrt{m}$이 되어 $ab>m$이다. 이것은 $ab=m$에 모순이다.

11 3, 5, 7은 연속적인 세 소수이다. 따라서 주어진 명제는 참이다.

연습문제 4.3

01 $P(n)$이 "처음 n개의 짝수의 합은 $n(n+1)$"이라 하자. 그러면
$n=1$일 때, 첫 짝수는 2이고 $n(n+1)=2$이므로 $P(1)$은 참이다.
$P(n)$은 참이라 하자. 그러면

$$\begin{aligned}2\cdot 1+2\cdot 2+\cdots+2\cdot n+2\cdot(n+1)&=n(n+1)+2(n+1)\\&=(n+1)((n+1)+1)\end{aligned}$$

이 되어 $P(n+1)$은 참이다.

03 $P(n)$은 "$1^2+2^2+\cdots+n^2=\frac{n(n+1)(2n+1)}{6}$"라 하자. 그러면
$n=1$일 때, 좌변은 $1^2=1$, 우변은 $\frac{1\cdot 2\cdot 3}{6}=1$이 되어 $P(1)$은 참이다.
$P(n)$은 참이라 하자. 그러면

$$\begin{aligned}1^2+2^2+\cdots+n^2+(n+1)^2&=\frac{n(n+1)(2n+1)}{6}+(n+1)^2\\&=\frac{(n+1)((n+1)+1)(2(n+1)+1)}{6}\end{aligned}$$

이 되어 $P(n+1)$은 참이다.

05 $P(n)$은 "$(1+h)^n \geq 1+nh$"라 하자. 그러면
$n=1$일 때, 좌변은 $1+h$, 우변은 $1+h$가 되어 $P(1)$은 참이다.
$P(n)$은 참이라 하자. 그러면

$$(1+h)^{n+1}=(1+h)^n(1+h)\geq(1+nh)(1+h)\geq(1+(n+1)h)$$

이 되어 $P(n+1)$은 참이다.

07 $P(n)$은 "$2^n > n^2$"라 하자. 그러면
$n=1$일 때, 좌변은 $2^1=2$, 우변은 $1^2=1$이 되어 $P(1)$은 참이다.
$P(n)$은 참이라 하자. 그러면

$$2^{n+1}=2\cdot 2^n > 2n^2$$

이다. 여기서

$$2n^2-(n+1)^2=n^2-2n-1=n(n-2)-1>14>0$$

이므로

$$2n^2>(n+1)^2$$

이다. 따라서

$$2^{n+1}=2\cdot 2^n>2n^2>(n+1)^2$$

이 되어 $P(n+1)$은 참이다.

5장 연습문제

연습문제 5.1

01 $b=ma$, $a=nb$인 정수 m, n이 존재한다. 이로부터 $b=mnb$이고 $mn=1$이다. 따라서 $m=n=1$또는 $m=n=-1$이다. 전자의 경우에는 $a=b$이고 후자의 경우에는 $a=-b$이다.

03 $-113=11\times(-11)+8$에서 몫은 -11, 나머지는 8.

05 (1) $39=3\times 13$ (2) $143=11\times 13$
(3) $10!=2^8\cdot 3^4\cdot 5^2\cdot 7$

07 (1) 쌍마다 서로소가 아님 (2) 쌍마다 서로소

09 (1) 1 (2) 139

연습문제 5.2

01 (1) 4 (2) 19

03 (1) 합동이 아님 (2) 합동

05 $a \bmod m = r_1$, $b \bmod m = r_2$라 하자. 그러면 $a + mq_1 = r_1$, $b = mq_2 + r_2$이다.
여기서 $0 \le r_1$, $r_2 < m$이고 $-m < r_1 - r_2 < m$이다.
이제 $a - b = m(q_1 - q_2) + (r_1 - r_2)$이고 $a \equiv b \pmod{m}$이므로 $r_1 - r_2 = 0$이다.
따라서 $r_1 = r_2$이고 $a \bmod m = b \bmod m$이다.

07 (1) 2, 11, 22 (2) 3, 9, 11, 33, 99

09 $2^{10} \equiv 1 \pmod{11}$, $(2^{10})^{30} \equiv 1 \pmod{11}$, $2^{304} \equiv 4 \pmod{11}$에서 나머지는 4.

연습문제 5.3

01 (1) 91 (2) 165 (3) 10766

03 (1) 73 (2) $1EE$ (3) 111011101 (4) 1010101100001000

05 (1) $(4356)_8$ (2) 몫 $(1076)_8$ 나머지 $(10)_8$

07 (1) 51.3125 (2) 11111110.001

6장 연습문제

연습문제 6.1

01 (1) 105 (2) 2000

03 12

05 (1) 4536 (2) 35

07 33

09 $2^{10}-1$

연습문제 6.2

01 (1) ${}_5P_3 = 60$ (2) $C(5,3) = 10$

03 (1) $C(20,4) = 4845$ (2) ${}_{20}P_4 = 116280$

05 150

07 $\dfrac{9!}{5!4!} = 126$

09 -960

11 (1) ${}_4H_{10} = 286$ (2) ${}_4H_6 = 84$

연습문제 6.3

01 (1) 해가 아님 (2) 해이다.

03 $a_n = na_{n-1},\ a_n = n!$

05 $a_n = a_{n-1} + a_{n-2}$, $a_1 = 2$, $a_2 = 3$

07 (1) $R_n = R_{n-1} + n$ (2) $R_n = \dfrac{n(n+1)}{2} + 1$

연습문제 6.4

01 12간지가 있으므로 각 띠를 방으로 사람 수를 비둘기로 보면 $\left\lceil \dfrac{13}{12} \right\rceil = 2$이다.

따라서 최소 두 사람은 같은 띠이다.

03 정수를 4로 나누면 나머지는 0, 1, 2, 3 중의 하나이다. 이 것을 비둘기 집으로 보자. 그러면 5개의 정수를 비둘기로 보면 최소한 두 마리는 같은 집에 들어간다. 따라서 4로 나누어 나머지가 같은 두 수가 있다.

05 2명

07 15명

7장 연습문제

연습문제 7.1

01 (1) $x = \dfrac{12}{5}$, $y = -\dfrac{1}{5}$ (2) $x = 1$, $y = -3$

03 (1) $\begin{pmatrix} -9 & 8 \\ 20 & 9 \end{pmatrix}$ (2) $-\dfrac{4}{3}\begin{pmatrix} 2 & 1 \\ 0 & 3 \end{pmatrix} = \begin{pmatrix} -8/3 & -4/3 \\ 0 & -4 \end{pmatrix}$

(2) $X = \begin{pmatrix} -1/5 & -8/5 \\ 1 & -6/5 \end{pmatrix}$, $Y = \begin{pmatrix} 7/5 & -14/5 \\ 1 & 2/5 \end{pmatrix}$

05 (1) 5×3 (2) 5×3 (3) 5×5 (4) 정의 않됨

(5) 정의 않됨　　(6) 3×4

07 $a = 3$

09 $\begin{pmatrix} 11 & 7 \\ 10 & 8 \end{pmatrix}$

연습문제 7.2

01 (1) $A = \begin{pmatrix} 4 & -2 \\ 1 & -2 \end{pmatrix}$, $X = \begin{pmatrix} x \\ y \end{pmatrix}$, $B = \begin{pmatrix} 8 \\ 5 \end{pmatrix}$

(2) $A = \begin{pmatrix} 7 & 4 & -2 \\ 16 & 2 & 1 \end{pmatrix}$, $X = \begin{pmatrix} x \\ y \\ z \end{pmatrix}$, $B = \begin{pmatrix} -6 \\ 3 \end{pmatrix}$

(3) $A = \begin{pmatrix} 1 & -2 & 3 \\ 4 & 1 & -2 \\ -5 & -2 & 4 \end{pmatrix}$, $X = \begin{pmatrix} x \\ y \\ z \end{pmatrix}$, $B = \begin{pmatrix} -4 \\ 7 \\ 1 \end{pmatrix}$

(4) $A = \begin{pmatrix} 0 & 2 & -1 \\ 1 & 0 & 3 \\ -3 & -1 & 0 \end{pmatrix}$, $X = \begin{pmatrix} x \\ y \\ z \end{pmatrix}$, $B = \begin{pmatrix} 0 \\ 4 \\ -2 \end{pmatrix}$

03 (1) $\begin{pmatrix} 1 & 1 & 1 & -1 \\ 0 & 1 & 1 & 1 \\ 0 & 0 & 1 & 1 \end{pmatrix}$에서 $x = -2$, $y = 0$, $z = 1$.

(2) $\begin{pmatrix} 1 & 2 & 3 & -1 \\ 0 & 1 & 8 & -4 \\ 0 & 0 & 1 & -\frac{25}{46} \end{pmatrix}$에서 $x = -\frac{3}{46}$, $y = \frac{8}{23}$, $z = -\frac{25}{46}$.

05 (1) 2　　(2) 2　　(3) 3　　(4) 2　　(5) 3　　(6) 2

07 (1) 미지수 3, 위수 3. 유일한 해를 가짐

(2) 미지수 3, 위수 3. 유일한 해를 가짐.

연습문제 7.3

01 (1) 7　　(2) 7　　(3) 21　　(4) 21

03 (1) $a=1, 2, 3$ (2) $a=\pm\frac{1}{\sqrt{2}}$

05 (1) $(-1)^3\times(-2)=2$ (2) $(-3)^3\times(-2)=54$

(3) $-2\times 3=-6$ (4) $(-2)^2\times 3^2=36$

(5) $(-2)\times(-2)=4$ (6) $2^3\times(-2)\times 3=-48$

연습문제 7.4

01 (1) 행렬식 -13, 가역적, 역행렬 $-\frac{1}{13}\begin{pmatrix}3 & -5\\ -2 & -1\end{pmatrix}$.

(2) 행렬식 8, 가역적, 역행렬 $\frac{1}{8}\begin{pmatrix}4 & 2\\ -2 & 1\end{pmatrix}$.

(3) 행렬식 0, 비가역적, 역행렬 없음.

(4) 행렬식 0, 비가역적, 역행렬 없음.

(5) 행렬식 1, 가역적, 역행렬 $\begin{pmatrix}3 & -1 & 1\\ -15 & 6 & -5\\ 5 & -2 & 2\end{pmatrix}$.

(6) 행렬식 7, 가역적, 역행렬 $\frac{1}{7}\begin{pmatrix}2 & 5 & 2\\ 0 & 7 & 7\\ 1 & -1 & 1\end{pmatrix}$.

03 (1) $x=-10,\ y=7$ (2) $x=-\frac{7}{27},\ y=\frac{31}{27},\ z=\frac{2}{9}$

05 (1) $x=-\frac{1}{6}\begin{vmatrix}5 & 2\\ 1 & 4\end{vmatrix}=-3,\ y=-\frac{1}{6}\begin{vmatrix}1 & 5\\ 5 & 1\end{vmatrix}=4$

(2) $x=\frac{1}{5}\begin{vmatrix}10 & -3\\ 0 & -1\end{vmatrix}=-2,\ y=\frac{1}{5}\begin{vmatrix}1 & 10\\ 2 & 0\end{vmatrix}=-4$

(3) $x=-\frac{1}{7}\begin{vmatrix}13 & 4\\ 5 & 1\end{vmatrix}=1,\ y=-\frac{1}{7}\begin{vmatrix}1 & 13\\ 2 & 5\end{vmatrix}=3$

(4) $x=-\frac{1}{22}\begin{vmatrix}-7 & 2\\ 5 & -3\end{vmatrix}=-\frac{1}{2},\ y=-\frac{1}{22}\begin{vmatrix}6 & -7\\ 2 & 5\end{vmatrix}=-2$

07 (1) $z=\frac{1}{7}\begin{vmatrix}1 & 0 & 3\\ 2 & 4 & -1\\ 1 & 3 & 8\end{vmatrix}=\frac{41}{7}$ (2) $z=-\frac{1}{7}\begin{vmatrix}1 & -2 & 2\\ 3 & 1 & 3\\ 2 & 2 & 1\end{vmatrix}=\frac{3}{7}$

8장 연습문제

연습문제 8.1

01 (1) $\{(0, 4), (1, 3), (2, 2), (3, 1)\}$

(2) $\{(1, 0), (1, 1), ((1, 2), (1, 3), (1, 4), (2, 0), (2, 2), (2, 4), (3, 0), (3, 3)\}$

(3) $\{(1, 0), (2, 0), (2, 1), (3, 0), (3, 1), (3, 2)\}$

03 (1) 반사적 아님, 대칭적 아님, 반대칭적, 추이적

(2) 반사적, 대칭적, 반대칭적 아님, 추이적

05 $R^2 = \{(1, 1), (1, 3), (2, 1), (2, 3), (3, 1), (3, 3)\}$이고 $R^2 = R^3 = R^4$이다.

07 $R^{-1} = \{(2, 1), (3, 2), (4, 3)\}$

$\overline{S} = \{(1, 3), (1, 4), (2, 4), (4, 1), (4, 2), (4, 3), (4, 4)\}$

연습문제 8.2

01 (1) $\begin{pmatrix} 0 & 1 & 1 \\ 1 & 1 & 1 \\ 0 & 0 & 0 \end{pmatrix}$ (2) $\begin{pmatrix} 1 & 1 & 1 \\ 0 & 1 & 1 \\ 0 & 0 & 1 \end{pmatrix}$

03 (1) $M_{R^{-1}} = \begin{pmatrix} 0 & 0 & 1 \\ 1 & 0 & 1 \\ 0 & 1 & 0 \end{pmatrix}$ (2) $M_{R^2} = \begin{pmatrix} 0 & 0 & 1 \\ 1 & 1 & 0 \\ 1 & 0 & 1 \end{pmatrix}$

05 (1) $M_{R^2} = \begin{pmatrix} 1 & 1 & 0 \\ 1 & 1 & 0 \\ 1 & 1 & 1 \end{pmatrix}$ (2) $M_{R^3} = \begin{pmatrix} 1 & 1 & 0 \\ 1 & 1 & 0 \\ 1 & 1 & 1 \end{pmatrix}$ (3) $M_{R^3} = \begin{pmatrix} 1 & 1 & 0 \\ 1 & 1 & 0 \\ 1 & 1 & 1 \end{pmatrix}$

07 (1) $\{(a, a), (a, b), (b, c), (c, a), (c, b)\}$; 모두 아님.

(2) $\{(a, b), (b, a), (b, b), (b, d), (c, c), (d, c), (d, d)\}$; 모두 아님.

연습문제 8.3

01 (1) 동치관계 (2) 동치관계 아님 (3) 동치관계 (4) 동치관계 아님

03 (1) 동치관계 아님 (2) 동치관계 (3) 동치관계 (4) 동치관계

05 (1) $\{2-k \mid k\text{는 정수}\}$ (2) $\left\{\frac{1}{3}-k \mid k\text{는 정수}\right\}$

연습문제 8.4

01 (1) 부분순서 집합 (2) 부분순서 집합

03 (1) (3) (4)는 비교 가능, (2)는 비교 불능

05 (1)

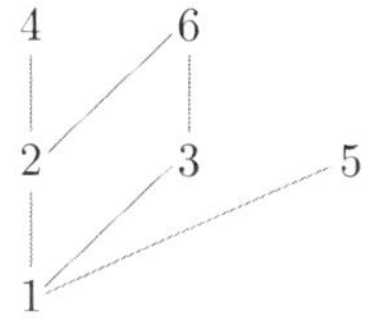

(2)

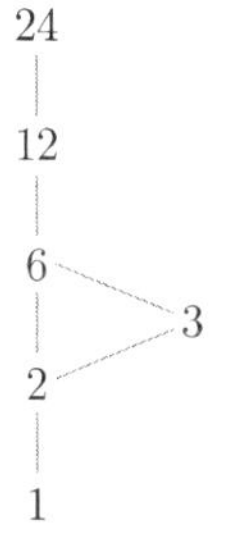

07 $\{(a, a), (a, d), (a, e), (a, f), (a, g), (b, b), (b, d), (b, e), (b, f), (b, g), (c, d),$
$(c, e), (c, f), (c, g), (d, d), (d, e), (d, f), (d, g), (e, e), (f, f), (g, g)\}$

09 (1) 격자 (2) 격자 (3) 격자 아님

9장 연습문제

연습문제 9.1

01 (1)

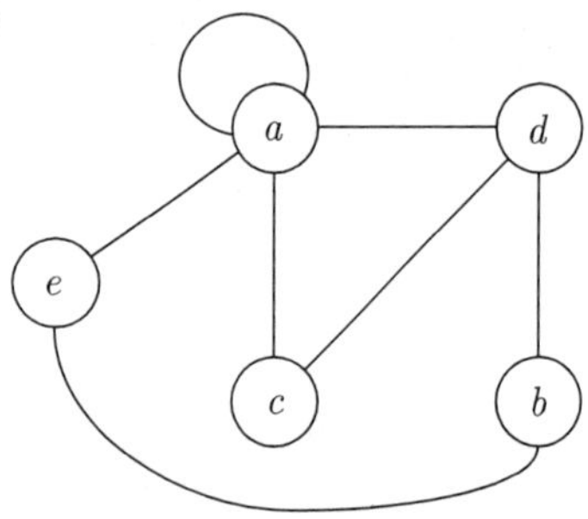

(2)

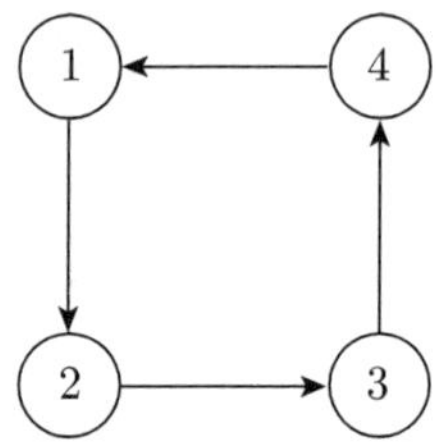

03 정답(3), (3)은 간선만 있으므로 그래프가 아니다.

05 {1, 8}, {3, 6}, {4, 7}

07 (1)

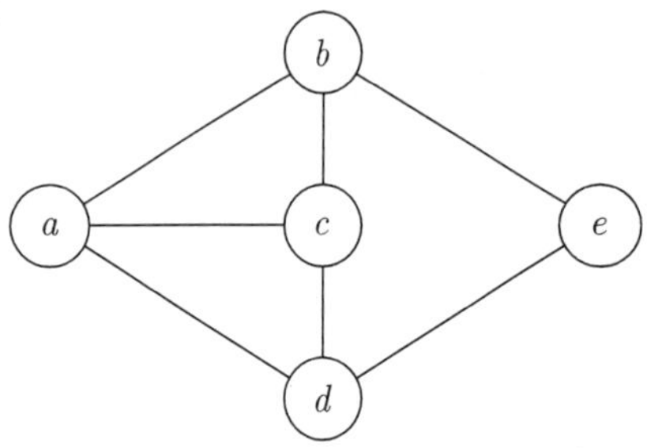

(2)

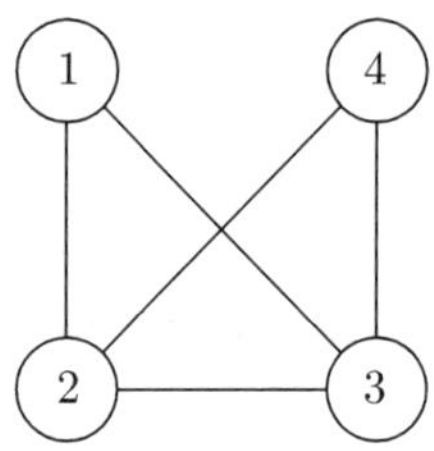

연습문제 9.2

01 깊이 우선 탐색 트리

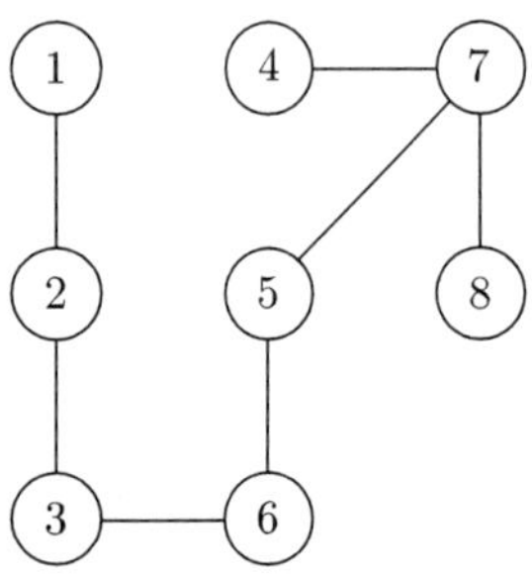

넓이 우선 탐색 트리

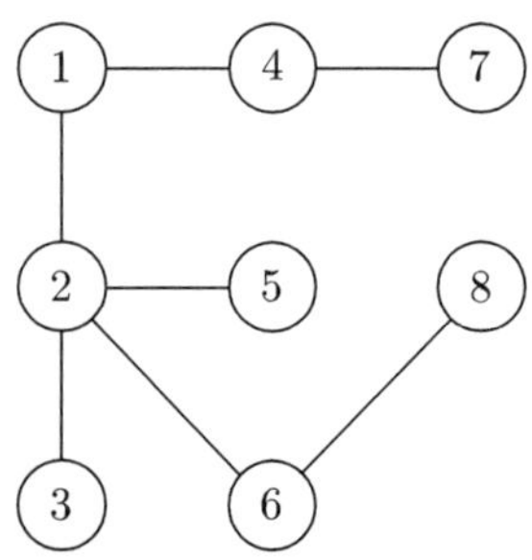

연습문제 9.3

01 (1) 오일러 순환 (2) 오일러 경로

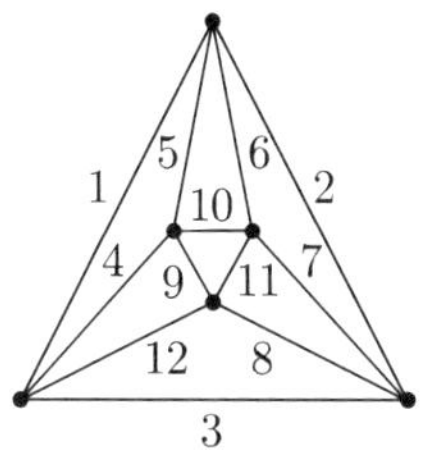

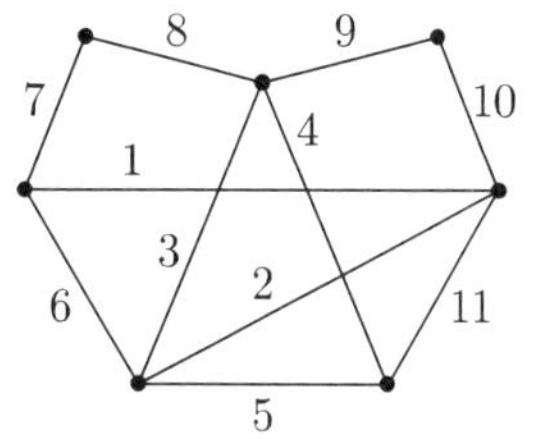

03

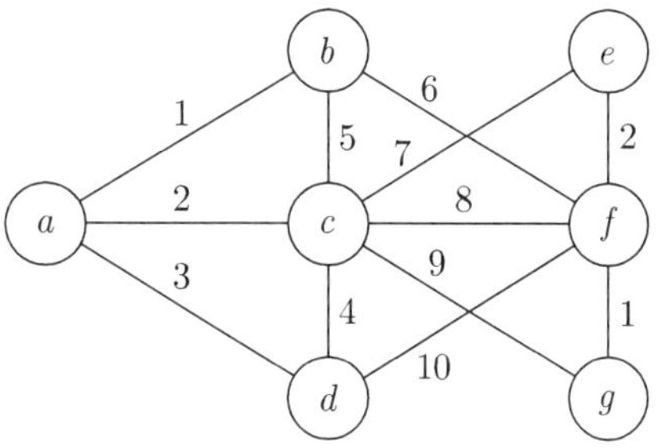

단계	V	Dist(b)	Dist(c)	Dist(d)	Dist(e)	Dist(f)	Dist(g)	min V
1	$\{b, c, d, e, f, g\}$	**1**	2	3	∞	∞	∞	b
2	$\{c, d, e, f, g\}$	1	**2**	3	∞	7	∞	c
3	$\{d, e, f, g\}$	1	2	**3**	9	7	11	d
4	$\{e, f, g\}$	1	2	3	9	**7**	11	f
5	$\{e, g\}$	1	2	3	9	7	**8**	g
6	$\{e\}$	1	2	3	9	7	8	e
이전		a	a	a	c	b	f	

최단경로: $a-b-f-g$

연습문제 9.4

01 (3), (5)

03 쌍대 그래프는 다음과 같고, 4색 가능이다.

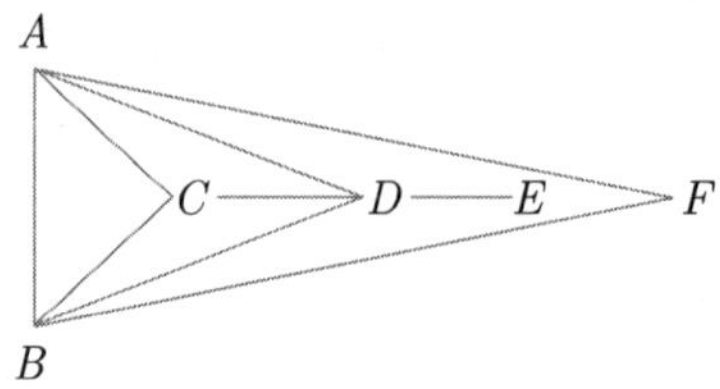

05 이분 그래프다.

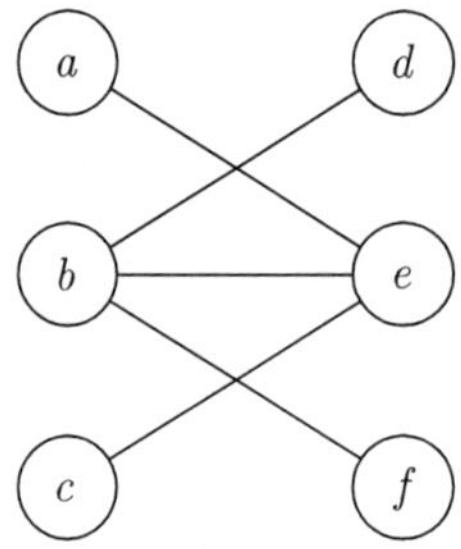

10장 연습문제

01 (1) 순환을 가지는 그래프가 된다.

* 노드 j와 노드 k를 연결했다고 가정하자. 트리는 모든 노드 사이에 단순 경로가 존재하므로 이미 노드 j와 노드 k는 단순 경로가 존재한다. 그런데, j와 k를 연결하는 간선이 추가되면 j와 k가 연결되어 노드 j와 노드 k는 순환 경로가 된다.

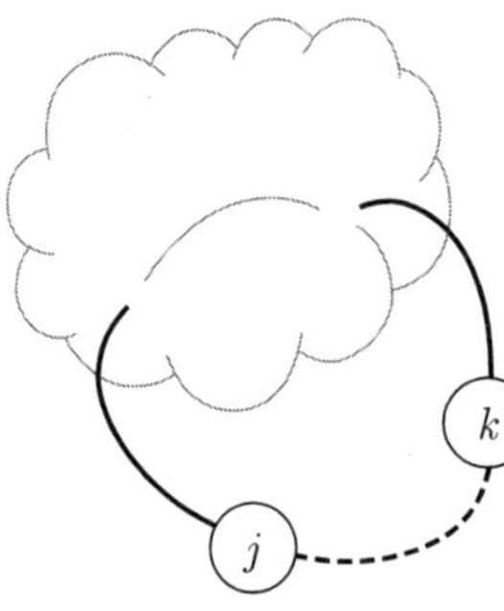

(2) 포리스트(forest)가 된다.

* 노드 j와 노드 k를 연결하는 간선을 제거했다고 가정하자. 트리가 순환이 없는 단순경로를 가지므로 간선을 제거하면 경로가 단절되고, 노드 j를 포함하는 트리와 노드 k를 포함하는 트리로 나누어진다.

03

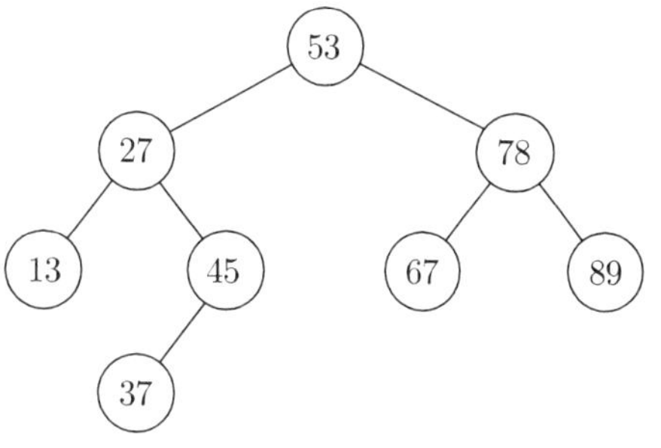

05 $ABC + * DE / -$

07

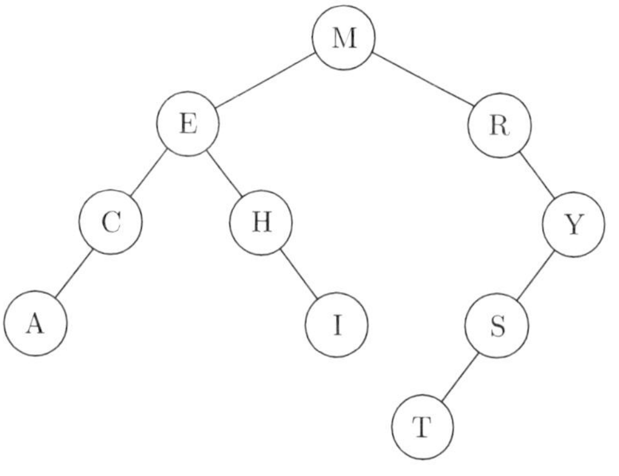

이산수학

초판 발행 | 2021년 8월 25일
2쇄 발행 | 2022년 7월 25일

지은이 | 심 홍 태 · 황 영 섭
펴낸이 | 조 승 식
펴낸곳 | (주)도서출판 북스힐

등 록 | 1998년 7월 28일 제22-457호
주 소 | 서울시 강북구 한천로 153길 17
전 화 | (02) 994-0071
팩 스 | (02) 994-0073

홈페이지 | www.bookshill.com
이메일 | bookshill@bookshill.com

정가 20,000원

ISBN 979-11-5971-358-3

Published by bookshill, Inc. Printed in Korea.